普通高等教育"十二五"规划教材

线性代数

——Excel 版记分作业

颜宁生 编著

北 京
冶金工业出版社
2015

内 容 提 要

本书是在高等教育出版社出版、同济大学数学系编写的《线性代数》（第六版）基础上编写的配套教学参考用书，根据前五章的 25 节内容，设计了 25 个记分作业，5 个过关记分作业（相当于单元测验），1 个期中过关记分作业（相当于期中测验），20 套计分作业。

随书赠送的光盘中有相关的电子版文件。

由于在记分作业中提供了解题思路，降低了作业难度，本书更适合二本院校理工科专业师生参考。

图书在版编目（CIP）数据

线性代数：Excel 版记分作业/颜宁生编著 . —北京：冶金工业出版社，2015.10

普通高等教育"十二五"规划教材

ISBN 978-7-5024-7085-2

Ⅰ.①线… Ⅱ.①颜… Ⅲ.①线性代数—高等学校—习题集 Ⅳ.①O151.2 –44

中国版本图书馆 CIP 数据核字（2015）第 241523 号

出 版 人 谭学余
地　　址 北京市东城区嵩祝院北巷 39 号　邮编 100009　电话 （010）64027926
网　　址 www.cnmip.com.cn　　电子信箱 yjcbs@cnmip.com.cn
责任编辑 郭冬艳 美术编辑 吕欣童 版式设计 孙跃红
责任校对 禹 蕊 责任印制 李玉山
ISBN 978-7-5024-7085-2
冶金工业出版社出版发行；各地新华书店经销；北京百善印刷厂印刷
2015 年 10 月第 1 版，2015 年 10 月第 1 次印刷
148mm×210mm；7 印张；204 千字；211 页
26.00 元
冶金工业出版社 投稿电话 （010）64027932 投稿信箱 tougao@cnmip.com.cn
冶金工业出版社营销中心 电话 （010）64044283 传真 （010）64027893
冶金书店 地址 北京市东四西大街 46 号（100010）电话 （010）65289081（兼传真）
冶金工业出版社天猫旗舰店 yjgycbs.tmall.com
（本书如有印装质量问题，本社营销中心负责退换）

序　言

　　"线性代数"是大学数学的基础课，很多学生感觉抽象难学，不愿意做习题。本书作者多年来一直致力于改变这种状况，巧妙地将线性代数习题编写成 Excel 版电子习题，并嵌入了自动记分程序，这样既可以减轻教师的工作量，又能提高学生的学习兴趣。将各种记分习题组合成各种可以运行的 Lingo 软件的模板，使其自动生成题型相同但数字不同的任意多套记分作业和相应的答案。这些记分作业的优点是，由已被加密的判分程序自动阅卷，免去了教师的阅卷环节。此外，利用成绩统计软件可以自动统计学生的记分作业成绩，取代手工统计学生的记分作业成绩环节。

　　作者连续三年被评为本校十佳教师，并在 2014 年度当选感动"北服"人物，表明其教学方式和教学效果已经得到了学生的普遍认可。

　　目前，很多学校还是采取期末考试"一卷定终身"的考试方式。如果在学完每章或每节后，将过关记分作业和四级计分作业取代单元测验或月考，将起到对学生学习过程考核的作用。

　　作者做了大量原创性的工作。我认为本书可以作为《线性代数》的教学参考用书，具有出版价值。

北京化工大学　姜广峰

前　言

在一些大学里有一种现象，即学生容易在数学类课程上挂科。究其原因，这些学生从来不或很少亲自做作业，但迫于平时成绩的压力，他们可能会抄作业。怎样能够让越来越多的学生愿意动手做作业，促成了笔者持续十余年所做的"游戏驱动教学"的教学改革项目。这种带有游戏色彩的教学改革能够吸引很多学生"亲自"做作业。

记分作业是利用 Lingo 软件开发的电子版作业，嵌入了自动记分程序和互动环节。比如，若完成某个课堂练习就算达到了基本要求，记 1 分，本书将这种记 1 分的课堂练习设计成"见 1 游戏"。具体讲，见 1 游戏是一种填空题，每填写一个正确的答案，就会出现一个对勾√，并得到一定的分数。当完成课堂练习的所有填写后，对勾√将变成笑脸符号☺，得分会自动累计成"1"分。这种互动式的记分现象产生了一种趣味效果：做练习就如同做游戏，游戏的目的是见到"1"。故称之为"见 1 游戏"。为了增加游戏效果，在见到 1 后，还会出现一个四字谜面，比如，谜面为"八仙过海"，则谜底就是"各显神通"，学生须通过该谜面猜对谜底，再将四字谜底填入"记分作业"的密码格中，就可以看到记分作业的得分了。当所有的记分作业做对后，可获得"点赞"评语。

由于每个学生的电子作业都不相同，这样可以最大限度地避免了抄作业。此外，学生的每次作业又都能计入平时成绩，这样就能够"强迫"学生去做作业。

下面是平时成绩的计算公式：

平时成绩 = max（电子作业成绩，纸质作业成绩）

其中，电子作业成绩 = min（100，考勤 15 分 + 见 1 游戏 25 分 + 记分作业 49 分 + 过关记分作业 20 分 + 期末考前辅导 20 分 + 20 套计分作业 60 分），纸质作业成绩 = min（100，考勤 15 分 + 5 章作业 100 分 + 期末考前辅导 20 分）

平时成绩的公式表明，平时成绩满分是 100 分，也就是说，我们为学生提供了超过了 100 分的记分作业，学生只需要挑选其中的 100 分的内容去完成即可。实践表明，能否通过期末考试，取决于两个方面，一是能否"亲自"做作业，二是能否得到 100 分的平时成绩。

随书赠送的光盘中除了有记分作业外，其内容还具有三个特点：

特色内容一：过关记分作业。

《线性代数》（第六版）一书内容由 5 章组成，由此设计出过五关记分作业，每一个过关记分作业都由单选题组成，有一个过关分数。学生在做过关考试题的过程中，一旦他的分数达到了过关分数，过关考记分作业就会自动显示出他的分数，即只要能够看到他的过关分数，他就过关了。

特色内容二：20 套计分作业。

为方便读者使用，将四级计分作业稍作改变后得到 20 套计分作业，它们来源于国内大学期末考试题或是研究生入学考试题，其答案可见随书赠送的光盘。每套计分作业的答案有 30 份，可供 30 位学生使用，第 1 份为电子版答案。修改密码后，可将 20 套计分作业变成 20 套考试题。例如，在 B4 套计分作业中修改一个选项，变成了实验班闭卷试卷（见光盘）。欢迎对如何改变成考试题感兴趣的老师与作者联系（qq：2823406958）。

特色内容三：成绩统计软件。

在成绩统计软件中，除可以得到每个学生的每次作业的成绩外，还可以得到每个学生的汉字和数字两种密码。其操作方法分为两步：（1）先将需要统计的同一类型的作业放在一个文件夹中，打开成绩统计软件，同时按 ALT＋F11 两个键，调出宏程序；（2）按 F5，就可以进行成绩统计了。

本书是在由冶金工业出版社 2014 年出版《线性代数——Excel 版教学用书》的基础上编写的。得到了北京服装学院数理公共基础课教学创新团队项目和北京服装学院教育教学改革项目（JG—1329）的支持。

限于作者水平，书中存在的疏漏，恳请广大读者批评指正。

作　者

2015 年 7 月

目　录

1 行列式记分作业

1.1 二阶与三阶行列式

二阶行列式是由四个数排成二行二列（横排称行、竖排称列）的数表：

$$a_{11} \quad a_{12}$$
$$a_{21} \quad a_{22}$$

表达式 $a_{11}a_{22} - a_{12}a_{21}$ 称为数表所确定的二阶行列式，并记作

$$\begin{vmatrix} a_{11} & a_{12} \\ a_{21} & a_{22} \end{vmatrix}$$

即：

$$D = \begin{vmatrix} a_{11} & a_{12} \\ a_{21} & a_{22} \end{vmatrix} = a_{11}a_{22} - a_{12}a_{21}$$

设有 9 个数排成 3 行 3 列的数表：

$$a_{11} \quad a_{12} \quad a_{13}$$
$$a_{21} \quad a_{22} \quad a_{23}$$
$$a_{31} \quad a_{32} \quad a_{33}$$

记：

$$\begin{vmatrix} a_{11} & a_{12} & a_{13} \\ a_{21} & a_{22} & a_{23} \\ a_{31} & a_{32} & a_{33} \end{vmatrix} = a_{11}a_{22}a_{33} + a_{12}a_{23}a_{31} + a_{13}a_{21}a_{32} - a_{11}a_{23}a_{32} - a_{12}a_{21}a_{33} - a_{13}a_{22}a_{31}$$

称为数表所确定的三阶行列式。

	A	B	C	D	E	F	G	H	I	J	K	L	M
5	二阶行列式公式												
6													
7					3		-2		=	7			
8					2		1						

	A	B	C	D	E	F	G	H	I	J	K	L	M
10	三阶行列式公式												
11													
12					1		2		-4				
13					-2		2		1		=	-14	
14					-3		4		-2				

单元格 J7 中的数字是通过编写公式" = E7 * G8 – G7 * E8"得到的，单元格 L13 中的数字是通过编写公式" = E12 * G13 * I14 + G12 * I13 * E14 + I12 * E13 * G14 – I12 * G13 * E14 – G12 * E13 * I14 – E12 * I13 * G14"得到的，另外，还可以利用 Excel 内部函数"MDETERM（）"进行计算。改变上面黄色单元格中的数字，将自动生成计算结果。

课堂练习 1 – 1

计	算	二	阶	行	列	式	：								
					6	0		=	6	×	-1	-	0	×	-7	=	-6
					-7	-1									

计	算	三	阶	行	列	式	：		
				6	2	-5			
	D	=	-2	-7	-5		=	-349	
			5	-5	-2				

见 1 游戏 1 – 1

设	二	元	线	性	方	程	组	：		
		a_{11}	x_1	+	a_{21}	x_2	=	b_1		
		a_{21}	x_1	+	a_{22}	x_2	=	b_2		
记	：									

$$D = \begin{vmatrix} a_{11} & a_{21} \\ a_{21} & a_{22} \end{vmatrix}, \quad D_1 = \begin{vmatrix} b_1 & a_{21} \\ b_2 & a_{22} \end{vmatrix}, \quad D_2 = \begin{vmatrix} a_{11} & b_1 \\ a_{21} & b_2 \end{vmatrix},$$

若:

$D \neq 0$，则:

$$x_1 = \frac{D_1}{D}, \quad x_2 = \frac{D_2}{D}。$$

有若干只鸡兔同在一个笼子里，从上面数，有35个头，从下面数，有92只脚。则笼中有24只鸡，有11只兔。

解：设笼中有 x_1 只鸡，有 x_2 只兔。

则

$$\begin{cases} x_1 + x_2 = 35 \\ 2x_1 + 4x_2 = 92 \end{cases}$$

即

$$D = \begin{vmatrix} 1 & 1 \\ 2 & 4 \end{vmatrix} = 2,$$

$$D_1 = \begin{vmatrix} 35 & 1 \\ 92 & 4 \end{vmatrix} = 48, \quad D_2 = \begin{vmatrix} 1 & 35 \\ 2 & 92 \end{vmatrix} = 22$$

记 分 作 业

注：先清空黄色单元格然后填写相应的答案。

记分作业 1-1

当 x 何值时，

$$\begin{vmatrix} 1 & -2 & -3 \\ 0 & 1 & x \\ 5 & -2 & x^2 \end{vmatrix} = 0$$

解：方程左端 $D = 0\, x^2 - 0\, x + 0$，

由 $0\, x^2 - 0\, x + 0 = 0$，知当 $x = 0$ 或 $x = 0$ 时，

行列式 $= 0$

记分作业 1-2

求解二元线性方程组

$$\begin{cases} -2x_1 - 2x_2 = 0 \\ -3x_1 + x_2 = 8 \end{cases}$$

解：由于

$$D = \begin{vmatrix} -2 & -2 \\ -3 & 1 \end{vmatrix} = 0, \quad D_1 = \begin{vmatrix} 0 & -2 \\ 8 & 1 \end{vmatrix} = 0, \quad D_2 = \begin{vmatrix} -2 & 0 \\ -3 & 8 \end{vmatrix} = 0$$

所以

$$x_1 = \frac{D_1}{D} = 0, \quad x_2 = \frac{D_2}{D} = 0$$

记分作业 1-3

三元线性方程组

$$\begin{cases} x_1 - 5x_2 + x_3 = -3 \\ 4x_1 + 5x_2 - x_3 = 13 \\ -x_1 + 6x_2 - x_3 = 5 \end{cases}$$

的解为：$x_1 = 0$，$x_2 = 0$，$x_3 = 0$

记分作业 1-4

二次多项式 $f(x) = 0\,x^2 - 0\,x + 0$，满足

$f(0) = 5$，$f(3) = 77$，$f(5) = 215$

1.2　全排列和对换

把 n 个不同的元素排成一列，叫做这 n 个元素的全排列（或排列）。规定各元素之间有一个标准次序，n 个不同的自然数，规定由小到大为标准次序。

在一个排列 $(i_1, i_2, \cdots, i_t, \cdots, i_s, \cdots, i_n)$ 中，若数 $i_t > i_s$ 则称这两个数组成一个逆序，一个排列中所有逆序的总数称为此排列的逆序数。逆序数为奇数的排列称为奇排列；逆序数为偶数的排列称为偶排列。

在排列中，将任意两个元素对换，其余元素不动产生新排列的方法叫做对换。

一个排列中的任意两个元素对换，则排列改变其奇偶性。

奇排列对换成标准排列的对换次数为奇数，偶排列对换成标准排列的对换次数为偶数。

	A	B	C	D	E	F	G	H	I	J	K	L	M	N	O
5	5个元素全排列的逆序数公式														
6				3	2	5	1	4	的	逆	序	数	=	5	
7					1	0	1	0							
8						0	1	1							
9							1	0							
10							0								

	A	B	C	D	E	F	G	H	I	J	K	L	M	N	O
11	6个元素全排列的逆序数公式														
12				6	2	5	1	4	3	的	逆	序	数	=	10
13					1	0	1	0	1						
14						1	1	1	0						
15							1	0	1						
16								1	0						
17									1						

单元格 E7 中的数字是通过编写公式" = IF（D6 > E6，1，0）"得到的，即 D6 代表数字 3，E6 代表数字 2，IF（D6 > E6，1，0）表示如果 3 > 2，就产生 1 个逆序，否则产生 0 个逆序，第 7 行单元格中的数字表示相邻两个元素的逆序数，第 8 行单元格中的数字表示隔一个元素的两个元素的逆序数，第 9 行单元格中的数字表示隔两个元素的两个元素的逆序数，第 10 行单元格中的数字表示隔三个元素的两个元素的逆序数，比如，单元格 G8 中的公式为" = IF（E6 > G6，1，0）"，其他单元格中的公式类似。单元格 N6 中的数字是通过编写公式" = SUM（E7：H10）"得到的，它表示单元格区域 E7：H10 中所有数字相加的和，即 3、2、5、1、4 排列的逆序数，改变上面黄色单元格中的数字，将自动产生计算结果。

课堂练习 1-2

5	个	元	素	的	全	排	列	3	2	5	1	4	的	逆	序	数	=	5	，	为	奇	排	列	。
									1	0	1	0												
										0	1	1												
											1	0												
												0												
将		2	与		4	对	换	后	：															
								3	4	5	1	2	的	逆	序	数	=	6	，	为	偶	排	列	。
									0	0	1	0												
										0	1	1												
											1	1												
												1												
排	列	的	奇	偶	性	发	生	改	变	。														

见1游戏 1-2

9	个	元	素	的	全	排	列	9	4	5	6	2	7	8	1	3	的	逆	序	数	=	22
									1	0	0	1	0	0	1	0						
										1	0	1	0	0	1	1						
											1	1	0	0	1	1						
												1	0	0	1	0						
													1	0	1	1						
														1	1	1						
															1	1						
																1						

记 分 作 业

注：先清空黄色单元格然后填写相应的答案。

记分作业 1-5

4	个	元	素	的	全	排	列	1	2	4	3	的	逆	序	数	=	0	。	
									0	0	1								
										0	0								
											0								

记分作业 1-6

4	个	元	素	的	全	排	列	1	2	4	3	为	0	排	列	。		

记分作业 1-7

8个 元 素 的 全 排 列	2	1	7	8	6	4	5	3	的 逆 序 数	=	0
		1	0	0	1	1	0	1			
			0	0	1	1	1	1			
				0	0	1	1	1			
					0	0	1	1			
						0	0	1			
							0	0			
								0			

记分作业 1-8

8个 元 素 的 全 排 列	1	3	5	6	7	8	4	2	的 逆 序 数	=	0
		0	0	0	0	0	1	1			
			0	0	0	0	1	1			
				0	0	0	1	1			
					0	0	1	1			
						0	0	1			
							0	1			
								0			

1.3　n 阶行列式的定义

由 n^2 个数组成的 n 阶行列式等于所有取自不同行不同列的 n 个元素的乘积的代数和 $\sum (-1)^t a_{1p_1} a_{2p_2} \cdots a_{np_n}$。

记作
$$D = \begin{vmatrix} a_{11} & a_{12} & \cdots & a_{1n} \\ a_{21} & a_{22} & \cdots & a_{2n} \\ \vdots & \vdots & & \vdots \\ a_{n1} & a_{n2} & \cdots & a_{nn} \end{vmatrix}$$

$$D = \begin{vmatrix} a_{11} & a_{12} & \cdots & a_{1n} \\ a_{21} & a_{22} & \cdots & a_{2n} \\ \vdots & \vdots & & \vdots \\ a_{n1} & a_{n2} & \cdots & a_{nn} \end{vmatrix}$$

$$= \sum_{p_1 p_2 \cdots p_n} (-1)^{t(p_1 p_2 \cdots p_n)} a_{1p_1} a_{2p_2} \cdots a_{np_n}$$

四 阶 行 列 式 公 式 ：

1	0	0	0		
2	2	0	0	=	24
3	3	3	0		
4	4	4	4		

五 阶 行 列 式 公 式 ：

1	0	0	0	0		
2	2	0	0	0		
3	3	3	0	0	=	120
4	4	4	4	0		
5	5	5	5	5		

六 阶 行 列 式 公 式 ：

1	0	0	0	0	0		
2	2	0	0	0	0		
3	3	3	0	0	0		
4	4	4	4	0	0	=	720
5	5	5	5	5	0		
6	6	6	6	6	6		

七 阶 行 列 式 公 式 ：

1	0	0	0	0	0	0		
2	2	0	0	0	0	0		
3	3	3	0	0	0	0		
4	4	4	4	0	0	0	=	5040
5	5	5	5	5	0	0		
6	6	6	6	6	6	0		
7	7	7	7	7	7	7		

　　以上行列式的结果所在的表示单元中都是利用 Excel 内部函数"MDETERM（）"编写的，改变上面黄色单元格中的数字，将自动产生计算结果。

课堂练习 1−3

四	阶	行	列	式	公	式	：				
				0	1	0	1				
				-1	1	-1	1				
				-1	0	0	1	=	-4		
				-1	1	1	-1				

五	阶	行	列	式	公	式	：				
				1	1	-1	-1	0			
				-1	0	0	1	-1			
				-1	0	-1	1	-1	=	3	
				-1	1	1	0	-1			
				1	1	0	1	1			

六	阶	行	列	式	公	式	：				
				0	0	1	1	0	0		
				-1	-1	0	-1	0	1		
				0	0	-1	0	1	-1	=	4
				-1	-1	1	1	-1	1		
				0	1	1	0	1	0		
				0	0	-1	1	0	1		

七	阶	行	列	式	公	式	：				
				0	1	1	1	0	0	1	
				0	-1	-1	1	0	0	0	
				-1	-1	1	1	-1	1	0	
				1	0	1	-1	1	-1	1	= 42
				-1	0	-1	0	0	0	-1	
				1	0	0	1	1	1	-1	
				-1	1	0	0	1	1	1	

见1 游戏 1–3

完成下面4阶行列式公式

$$
\begin{vmatrix} a_{11} & a_{12} & a_{13} & a_{14} \\ a_{21} & a_{22} & a_{23} & a_{24} \\ a_{31} & a_{32} & a_{33} & a_{34} \\ a_{41} & a_{42} & a_{43} & a_{44} \end{vmatrix} =
$$

$+\ a_{11}a_{22}a_{33}a_{44}\ -\ a_{11}a_{22}a_{34}a_{43}\ +\ a_{11}a_{23}a_{34}a_{42}$

$-\ a_{11}a_{23}a_{32}a_{44}\ +\ a_{11}a_{24}a_{32}a_{43}\ -\ a_{11}a_{24}a_{33}a_{42}$

$-\ a_{12}a_{21}a_{33}a_{44}\ +\ a_{12}a_{21}a_{34}a_{43}\ -\ a_{12}a_{23}a_{34}a_{41}$

$+\ a_{12}a_{23}a_{31}a_{44}\ -\ a_{12}a_{24}a_{31}a_{43}\ +\ a_{12}a_{24}a_{33}a_{41}$

$-\ a_{13}a_{24}a_{32}a_{41}\ -\ a_{13}a_{21}a_{34}a_{42}\ -\ a_{13}a_{22}a_{31}a_{44}$

$+\ a_{13}a_{22}a_{34}a_{41}\ +\ a_{13}a_{24}a_{31}a_{42}\ +\ a_{13}a_{21}a_{32}a_{44}$

$+\ a_{14}a_{22}a_{31}a_{43}\ +\ a_{14}a_{21}a_{33}a_{42}\ -\ a_{14}a_{21}a_{32}a_{43}$

$-\ a_{14}a_{22}a_{33}a_{41}\ -\ a_{14}a_{23}a_{31}a_{42}\ +\ a_{14}a_{23}a_{32}a_{41}$

将每项的第 2 个下标依次填入

↓　↓　↓　↓

				的逆序数 = 0，相应符号为 +
	0	0	0	
		0	0	
			0	

记分作业

注：先清空黄色单元格然后填写相应的答案。

记分作业 1–9

计算四阶行列式

$$
\begin{vmatrix} 1 & 0 & 0 & 1 \\ 1 & -1 & -1 & 1 \\ 0 & -1 & 0 & 1 \\ 1 & -1 & 1 & -1 \end{vmatrix} = \boxed{0}
$$

记分作业 1–10

计算五阶行列式

$$
\begin{vmatrix} 1 & 1 & -1 & -1 & 0 \\ 0 & -1 & 0 & 1 & -1 \\ 0 & -1 & -1 & 1 & -1 \\ 1 & -1 & 1 & 0 & -1 \\ 1 & 1 & 0 & 1 & 1 \end{vmatrix} = \boxed{0}
$$

记分作业 1-11

计	算	六	阶	行	列	式						
			0	0	1	1	0	0				
			-1	-1	0	-1	0	1				
			0	0	-1	0	1	-1	=	0		
			-1	-1	1	1	-1	1				
			1	0	1	0	1	0				
			0	0	-1	1	0	1				

记分作业 1-12

计	算	七	阶	行	列	式						
			1	0	1	1	0	0	1			
			-1	0	-1	1	0	0	0			
			-1	-1	1	1	-1	1	0			
			0	1	1	-1	1	-1	1	=	0	
			0	-1	-1	0	0	0	-1			
			0	1	0	1	1	1	-1			
			1	-1	0	0	1	1	1			

1.4　行列式的性质

若行列式与它的转置行列式相等，互换行列式的两行（列），行列式变号。

如果行列式有两行（列）完全相同，则此行列式为零。

行列式的某一行（列）中所有的元素都乘以同一数 k，等于用数 k 乘此行列式。

行列式的某一行（列）中所有元素的公因子可以提到行列式符号的外面。

若行列式的某一列（行）的元素都是两数之和，把行列式的某一列（行）的各元素乘以同一数然后加到另一列（行）对应的元素上去，行列式不变。

课 堂 练 习

课堂练习 1-4

性质1-1　行列式与它的转置行列式相等。

设行列式 $D = \begin{vmatrix} -1 & -2 & -2 \\ 0 & 2 & -1 \\ 1 & -2 & 3 \end{vmatrix}$，$D^T = \begin{vmatrix} -1 & 0 & 1 \\ -2 & 2 & -2 \\ -2 & -1 & 3 \end{vmatrix}$，则

$D = 2$，$D^T = 2$，

课堂练习 1-5

性质1-2　互换行列式的两行（列），行列式变号。

将行列式 $D = \begin{vmatrix} 0 & 1 & -4 \\ 0 & -4 & 1 \\ 2 & 1 & 3 \end{vmatrix}$ 的第 1 行与第 2 行交换后

得到 $D_1 = \begin{vmatrix} 0 & -4 & 1 \\ 0 & 1 & -4 \\ 2 & 1 & 3 \end{vmatrix}$，则 $D = -30$，$D_1 = 30$，即

$D = - D_1$

见1 游戏 1-4

计算 5 阶行列式 $D = \begin{vmatrix} 1 & 3 & 3 & -2 & 3 \\ 4 & 13 & 15 & -9 & 14 \\ -2 & -9 & -14 & 10 & -11 \\ 2 & 9 & 19 & 6 & 17 \\ 2 & 6 & 6 & -4 & 9 \end{vmatrix}$

解：$D = \begin{vmatrix} 1 & 3 & 3 & -2 & 3 \\ 0 & 1 & 3 & -1 & 2 \\ 0 & -3 & -8 & 6 & -5 \\ 0 & 3 & 13 & 10 & 11 \\ 0 & 0 & 0 & 0 & 3 \end{vmatrix} = \begin{vmatrix} 1 & 3 & 3 & -2 & 3 \\ 0 & 1 & 3 & -1 & 2 \\ 0 & 0 & 1 & 3 & 1 \\ 0 & 0 & 4 & 13 & 5 \\ 0 & 0 & 0 & 0 & 3 \end{vmatrix} = \begin{vmatrix} 1 & 3 & 3 & -2 & 3 \\ 0 & 1 & 3 & -1 & 2 \\ 0 & 0 & 1 & 3 & 1 \\ 0 & 0 & 0 & 1 & 1 \\ 0 & 0 & 0 & 0 & 3 \end{vmatrix}$

$= \begin{vmatrix} 1 & 3 & 3 & -2 & 3 \\ 0 & 1 & 3 & -1 & 2 \\ 0 & 0 & 1 & 3 & 1 \\ 0 & 0 & 0 & 1 & 1 \\ 0 & 0 & 0 & 0 & 3 \end{vmatrix} = 3$

记 分 作 业

注：先清空黄色单元格然后填写相应的答案。

记分作业 1 – 13

将行列式 $D = \begin{vmatrix} 0 & 2 & -2 \\ -3 & 1 & 3 \\ -2 & 3 & -1 \end{vmatrix}$ 的第 1 列乘以 -4 后，得到

$D_1 = \begin{vmatrix} 0 & 2 & -2 \\ 12 & 1 & 3 \\ 8 & 3 & -1 \end{vmatrix}$ ，则 $D = $ 0 ，$D_1 = $ 0 ，

即 $D_1 = $ 0 D

记分作业 1 – 14

行列式 $D = \begin{vmatrix} 2 & 2 & 1 \\ 8 & 7 & -9 \\ 6 & 6 & 3 \end{vmatrix} = $

记分作业 1 – 15

行列式 $D = \begin{vmatrix} -2 & -4 & 0 \\ 3 & -2 & 0 \\ 1 & 1 & 2 \end{vmatrix} = \begin{vmatrix} -2 & 2 & 0 \\ 3 & -4 & 0 \\ 1 & 3 & 2 \end{vmatrix} + \begin{vmatrix} -2 & 0 & 0 \\ 3 & 0 & 0 \\ 1 & 0 & 2 \end{vmatrix}$

记分作业 1 – 16

将行列式 $D = \begin{vmatrix} -2 & -1 & -4 \\ 4 & 2 & 0 \\ -2 & 2 & 1 \end{vmatrix}$ 的第 1 列乘以 -4 加到第 2 列

得到 $D_1 = \begin{vmatrix} -2 & 7 & -4 \\ 4 & -14 & 0 \\ -2 & 10 & 1 \end{vmatrix}$ ，则 $D = $ 0 ，$D_1 = $ 0 ，

即 D_1 0 D

1.5 行列式按行（列）展开

在 n 阶行列式中，把元素 a_{ij} 所在的第 i 行和第 j 列划去后，留下

的 $n-1$ 阶行列式叫做元素 a_{ij} 的余子式，记作 M_{ij}。

记 $A_{ij}=(-1)^{i+j}M_{ij}$ 为 a_{ij} 的代数余子式。

行列式等于它的任一行（列）的各元素与其对应的代数余子式乘积之和，即：

$$D=a_{i1}A_{i1}+a_{i2}A_{i2}+\cdots+a_{in}A_{in} \quad (i=1,2,\cdots,n)$$

行列式任一行（列）的元素与另一行（列）的对应元素的代数余子式乘积之和等于零，即：

$$a_{i1}A_{j1}+a_{i2}A_{j2}+\cdots+a_{in}A_{jn}=0,\quad i\neq j$$

关于代数余子式的重要性质

$$\sum_{k=1}^{n}a_{ki}A_{kj}=D\delta_{ij}=\begin{cases}D,当\ i=j\\0,当\ i\neq j\end{cases}$$

$$\sum_{k=1}^{n}a_{ik}A_{jk}=D\delta_{ij}=\begin{cases}D,当\ i=j\\0,当\ i\neq j\end{cases}$$

式中

$$\delta_{ij}=\begin{cases}1,当\ i=j\\0,当\ i\neq j\end{cases}$$

课堂练习 1-6

设 $D=\begin{vmatrix}2 & -6 & 3 & -2\\7 & 4 & -5 & 8\\4 & 4 & 2 & 4\\8 & 5 & -9 & -6\end{vmatrix}$

D 的第 (i,j) 元的余子式和代数余子式记作 M_{ij} 和 A_{ij}

求 $A_{11}+A_{12}+A_{13}+A_{14}$，$M_{11}+M_{21}+M_{31}+M_{41}$

解：由（9）式可知 $A_{11}+A_{12}+A_{13}+A_{14}$ 等于用 1，1，1，1 代替 D 的第 1 行所得的行列式，即

$$A_{11}+A_{12}+A_{13}+A_{14}=\begin{vmatrix}1 & 1 & 1 & 1\\7 & 4 & -5 & 8\\4 & 4 & 2 & 4\\8 & 5 & -9 & -6\end{vmatrix}$$

（将第 1 行乘以 -7、-4、-8 分别加到第 2、3、4行）

$$= \begin{vmatrix} 1 & 1 & 1 & 1 \\ 0 & -3 & -12 & 1 \\ 0 & 0 & -2 & 0 \\ 0 & -3 & -17 & -14 \end{vmatrix} = \begin{vmatrix} -3 & -12 & 1 \\ 0 & -2 & 0 \\ -3 & -17 & -14 \end{vmatrix} = -90$$

由（10）式可知 $M_{11} + M_{21} + M_{31} + M_{41} = A_{11} - A_{12} + A_{13} - A_{14}$

$$= \begin{vmatrix} 1 & -6 & 3 & -2 \\ -1 & 4 & -5 & 8 \\ 1 & 4 & 2 & 4 \\ -1 & 5 & -9 & -6 \end{vmatrix} = \begin{vmatrix} 1 & -6 & 3 & -2 \\ 0 & -2 & -2 & 6 \\ 0 & 10 & -1 & 6 \\ 0 & -1 & -6 & -8 \end{vmatrix} = \begin{vmatrix} -2 & -2 & 6 \\ 10 & -1 & 6 \\ -1 & -6 & -8 \end{vmatrix} = -602$$

（将第1行乘以1、-1、1分别加到第2、3、4行）

见1游戏1-5

将三阶行列式 $\begin{vmatrix} 2 & -7 & 4 \\ -8 & -8 & -5 \\ -1 & 0 & -6 \end{vmatrix}$ 按照第2列展开得到：

$$\begin{vmatrix} 2 & -7 & 4 \\ -8 & -8 & -5 \\ -1 & 0 & -6 \end{vmatrix} = - \left(-7 \times \begin{vmatrix} -8 & -5 \\ -1 & -6 \end{vmatrix}\right) + \left(-8 \times \begin{vmatrix} 2 & 4 \\ -1 & -6 \end{vmatrix}\right) - \left(0 \times \begin{vmatrix} 2 & 4 \\ -8 & -5 \end{vmatrix}\right)$$

$$= (7) \times (43) + (-8) \times (-8) + (0) \times (22)$$

$$= 365$$

记 分 作 业

注：先清空黄色单元格然后填写相应的答案。

记分作业1-17

设 $D = \begin{vmatrix} a_{11} & a_{12} & a_{13} & a_{14} \\ a_{21} & a_{22} & a_{23} & a_{24} \\ a_{31} & a_{32} & a_{33} & a_{34} \\ a_{41} & a_{42} & a_{43} & a_{44} \end{vmatrix} = \begin{vmatrix} -7 & -8 & -3 & -6 \\ 6 & -7 & -1 & -5 \\ -9 & -8 & -3 & -4 \\ 8 & 6 & -7 & 0 \end{vmatrix}$

| 则 | a_{32} | 的 | 余 | 子 | 式 | M_{32} | = | 0 0 0
0 0 0
0 0 0 | = | 0 |

记分作业 1－18

| 设 | D | = | a_{11} a_{12} a_{13} a_{14}
a_{21} a_{22} a_{23} a_{24}
a_{31} a_{32} a_{33} a_{34}
a_{41} a_{42} a_{43} a_{44} | = | 4 -5 5 -9
-1 -8 -3 -9
-4 0 3 0
0 5 -2 7 |

| 则 | a_{32} | 的 | 代 | 数 | 余 | 子 | 式 | A_{32} | = | 0 | 0 0 0
0 0 0
0 0 0 | = | 0 |

记分作业 1－19

| 1 -2 -9 0
0 6 5 -6
0 -5 -1 -8
0 4 -9 8 | = | 0 0 0
0 0 0
0 0 0 |

若 低 阶 行 列 式 不 好 计 算 ， 可 加 边 变 高 阶 行 列 式 试 试 。

记分作业 1－20

| 设 | D= | 7 0 -9 -7
4 2 -8 -1
-6 4 -7 -8
6 -1 5 5 |

D 的 第 (i,j) 元 的 余 子 式 和 代 数 余 子 式 记 作 M_{ij} 和 A_{ij}，

求 A_{11} + A_{12} + A_{13} + A_{14}， M_{11} + M_{21} + M_{31} + M_{41}。

解： 由 （9） 式 可 知 A_{11} + A_{12} + A_{13} + A_{14} 等 于 用 1， 1，

1， 1代 替 D 的 第 1行 所 得 的 行 列 式 ， 即

| A_{11} | + | A_{12} | + | A_{13} | + | A_{14} | = | 0 0 0 0
0 0 0 0
0 0 0 0
0 0 0 0 |

（将第 1 行乘以 0、 0、 0 分别加到第 2、3、4 行）

$$= \begin{pmatrix} 0 & 0 & 0 & 0 \\ 0 & 0 & 0 & 0 \\ 0 & 0 & 0 & 0 \\ 0 & 0 & 0 & 0 \end{pmatrix} = \begin{pmatrix} 0 & 0 & 0 \\ 0 & 0 & 0 \\ 0 & 0 & 0 \end{pmatrix} = \boxed{0}$$

由（10）式可知 $M_{11} + M_{21} + M_{31} + M_{41} = A_{11} - A_{12} + A_{13} - A_{14}$

$$= \begin{pmatrix} 0 & 0 & 0 & 0 \\ 0 & 0 & 0 & 0 \\ 0 & 0 & 0 & 0 \\ 0 & 0 & 0 & 0 \end{pmatrix} = \begin{pmatrix} 0 & 0 & 0 & 0 \\ 0 & 0 & 0 & 0 \\ 0 & 0 & 0 & 0 \\ 0 & 0 & 0 & 0 \end{pmatrix} = \begin{pmatrix} 0 & 0 & 0 \\ 0 & 0 & 0 \\ 0 & 0 & 0 \end{pmatrix} = \boxed{0}$$

（将第 1 行乘以 1、 -1、 1 分别加到第 2、3、4 行）

过 1 关记分作业

注：先清空黄色单元格然后填写相应的答案。

1 - 1　（0.3 分）

若行列式 $\begin{vmatrix} \lambda - 1 & 1 \\ 0 & \lambda - 3 \end{vmatrix} = 0$ ，则 $\lambda = （\boxed{0}）$

(A)	1 或 4		(B)	1 或 3
(C)	0 或 3		(D)	0 或 4

1 - 2　（0.3 分）

设 A 为 2 阶方阵，且 $A = 4$ ，则 $-6A = （\boxed{0}）$

(A) -144	(B) 36	(C) -36	(D) 144

1 - 3　（0.3 分）

行列式 $\begin{vmatrix} -7 & 1 & 1 & 1 \\ 1 & -7 & 1 & 1 \\ 1 & 1 & -7 & 1 \\ 1 & 1 & 1 & -7 \end{vmatrix} = （\boxed{0}）$

(A)	2013		(B)	2055
(C)	2048		(D)	2075

1-4 (0.3分)

设齐次线性方程组为

$$\begin{cases} x_1 + k x_2 + x_3 = 0 \\ k x_1 + x_2 - x_3 = 0 \\ 21 x_1 + 20 x_2 + x_3 = 0 \end{cases}$$

问 k 为（ 0 ）时，方程组的解只为零。

(A) $k = 0$ 且 $k \neq -1$ (B) $k \neq 0$ 且 $k = -1$

(C) $k \neq 0$ 且 $k \neq -1$ (D) $k = 0$ 且 $k = -1$

1-5 (0.3分)

行列式：$\begin{vmatrix} 4 & 3 & 4 \\ 3 & 2 & 4 \\ 4 & 4 & 4 \end{vmatrix}$ 的第 2 行第 3 列元素的代数余子式 $A_{23} = ($ 0 $)$

(A) -8 (B) -3

(C) -4 (D) -6

1-6 (0.3分)

设行列式 $D = \begin{vmatrix} a_{11} & a_{12} & a_{13} \\ a_{21} & a_{22} & a_{23} \\ a_{31} & a_{32} & a_{33} \end{vmatrix} = 23$，则

$$D_1 = \begin{vmatrix} a_{11} & a_{11} + 9 a_{12} & a_{13} \\ a_{21} & a_{21} + 9 a_{22} & a_{23} \\ a_{31} & a_{31} + 9 a_{32} & a_{33} \end{vmatrix} = (\ 0 \ )$$

(A) 208   (B) 206

(C) 209   (D) 207

1-7 (0.3分)

已知 4 阶矩阵 A 的第三列的元素依次为 -9, 1, -9, -1，它们的余子式分别为 -3, 6, 4, -5，则 $A = ($ 0 $)$

(A) -20 (B) -23

(C) -21 (D) -22

1-8　（0.3 分）

n 阶方阵 A 的行列式 A = 0 是齐次线性方程组 A X = 0 有非零解的（ 0 ）

(A) 无关条件

(B) 充分条件

(C) 必要条件

(D) 充要条件

1-9　（0.3 分）

n 阶方阵 A 的行列式 A = 0 是齐次线性方程组 A X = 0 有非零解的（ 0 ）

(A) 无关条件

(B) 必要条件

(C) 充分条件

(D) 充要条件

1-10　（0.3 分）

函数 $(x) = \begin{vmatrix} 3x & 0 & -7 \\ x & -x & 4 \\ 5 & -7 & 3x \end{vmatrix}$ 中，x^3 的系数为（ 0 ）

(A) -9

(B) -7

(C) -11

(D) -8

2 矩阵及其运算记分作业

2.1 线性方程组和矩阵

非齐次与齐次线性方程组的概念

$$\begin{cases} a_{11}x_1 + a_{12}x_2 + \cdots + a_{1n}x_n = b_1 \\ a_{21}x_1 + a_{22}x_2 + \cdots + a_{2n}x_n = b_2 \\ \vdots \\ a_{n1}x_1 + a_{n2}x_2 + \cdots + a_{nn}x_n = b_n \end{cases}$$

若常数项 b_1，b_2，$\cdots$，b_n 不全为零，则称此方程组为非齐次线性方程组；若常数项 b_1，b_2，$\cdots$，b_n 全为零，此时称方程组为齐次线性方程组。由 $m \times n$ 个数 a_{ij}（$i = 1$，2，$\cdots$，m；$j = 1$，2，$\cdots$，n）排成的 m 行 n 列的数表

$$\begin{array}{cccc} a_{11} & a_{12} & \cdots & a_{1n} \\ a_{21} & a_{22} & \cdots & a_{2n} \\ \vdots & \vdots & & \vdots \\ a_{m1} & a_{m2} & \cdots & a_{mn} \end{array}$$

称为 $m \times n$ 矩阵，简记为：

$$A = A_{m \times n} = (a_{ij})_{m \times n} = (a_{ij})$$

课堂练习 2-1

设	三	个	线	性	方	程	组	为						
		方	程	组	1	：								
							$\{$	x	−	y	=	0		
								x	+	y	=	1		
		方	程	组	2	：								
								x	−	y	=	0		
							$\{$	x	+	y	=	1		
								x	+	y	=	2		

方程组 3:
$$\begin{cases} x - y = 0 \\ 2x - 2y = 0 \\ 3x - 3y = 0 \end{cases}$$

则有 1 个齐次线性方程组,有 2 个非齐次线性方程组。其中方程组 1 有唯一解,方程组 2 无解,方程组 3 有无数多个解。

见 1 游戏 2−1

线性变换(旋转变换)
$$\begin{cases} x_1 = x\cos\phi - y\sin\phi \\ y_1 = x\sin\phi + y\cos\phi \end{cases}$$

对应的矩阵为
$$\begin{pmatrix} \cos\phi & -\sin\phi \\ \sin\phi & \cos\phi \end{pmatrix}$$

记 分 作 业

注:先清空黄色单元格然后填写相应的答案。

记分作业 2−1

$$\begin{pmatrix} 1 & -2 & 1 \\ 1 & i & -2 \\ 0 & 1 & -1 \end{pmatrix}$$ 为 0 矩阵

↖

请填写"实"或"复"

记分作业 2−2

线性变换
$$\begin{cases} y_1 = -1 \ x_1 \\ y_2 = 5 \ x_2 \\ y_3 = 3 \ x_3 \\ y_4 = 4 \ x_4 \\ y_5 = -2 \ x_5 \end{cases}$$

对应 5 阶对角矩阵为

$$\begin{matrix} 0 & 0 & 0 & 0 & 0 \\ 0 & 0 & 0 & 0 & 0 \\ 0 & 0 & 0 & 0 & 0 \\ 0 & 0 & 0 & 0 & 0 \\ 0 & 0 & 0 & 0 & 0 \end{matrix}$$

记分作业 2 - 3

矩阵

$$\begin{pmatrix} \cos 5.4708 & -\sin 5.4708 \\ \sin 5.4708 & \cos 5.4708 \end{pmatrix}$$

对应的旋转变换为

$$\begin{cases} x_1 = & 0 \ x + & 0 \ y \\ y_1 = & 0 \ x + & 0 \ y \end{cases}$$

记分作业 2 - 4

某航空公司在 A , B , C , D 四城市之间开辟了若干航线 , 四城市间的航班图情况常用表格来表示 :

		到站			
		A	B	C	D
发	A		✓	✓	✓
	B	✓			
站	C	✓	✓		
	D			✓	

其中 ✓ 表示有航班 . 为了便于计算 , 把表中的 ✓ 改成 1 , 空白地方填上 0 , 就得到一个数表 :

	A	B	C	D
A	0	0	0	0
B	0	0	0	0
C	0	0	0	0
D	0	0	0	0

2.2　矩阵的运算

设 $A = (a_{ij})_{m \times s}$，$B = (b_{ij})_{s \times n}$，则矩阵 A 与矩阵 B 的乘法定义为 $AB = C$，其中 $C = (a_{ij})_{m \times n}$

$$c_{ij} = a_{i1}b_{1j} + a_{i2}b_{2j} + \cdots + a_{is}b_{sj} = \sum_{k=1}^{s} a_{ik}b_{kj}, \begin{pmatrix} i = 1,2,\cdots,m \\ j = 1,2,\cdots,n \end{pmatrix}$$

设

$$A = \begin{pmatrix} a_{11} & a_{12} & \cdots & a_{1n} \\ a_{21} & a_{22} & \cdots & a_{2n} \\ \vdots & \vdots & & \vdots \\ a_{m1} & a_{m2} & \cdots & a_{mn} \end{pmatrix}$$

记

$$A^{T} = \begin{pmatrix} a_{11} & a_{21} & \cdots & a_{m1} \\ a_{12} & a_{22} & \cdots & a_{m2} \\ \vdots & \vdots & & \vdots \\ a_{1n} & a_{n2} & \cdots & a_{mn} \end{pmatrix}$$

则称 A^{T} 是 A 的转置矩阵。

若 A 为 n 阶方阵，其元素构成的 n 阶行列式称为方阵的行列式，记为 $|A|$ 或 $\det A$。

显然，(1) $|A^{T}| = |A|$，(2) $|\lambda A| = \lambda^{n}|A|$，(3) $|AB| = |A||B|$。

设

$$A = \begin{pmatrix} a_{11} & a_{12} & \cdots & a_{1n} \\ a_{21} & a_{22} & \cdots & a_{2n} \\ \vdots & \vdots & & \vdots \\ a_{n1} & a_{n2} & \cdots & a_{nn} \end{pmatrix}$$

记

$$A^* = \begin{pmatrix} A_{11} & A_{21} & \cdots & A_{n1} \\ A_{12} & A_{22} & \cdots & A_{n2} \\ \vdots & \vdots & & \vdots \\ A_{1n} & A_{n2} & \cdots & A_{nn} \end{pmatrix}$$

式中，A_{ij} 是 a_{ij} 的代数余子式，A^* 称为 A 的伴随阵。

	A	B	C	D	E	F	G	H	I	J	K	L	M	N	O	P
4	转	置	公	式							2	3	4	5	6	
5			2	2	2	2	2	2	2		2	3	4	5	6	
6			3	3	3	3	3	3	3		2	3	4	5	6	
7			4	4	4	1	4	4	4	=	2	3	1	5	6	
8			5	5	5	5	5	5	5		2	3	4	5	6	
9			6	6	6	6	6	6	6		2	3	4	5	6	
10											2	3	4	5	6	

	A	B	C	D	E	F	G	H	I	J	K	L	M	N	O	P
13	乘	法	公	式												
14							2	2								
15			2	2	2	2	3	1		28	24					
16			3	3	1	3	4	4	=	34	28					
17			4	4	4	4	5	5		56	48					

　　单元格区域 K4：O10 中的数字是通过编写公式 "= TRANSPOSE（C5：I9）" 得到的，单元格区域 J15：K17 中的数字是通过编写公式 "= MMULT（C15：F17，G14：H17）" 得到的，改变上面黄色单元格中的数字，将自动产生计算结果。

课 堂 练 习

课堂练习 2-2

设								

$$A = \begin{pmatrix} 2 & 6 & 1 \\ 7 & 9 & 7 \end{pmatrix}, \quad B = \begin{pmatrix} 2 & x & 1 \\ y & 9 & z \end{pmatrix}$$

已知 A = B ，求 x ， y ， z 。

解：因为 A = B

所以 x = 6 ， y = 7 ， z = 7 。

课堂练习 2-3

设 $A = \begin{pmatrix} 4 & -1 & 2 \\ 2 & -4 & 2 \\ -4 & -3 & 1 \end{pmatrix}$ ， $B = \begin{pmatrix} 5 & 1 & 4 \\ -3 & -2 & 2 \\ -3 & 4 & -4 \end{pmatrix}$ ，

计算 A + B 及 A - B 。

解：

$A + B = \begin{pmatrix} 9 & 0 & 6 \\ -1 & -6 & 4 \\ -7 & 1 & -3 \end{pmatrix}$ ， $A - B = \begin{pmatrix} -1 & -2 & -2 \\ 5 & -2 & 0 \\ -1 & -7 & 5 \end{pmatrix}$

课堂练习 2-4

求矩阵

$A = \begin{pmatrix} 2 & 4 \\ -1 & -2 \end{pmatrix}$ 与 $B = \begin{pmatrix} -2 & -4 \\ 1 & 2 \end{pmatrix}$

的乘积 A B 及 B A 。

解： $A B = \begin{pmatrix} 0 & 0 \\ 0 & 0 \end{pmatrix}$ ， $B A = \begin{pmatrix} 0 & 0 \\ 0 & 0 \end{pmatrix}$

课堂练习 2-5

已知

$A = \begin{pmatrix} -7 & 0 & 7 \\ 3 & -5 & 7 \end{pmatrix}$ ， $B = \begin{pmatrix} -5 & -1 & -5 \\ -7 & -4 & -8 \\ -8 & 3 & -2 \end{pmatrix}$

求 $(AB)^T$ 。

解法 1：因为

$A B = \begin{pmatrix} -7 & 0 & 7 \\ 3 & -5 & 7 \end{pmatrix} \begin{pmatrix} -5 & -1 & -5 \\ -7 & -4 & -8 \\ -8 & 3 & -2 \end{pmatrix} = \begin{pmatrix} -21 & 28 & 21 \\ -36 & 38 & 11 \end{pmatrix}$

所以

$$(AB)^T = \begin{pmatrix} -21 & -36 \\ 28 & 38 \\ 21 & 11 \end{pmatrix}$$

解法2：

$$(AB)^T = B^T A^T = \begin{pmatrix} -5 & -7 & -8 \\ -1 & -4 & 3 \\ -5 & -8 & -2 \end{pmatrix} \begin{pmatrix} -7 & 3 \\ 0 & -5 \\ 7 & 7 \end{pmatrix} = \begin{pmatrix} -21 & -36 \\ 28 & 38 \\ 21 & 11 \end{pmatrix}$$

见1 游戏 2-2

设 $A = \begin{pmatrix} 0 & 1 & 0 & -3 \\ 1 & 3 & 3 & 0 \\ 2 & 3 & 1 & 3 \\ -3 & 2 & 1 & -3 \end{pmatrix}$，求 A 的伴随矩阵 A^*。

解：—— $A^* = \begin{pmatrix} 27 & 9 & 0 & -27 \\ 15 & -15 & 30 & 15 \\ -24 & 42 & -30 & -6 \\ -25 & -5 & 10 & 5 \end{pmatrix}$

记 分 作 业

注：先清空黄色单元格然后填写相应的答案。

记分作业 2-5

设 $A = \begin{pmatrix} 1 & -3 & -3 & -2 \\ 2 & -3 & -2 & -3 \\ 1 & 1 & -2 & 2 \\ -3 & 3 & -1 & -2 \end{pmatrix}$，求 A^* 的第 3 行，第 3 列 的 数字。

解：—— $A^* =$

记分作业 2 − 6

计	算	矩	阵	的	乘	积					
							−3	−2	3		
		−2	0	2	1		1	−2	0	=	0 0 0
		−3	2	−2	1		2	−3	−2		0 0 0
							2	−3	2		

记分作业 2 − 7

$$
设\ A =\begin{pmatrix}1 & 2 & 2 & 1\\ 1 & -3 & -3 & -1\\ 0 & -2 & -2 & 0\\ -3 & -1 & -3 & 2\end{pmatrix},\ B=\begin{pmatrix}-1 & 3 & 0 & -2\\ -1 & 1 & 3 & 0\\ 0 & -2 & 3 & 0\\ -3 & -1 & 3 & 3\end{pmatrix},\ 则\ AB=\quad 0
$$

记分作业 2 − 8

$$
设\ A =\begin{pmatrix}3 & 1 & 2 & 3\\ -1 & 0 & 1 & 1\\ -1 & 1 & 3 & 2\\ 2 & 1 & 1 & -3\end{pmatrix},\ B=\begin{pmatrix}-3 & 3 & -3 & -3\\ 2 & 0 & -3 & 3\\ 0 & -2 & 3 & -2\\ 2 & -3 & -3 & -2\end{pmatrix},
$$

$$
则\ A+B=\begin{pmatrix}0 & 0 & 0 & 0\\ 0 & 0 & 0 & 0\\ 0 & 0 & 0 & 0\\ 0 & 0 & 0 & 0\end{pmatrix}
$$

2.3 逆 矩 阵

设 A 为 n 阶方阵，若有同阶方阵 B 使得

$$AB = BA = E$$

则称 A 是可逆的，B 为 A 的逆矩阵。

A 可逆 $\rightleftharpoons |A| \neq 0$。

$$
A^{-1} = \frac{1}{|A|}A^* = \frac{1}{|A|}\begin{pmatrix} A_{11} & A_{21} & \cdots & A_{n1}\\ A_{12} & A_{22} & \cdots & A_{n2}\\ \vdots & \vdots & & \vdots\\ A_{1n} & A_{2n} & \cdots & A_{nn}\end{pmatrix}
$$

这是 A^{-1} 的计算公式，其中 A^* 是 A 的伴随阵，A_{ij} 是 a_{ij} 的代数余子式。

可逆矩阵的性质有：

(1) A 可逆 $\Rightarrow A^{-1}$ 可逆，且 $(A^{-1})^{-1} = A$。

(2) A 可逆，$\lambda \neq 0 \Rightarrow \lambda A$ 可逆，且 $(\lambda A)^{-1} = \dfrac{1}{\lambda} A^{-1}$。

(3) A，B 可逆，且同阶 $\Rightarrow AB$ 可逆，且 $(AB)^{-1} = B^{-1}A^{-1}$。

(4) A 可逆 $\Rightarrow A^T$ 可逆，且 $(A^T)^{-1} = (A^{-1})^T$。

设 A 可逆，规定 $A^0 = E$，$A^{-k} = (A^{-1})^k$。

	A	B	C	D	E	F	G	H	I	J	K	L	M
3	三	阶	可	逆	矩	阵	求	逆	公	式			
4				1	0	0	$^{-1}$		1	0	0		
5				0	2	0		=	0	0.5	0		
6				0	0	3			0	0	0.3		

单元格区域 I4：K6 中的数字是通过编写公式 " = MINVERSE（D4：F6）" 得到的，通过该函数也可以计算其他阶的可逆矩阵的逆矩阵。改变上面黄色单元格中的数字，将自动产生计算结果。

课 堂 练 习

课堂练习 2-6

| 设 | A | = | 2 | -3 | | ，| 则 | A^{-1} | = | -3 | 1.5 | |
| | | | 4 | -5 | | | | | | -2 | 1 | |

| 验 | 证 | A | A^* | = | A^* | A | = | A | E |

因　为

| | | A* | = | -5 | 3 | |
| | | | | -4 | 2 | |

| | | A | = | | 2 | |

所以

$$A A^* = \begin{pmatrix} 2 & 0 \\ 0 & 2 \end{pmatrix}$$

$$A^* A = \begin{pmatrix} 2 & 0 \\ 0 & 2 \end{pmatrix}$$

即

$$A A^* = A^* A = |A| E$$

课堂练习 2-7

设 A 为 4 阶可逆矩阵，A^* 为 A 的伴随矩阵，$|A| = 0.25$，则行列式 $|(0.5 A)^{-1} - 4 A^*| = 4$

见1游戏 2-3

设 $A = \begin{pmatrix} 1 & 1 & 1 \\ 0 & 1 & 0 \\ -1 & 2 & 0 \end{pmatrix}$，求 A^{-1}

解：

$$|A| = \begin{vmatrix} 1 & 1 & 1 \\ 0 & 1 & 0 \\ -1 & 2 & 0 \end{vmatrix} = 1$$

$$A_{11} = \begin{vmatrix} 1 & 0 \\ 2 & 0 \end{vmatrix} = 0 \qquad A_{21} = -\begin{vmatrix} 1 & 1 \\ 2 & 0 \end{vmatrix} = 2 \qquad A_{31} = \begin{vmatrix} 1 & 1 \\ 1 & 0 \end{vmatrix} = -1$$

$$A_{12} = -\begin{vmatrix} 0 & 0 \\ -1 & 0 \end{vmatrix} = 0 \qquad A_{22} = \begin{vmatrix} 1 & 1 \\ -1 & 0 \end{vmatrix} = 1 \qquad A_{32} = -\begin{vmatrix} 1 & 1 \\ 0 & 0 \end{vmatrix} = 0$$

$$A_{13} = \begin{vmatrix} 0 & 1 \\ -1 & 2 \end{vmatrix} = 1 \qquad A_{23} = -\begin{vmatrix} 1 & 1 \\ -1 & 2 \end{vmatrix} = -3 \qquad A_{33} = \begin{vmatrix} 1 & 1 \\ 0 & 1 \end{vmatrix} = 1$$

$$A^{-1} = |A|^{-1} A^* = 1 \begin{pmatrix} A_{11} & A_{21} & A_{31} \\ A_{12} & A_{22} & A_{32} \\ A_{13} & A_{23} & A_{33} \end{pmatrix} = 1 \begin{pmatrix} 0 & 2 & -1 \\ 0 & 1 & 0 \\ 1 & -3 & 1 \end{pmatrix}$$

记 分 作 业

注：先清空黄色单元格然后填写相应的答案。

记分作业 2-9

设 $A = \begin{pmatrix} 1 & 1 & 1 \\ 0 & 1 & 0 \\ -2 & 1 & 0 \end{pmatrix}$，$B = \begin{pmatrix} 1 & 1 \\ 0 & 1 \end{pmatrix}$，$C = \begin{pmatrix} 8 & 0 \\ -8 & -8 \\ -8 & 4 \end{pmatrix}$

求矩阵 X 使其满足

$$AXB = C$$

解：若 A^{-1}，B^{-1} 存在，则用 A^{-1} 左乘上式，B^{-1} 右乘上式，有

$$A^{-1} A X B B^{-1} = A^{-1} C B^{-1}$$

即

$$X = A^{-1} C B^{-1}$$

因

$$A^{-1} = \begin{pmatrix} 0 & 0 & 0 \\ 0 & 0 & 0 \\ 0 & 0 & 0 \end{pmatrix}, \quad B^{-1} = \begin{pmatrix} 0 & 0 \\ 0 & 0 \end{pmatrix},$$

于是

$$X = A^{-1} C B^{-1} = \begin{pmatrix} 0 & 0 & 0 \\ 0 & 0 & 0 \\ 0 & 0 & 0 \end{pmatrix}\begin{pmatrix} 0 & 0 \\ 0 & 0 \\ 0 & 0 \end{pmatrix}\begin{pmatrix} 0 & 0 \\ 0 & 0 \end{pmatrix} = \begin{pmatrix} 0 & 0 \\ 0 & 0 \\ 0 & 0 \end{pmatrix}\begin{pmatrix} 0 & 0 \\ 0 & 0 \end{pmatrix}$$

$$= \begin{pmatrix} 0 & 0 \\ 0 & 0 \\ 0 & 0 \end{pmatrix}$$

记分作业 2-10

设方阵 A 满足 $A^2 + 10A + 22E = 0$，证明 $A + 6E$ 可逆，并求 $(A + 6E)^{-1}$。

证明：因

$$(A + 6E)(A + 4E)$$

$$= A^2 + 10A + 22E + \boxed{0}E$$

$$= \boxed{0}E$$

所以 $A + 6E$ 可逆，并且

$$(A + 6E)^{-1} = \boxed{}。(A + \boxed{0}E)$$

记分作业 2–11

设 $P = \begin{bmatrix} -1 & 6 \\ -1 & 5 \end{bmatrix}$, $\Lambda = \begin{bmatrix} 1 & 0 \\ 0 & -1 \end{bmatrix}$, $AP = PA$, 求 A^{1931}。

解: 因 $P = 0$, 所以 P 可逆, 且

$P^{-1} = \begin{bmatrix} 0 & 0 \\ 0 & 0 \end{bmatrix}$,

又因 $A = P\Lambda P^{-1}$,

所以 $A^2 = P\Lambda P^{-1} P \Lambda P^{-1} = P\Lambda^2 P^{-1}$, $\cdots$,

$A^n = P\Lambda^n P^{-1}$

于是

$A^{1931} = \begin{bmatrix} 0 & 0 \\ 0 & 0 \end{bmatrix}\begin{bmatrix} 0 & 0 \\ 0 & 0 \end{bmatrix}\begin{bmatrix} 0 & 0 \\ 0 & 0 \end{bmatrix} = \begin{bmatrix} 0 & 0 \\ 0 & 0 \end{bmatrix}\begin{bmatrix} 0 & 0 \\ 0 & 0 \end{bmatrix} = \begin{bmatrix} 0 & 0 \\ 0 & 0 \end{bmatrix}$

记分作业 2–12

设 $P = \begin{bmatrix} -1 & 1 & 1 \\ 1 & 0 & 2 \\ 1 & 1 & -1 \end{bmatrix}$, $\Lambda = \begin{bmatrix} 3 & 0 & 0 \\ 0 & -2 & 0 \\ 0 & 0 & 2 \end{bmatrix}$, $AP = PA$,

求 $\Phi(A) = A^3 + 2A^2 - 3A$

解:

$\Phi(A) = P\Phi(\Lambda)P^{-1} = \begin{bmatrix} -1 & 1 & 1 \\ 1 & 0 & 2 \\ 1 & 1 & -1 \end{bmatrix}\begin{bmatrix} 0 & 0 & 0 \\ 0 & 0 & 0 \\ 0 & 0 & 0 \end{bmatrix}\begin{bmatrix} 0 & 0 & 0 \\ 0 & 0 & 0 \\ 0 & 0 & 0 \end{bmatrix}$

$= \begin{bmatrix} 0 & 0 & 0 \\ 0 & 0 & 0 \\ 0 & 0 & 0 \end{bmatrix}$

2.4 克拉默法则

设线性方程组

$$\begin{cases} a_{11}x_1 + a_{12}x_2 + \cdots + a_{1n}x_n = b_1 \\ a_{21}x_1 + a_{22}x_2 + \cdots + a_{2n}x_n = b_2 \\ \vdots \qquad \vdots \qquad\qquad \vdots \qquad \vdots \\ a_{n1}x_1 + a_{n2}x_2 + \cdots + a_{nn}x_n = b_n \end{cases}$$

的系数行列式

$$D = \begin{vmatrix} a_{11} & a_{21} & \cdots & a_{n1} \\ a_{12} & a_{22} & \cdots & a_{n2} \\ \vdots & \vdots & & \vdots \\ a_{1n} & a_{n2} & \cdots & a_{nn} \end{vmatrix} \neq 0$$

则上述线性方程组有唯一解：

$$x_1 = \frac{D_1}{D}, x_2 = \frac{D_2}{D}, \cdots, x_n = \frac{D_n}{D}$$

其中

$$D_j = \begin{vmatrix} a_{11} & \cdots & a_{1j-1} & b_1 & a_{1j+1} & \cdots & a_{1n} \\ a_{21} & \cdots & a_{2j-1} & b_2 & a_{2j+1} & \cdots & a_{2n} \\ \vdots & & \vdots & \vdots & \vdots & & \vdots \\ a_{n1} & \cdots & a_{nj-1} & b_n & a_{nj+1} & \cdots & a_{nn} \end{vmatrix}$$

　　根据克拉默法则，齐次线性方程组的系数行列式 $D \neq 0$ 时，则它只有零解（没有非零解），齐次线性方程组有非零解，则它的系数行列式 $D = 0$。

	A	B	C	D	E	F	G	H	I	J	K	L	M	N	O	P	Q	R	S	T	U
1	利	用	克	拉	默	法	则	解	线	性	方	程	组								
2		1	x_1	+	2	x_2	+	5	x_3	+	5	x_4	=	3							
3		-9	x_1	-	17	x_2	-	45	x_3	-	45	x_4	=	7							
4		9	x_1	+	18	x_2	+	46	x_3	+	45	x_4	=	3							
5		5	x_1	+	10	x_2	+	25	x_3	+	26	x_4	=	-13							

	A	B	C	D	E	F	G	H	I	J	K	L	M	N	O	P	Q	R	S	T	U
7		解	：			1	2	5	5						3	2	5	5			
8				D	=	-9	-17	-45	-45	=	1		D_1	=	7	-17	-45	-45	=	195	
9						9	18	46	45						3	18	46	45			
10						5	10	25	26						-13	10	25	26			

	A	B	C	D	E	F	G	H	I	J	K	L	M	N	O	P	Q	R	S	T	U
12						1	3	5	5						1	2	3	5			
13			D_2	=		-9	7	-45	-45	=	34		D_3	=	-9	-17	7	-45	=	-24	
14						9	3	46	45						9	18	3	45			
15						5	-13	25	26						5	10	-13	26			

	A	B	C	D	E	F	G	H	I	J	K	L	M	N	O	P	Q	R	S	T	U
17					1	2	5	3													
18			D_4	=	-9	-17	-45	7		=	-28										
19					9	18	46	3													
20					5	10	25	-13													

	A	B	C	D	E	F	G	H	I	J	K	L	M	N	O	P	Q	R	S	T	U
21		则	x_1	=	$\dfrac{D_1}{D}$		=	195		,		x_2	=	$\dfrac{D_2}{D}$		=	34				
22																					
23																					
24			x_3	=	$\dfrac{D_3}{D}$		=	-24		,		x_4	=	$\dfrac{D_4}{D}$		=	-28				
25																					

单元格 J8、T8、J13、T13、J18 中的数字是都是通过编写公式" = MDETERM（）"得到的，单元格 G21、N21、G24、N24 中的公式分布是" = T8/J8"、" = J13/J8"、" = T13/J8"和" = J18/J8"。改变上面黄色单元格中的数字，将自动产生计算结果。

课堂练习 2-8

问	λ	取	何	值	时	，	齐	次	线	性	方	程	组				
		{	(	4	-	λ	) x	+	1	y		+	1	z	=	0	
				2	x	+	(	6	-	λ	) y				=	0	
				1	x	+	(	6	-	λ	) z				=	0	
有	非	零	？														
解	：	由	克	拉	默	法	则	，	若	所	给	齐	次	线	性	方	程 组 有 非 零
解	，	则	其	系	数	行	列	式	D	=	0	，	而				
				4	-	λ		1		1							
	D	=		2		6	-	λ		0							
				1		0		6	-	λ							
由	D	=	0	，	得	λ	=	3	或	λ	=	6	或	λ	=	7	

见 1 游戏 2-4

设	曲	线	y	=	a_0	+	a_1	x	+	a_2	x^2	+	a_3	x^3	通	过	四	点	（	-2
-23	）	，	（	-1	，	-3	）	，	（	1	，	13	）	，	（	2	，	57	）	， 求
系	数	a_0	，	a_1	，	a_2	，	a_3												

解：把四个点的坐标代入曲线方程，得线性方程组：

$$\begin{cases} a_0 - 2a_1 + 4a_2 - 8a_3 = -23 \\ a_0 - a_1 + a_2 - a_3 = -3 \\ a_0 + a_1 + a_2 + a_3 = 13 \\ a_0 + 2a_1 + 4a_2 + 8a_3 = 57 \end{cases}$$

其系数行列式

$$D = \begin{vmatrix} 1 & -2 & 4 & -8 \\ 1 & -1 & 1 & -1 \\ 1 & 1 & 1 & 1 \\ 1 & 2 & 4 & 8 \end{vmatrix} = 72$$

$$D_1 = \begin{vmatrix} -23 & -2 & 4 & -8 \\ -3 & -1 & 1 & -1 \\ 13 & 1 & 1 & 1 \\ 57 & 2 & 4 & 8 \end{vmatrix} = 72 \qquad D_2 = \begin{vmatrix} 1 & -23 & 4 & -8 \\ 1 & -3 & 1 & -1 \\ 1 & 13 & 1 & 1 \\ 1 & 57 & 4 & 8 \end{vmatrix} = 288$$

$$D_3 = \begin{vmatrix} 1 & -2 & -23 & -8 \\ 1 & -1 & -3 & -1 \\ 1 & 1 & 13 & 1 \\ 1 & 2 & 57 & 8 \end{vmatrix} = 288 \qquad D_4 = \begin{vmatrix} 1 & -2 & 4 & -23 \\ 1 & -1 & 1 & -3 \\ 1 & 1 & 1 & 13 \\ 1 & 2 & 4 & 57 \end{vmatrix} = 288$$

则 $a_1 = \dfrac{D_1}{D} = 1$，$a_2 = \dfrac{D_2}{D} = 4$

$a_3 = \dfrac{D_3}{D} = 4$，$a_4 = \dfrac{D_4}{D} = 4$

记 分 作 业

注：先清空黄色单元格然后填写相应的答案。

记分作业 2-13

问 λ 取何值时，齐次线性方程组

$$\begin{cases} (7-\lambda)x + 2y + 1z = 0 \\ 3x + (5-\lambda)y = 0 \\ 3x + (3-\lambda)z = 0 \end{cases}$$

有非零。

解：由克拉默法则，若所给齐次线性方程组有非零解，则其系数行列式 $D = 0$，而

$$D = \begin{vmatrix} 7-\lambda & 2 & 1 \\ 3 & 5-\lambda & 0 \\ 3 & 0 & 3-\lambda \end{vmatrix}$$

由 $D = 0$，得 $\lambda = 0$，$\lambda = 0$ 或 $\lambda = 0$。

记分作业 2-14

在克拉默法则中，若 m 0 n，则不能通过克拉默法则求解。

记分作业 2-15

在克拉默法则中，若 D 0 0，则不能通过克拉默法则求解。

记分作业 2-16

设曲线 $y = a_0 + a_1 x + a_2 x^2 + a_3 x^3$ 通过四点 $(-2, -23)$，$(-1, 1)$，$(1, 1)$，$(2, 13)$，求系数 a_0，a_1，a_2，a_3。

解：把四个点的坐标代入曲线方程，得线性方程组：

$$\begin{cases} a_0 - 2a_1 + 4a_2 - 8a_3 = 0 \\ a_0 - a_1 + a_2 - a_3 = 0 \\ a_0 + a_1 + a_2 + a_3 = 0 \\ a_0 + 2a_1 + 4a_2 + 8a_3 = 0 \end{cases}$$

其系数行列式

$$D = \begin{vmatrix} 0 & 0 & 0 & 0 \\ 0 & 0 & 0 & 0 \\ 0 & 0 & 0 & 0 \\ 0 & 0 & 0 & 0 \end{vmatrix} = 0$$

$$D_1 = \begin{vmatrix} 0 & 0 & 0 & 0 \\ 0 & 0 & 0 & 0 \\ 0 & 0 & 0 & 0 \\ 0 & 0 & 0 & 0 \end{vmatrix} = 0 \qquad D_2 = \begin{vmatrix} 0 & 0 & 0 & 0 \\ 0 & 0 & 0 & 0 \\ 0 & 0 & 0 & 0 \\ 0 & 0 & 0 & 0 \end{vmatrix} = 0$$

$$
D_3 = \begin{vmatrix} 0 & 0 & 0 & 0 \\ 0 & 0 & 0 & 0 \\ 0 & 0 & 0 & 0 \\ 0 & 0 & 0 & 0 \end{vmatrix} = 0 \qquad D_4 = \begin{vmatrix} 0 & 0 & 0 & 0 \\ 0 & 0 & 0 & 0 \\ 0 & 0 & 0 & 0 \\ 0 & 0 & 0 & 0 \end{vmatrix} = 0
$$

则

$$
a_1 = \frac{D_1}{D} = 0, \qquad a_2 = \frac{D_2}{D} = 0
$$

$$
a_3 = \frac{D_3}{D} = 0, \qquad a_4 = \frac{D_4}{D} = 0
$$

2.5　矩阵分块法

　　两个矩阵运算时对其进行分块的两个原则：外可分和内可分。

　　外可分：将两个矩阵先进行分块，然后再进行运算；内可分：外可分并且将两个矩阵先进行分块后，然后每个"元素"再进行运算，并不改变不分块时的运算结果。

　　两个矩阵相加可分块情况：

　　外可分但内不可分的情况：

　　两个矩阵相乘可分块情况：

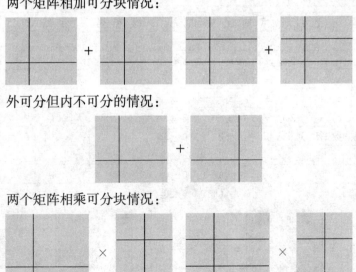

外可分但内不可分的情况：

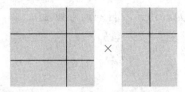

下面对几种重要的矩阵分块计算方法进行叙述。

2.5.1 $A_{m \times n} B_{n \times l} = C_{m \times l}$

设 $A_{m \times n} = (a_1, a_2, \cdots, a_n)$，其中 $a_1, a_2, \cdots, a_n$ 为 A 的 n 个列向量。$C_{m \times l} = (c_1, c_2, \cdots, c_l)$，其中 $c_1, c_2, \cdots, c_l$ 为 C 的 l 个列向量。$B_{n \times l}$

$$= \begin{pmatrix} b_{11} & b_{12} & \cdots & b_{1l} \\ b_{21} & b_{22} & \cdots & b_{2l} \\ \vdots & \vdots & & \vdots \\ b_{n1} & b_{n2} & \cdots & b_{nl} \end{pmatrix}。$$

称 $(a_1, a_2, \cdots, a_n) \begin{pmatrix} b_{11} & b_{12} & \cdots & b_{1l} \\ b_{21} & b_{22} & \cdots & b_{2l} \\ \vdots & \vdots & & \vdots \\ b_{n1} & b_{n2} & \cdots & b_{nl} \end{pmatrix} = (c_1, c_2, \cdots, c_l)$ 为 $A_{m \times n} B_{n \times l} =$

$C_{m \times l}$ 的左列式分解，或称为左列式。左列式等价于：

$$\begin{cases} c_1 = b_{11} a_1 + b_{21} a_2 + \cdots + b_{n1} a_n \\ c_2 = b_{12} a_1 + b_{22} a_2 + \cdots + b_{n2} a_n \\ \quad\quad\quad \vdots \\ c_l = b_{1l} a_1 + b_{2l} a_2 + \cdots + b_{nl} a_n \end{cases}$$

在第 4 章中将详细讲述利用左列式表示线性及线性相关性的证明。

线性方程组：$A_{m \times n} x_{n \times 1} = b_{m \times 1}$ 的左列式为 $(a_1, a_2, \cdots, a_n) \begin{pmatrix} x_1 \\ x_2 \\ \vdots \\ x_n \end{pmatrix} = b$

即为 $a_1 x_1 + a_2 x_2 + \cdots + a_n x_n = b$

称 A $(b_1, b_2, \vdots, b_l) = (c_1, c_2, \cdots, c_l)$ 为 $A_{m \times n} B_{n \times l} = C_{m \times l}$ 的右列式分解，或称为右列式。右列式等价于：

$$\begin{cases} Ab_1 = c_1 \\ Ab_2 = c_2 \\ \vdots \\ Ab_l = c_l \end{cases}$$

右列式在第 3 章中将详细讲解其应用。

2.5.2 $A_{n \times n} B_{n \times 2n} = C_{n \times 2n}$

设 $B_{n \times 2n} = (B_{n \times n}^1, B_{n \times n}^2)$，$C_{n \times 2n} = (C_{n \times n}^1, C_{n \times n}^2)$ 则 $A_{n \times n} B_{2n} = C_{n \times 2n}$ 等

价于：$\begin{cases} A_{n \times n} B_{n \times n}^1 = C_{n \times n}^1 \\ A_{n \times n} B_{n \times n}^2 = C_{n \times n}^2 \end{cases}$

这种矩阵分块在第 3 章的内容中将详细讲解。

2.5.3 $A_{n \times n} B_{n \times n} = B_{n \times n} \mathrm{diag}(\lambda_1, \lambda_2, \cdots, \lambda_n)$

将上式左边按照右列式分块，将上式右边按照左列式分块可得：

$$A_{n \times n}(b_1, b_2, \cdots, b_n) = (b_1, b_2, \cdots, b_n) \begin{pmatrix} \lambda_1 & & & \\ & \lambda_2 & & \\ & & \ddots & \\ & & & \lambda_n \end{pmatrix}$$

即：$\begin{cases} Ab_1 = \lambda_1 b_1 \\ Ab_2 = \lambda_2 b_2 \\ \vdots \\ Ab_n = \lambda_n b_n \end{cases}$

这种矩阵分块在第 5 章的内容讲解中将经常用到。

	A	B	C	D	E	F	G	H	I	J	K	L	M	N	O	P
1	左		列		式		：									
2			A				B				C					

$$\begin{pmatrix} 1 & 2 & 3 & 2 \\ 2 & 3 & 1 & 2 \\ 2 & 1 & 3 & 2 \\ 2 & 1 & 2 & 1 \end{pmatrix} \begin{pmatrix} 2 & 3 \\ 3 & 1 \\ 1 & 3 \\ 1 & 2 \end{pmatrix} = \begin{pmatrix} 13 & 18 \\ 16 & 16 \\ 12 & 20 \\ 10 & 15 \end{pmatrix}$$

	a_1	a_2	a_3	a_4		c_1	c_2

则

$c_1 = 2a_1 + 3a_2 + 1a_3 + 1a_4$

$c_2 = 3a_1 + 1a_2 + 3a_3 + 2a_4$

逆矩阵:

$$\begin{pmatrix} 1 & 2 & 0 & 0 & 0 \\ 2 & 3 & 0 & 0 & 0 \\ 0 & 0 & 1 & 3 & 3 \\ 0 & 0 & 2 & 7 & 2 \\ 0 & 0 & 1 & 3 & 4 \end{pmatrix}^{-1} = \begin{pmatrix} -3 & 2 & 0 & 0 & 0 \\ 2 & -1 & 0 & 0 & 0 \\ 0 & 0 & 22 & -3 & -15 \\ 0 & 0 & -6 & 1 & 4 \\ 0 & 0 & -1 & 0 & 1 \end{pmatrix}$$

单元格区域 I3:J6 中的数字是都是通过编写公式"= MMULT（B3:E6，F3:G6）"得到的，单元格区域 J13:N17 中的数字都是通过编写公式"= MINVERSE（C13:G17）"得到的，改变上面黄色单元格中的数字，将自动产生计算结果。

课 堂 练 习

课堂练习 2－9

左列式:

	A				B		C	

$$\begin{pmatrix} 2 & 2 & 2 & 1 \\ 1 & 1 & 2 & 3 \\ 2 & 1 & 1 & 1 \\ 2 & 2 & 1 & 3 \end{pmatrix} \begin{pmatrix} 3 & 1 \\ 3 & 1 \\ 1 & 1 \\ 1 & 1 \end{pmatrix} = \begin{pmatrix} 15 & 7 \\ 11 & 7 \\ 11 & 5 \\ 16 & 8 \end{pmatrix}$$

a_1	a_2	a_3	a_4		c_1	c_2

则

$c_1 = 3a_1 + 3a_2 + 1a_3 + 1a_4$

$c_2 = 1a_1 + 1a_2 + 1a_3 + 1a_4$

课堂练习 2-10

逆 矩 阵 :

$$\begin{pmatrix} 1 & 6 & 0 & 0 & 0 \\ 3 & 17 & 0 & 0 & 0 \\ 0 & 0 & 1 & 5 & 6 \\ 0 & 0 & 2 & 11 & 18 \\ 0 & 0 & 2 & 10 & 13 \end{pmatrix}^{-1} = \begin{pmatrix} -17 & 6 & 0 & 0 & 0 \\ 3 & -1 & 0 & 0 & 0 \\ 0 & 0 & -37 & -5 & 24 \\ 0 & 0 & 10 & 1 & -6 \\ 0 & 0 & -2 & 0 & 1 \end{pmatrix}$$

见 1 游戏 2-5

设 $A = \begin{pmatrix} -4 & 0 & 0 \\ 0 & -5 & 1 \\ 0 & -6 & 1 \end{pmatrix}$，求 A^{-1}。

解：

$$A = \begin{pmatrix} -4 & 0 & 0 \\ 0 & -5 & 1 \\ 0 & -6 & 1 \end{pmatrix} = \begin{pmatrix} A_1 & 0 \\ 0 & A_2 \end{pmatrix}$$

$$A_1 = \begin{pmatrix} -4 \end{pmatrix}, \quad A_1^{-1} = \begin{pmatrix} -0 \end{pmatrix}$$

$$A_2 = \begin{pmatrix} -5 & 1 \\ -6 & 1 \end{pmatrix}, \quad A_2^{-1} = \begin{pmatrix} 1 & -1 \\ 6 & -5 \end{pmatrix}$$

所以

$$A^{-1} = \begin{pmatrix} -0 & 0 & 0 \\ 0 & 1 & -1 \\ 0 & 6 & -5 \end{pmatrix}$$

记 分 作 业

注：先清空黄色单元格然后填写相应的答案。

记分作业 2-17

设 $a_1 = \begin{pmatrix} -2 \\ 3 \\ 2 \end{pmatrix}$，$a_2 = \begin{pmatrix} 1 \\ 2 \\ 1 \end{pmatrix}$，$a_3 = \begin{pmatrix} -2 \\ 1 \\ -1 \end{pmatrix}$

则 行 列 式 $|a_1\ 2a_2\ 3a_3| = $ ⬛ 0 ⬛ 。

记分作业 2-18

设

$$A = \begin{pmatrix} 1 & 0 & 0 & 0 \\ 0 & 1 & 0 & 0 \\ -9 & -2 & 1 & 0 \\ -2 & -6 & 0 & 1 \end{pmatrix}, \quad B = \begin{pmatrix} -6 & 5 & 1 & 0 \\ -5 & -2 & 0 & 1 \\ 8 & -8 & -9 & -2 \\ 8 & 7 & -3 & -9 \end{pmatrix}$$

求 AB。

解：把 A，B 分块成

$$A = \begin{pmatrix} 0 & 0 & 0 & 0 \\ 0 & 0 & 0 & 0 \\ \hline 0 & 0 & 0 & 0 \\ 0 & 0 & 0 & 0 \end{pmatrix} = \begin{pmatrix} E & 0 \\ A_1 & E \end{pmatrix}$$

$$B = \begin{pmatrix} 0 & 0 & 0 & 0 \\ 0 & 0 & 0 & 0 \\ 0 & 0 & 0 & 0 \\ 0 & 0 & 0 & 0 \end{pmatrix} = \begin{pmatrix} B_{11} & E \\ B_{21} & B_{22} \end{pmatrix}$$

则

$$AB = \begin{pmatrix} E & 0 \\ A_1 & E \end{pmatrix} \begin{pmatrix} B_{11} & E \\ B_{21} & B_{22} \end{pmatrix} = \begin{pmatrix} B_{11} & E \\ A_1 B_{11} + B_{21} & A_1 + B_{22} \end{pmatrix}$$

而

$$A_1 B_{11} + B_{21} = \begin{pmatrix} 0 & 0 \\ 0 & 0 \end{pmatrix} \begin{pmatrix} 0 & 0 \\ 0 & 0 \end{pmatrix} + \begin{pmatrix} 0 & 0 \\ 0 & 0 \end{pmatrix}$$

$$= \begin{pmatrix} 0 & 0 \\ 0 & 0 \end{pmatrix} + \begin{pmatrix} 0 & 0 \\ 0 & 0 \end{pmatrix} = \begin{pmatrix} 0 & 0 \\ 0 & 0 \end{pmatrix}$$

$$A_1 + B_{22} = \begin{pmatrix} 0 & 0 \\ 0 & 0 \end{pmatrix} + \begin{pmatrix} 0 & 0 \\ 0 & 0 \end{pmatrix} = \begin{pmatrix} 0 & 0 \\ 0 & 0 \end{pmatrix}$$

于是

$$AB = \begin{pmatrix} 0 & 0 & 0 & 0 \\ 0 & 0 & 0 & 0 \\ 0 & 0 & 0 & 0 \\ 0 & 0 & 0 & 0 \end{pmatrix}$$

记分作业 2－19

已知 $PA = \begin{pmatrix} 1 & 0 & 0 & 2 \\ 0 & 1 & 0 & 4 \\ 0 & 0 & 1 & 5 \end{pmatrix}$，其中 P 为 3 阶可逆矩阵，

A 是 3×4 矩阵，把 A 按列分成 4 块：

$$A = (a_1,\ a_2,\ a_3,\ a_4)$$

证明 $a_4 = 2a_1 + 4a_2 + 5a_3$

证：设 $B = \begin{pmatrix} 1 & 0 & 0 & 2 \\ 0 & 1 & 0 & 4 \\ 0 & 0 & 1 & 5 \end{pmatrix}$，把 B 按列分成 4 块：

$$B = (b_1,\ b_2,\ b_3,\ b_4)$$

则 $b_4 = 0b_1 + 0b_2 + 0b_3$ 　　　　　(2-1)

由 $PA = B$ 知

$$P(a_1,\ a_2,\ a_3,\ a_4) = (b_1,\ b_2,\ b_3,\ b_4)$$

即 $Pa_i = b_i\ (i=1,2,3,4)$

将上式代入式（2-1）有：

$$Pa_4 = 0Pa_1 + 0Pa_2 + 0Pa_3$$

由于 P 可逆，用 P^{-1} 左乘上式即得

$$a_4 = 2a_1 + 4a_2 + 5a_3$$

证毕

记分作业 2－20

设 A 为 3 阶方阵，且

$$A\begin{pmatrix} 4 \\ 0 \\ 0 \end{pmatrix} = -5\begin{pmatrix} 4 \\ 0 \\ 0 \end{pmatrix},\quad A\begin{pmatrix} 0 \\ 6 \\ 5 \end{pmatrix} = 6\begin{pmatrix} 0 \\ 6 \\ 5 \end{pmatrix},\quad A\begin{pmatrix} 0 \\ 1 \\ 1 \end{pmatrix} = 5\begin{pmatrix} 0 \\ 1 \\ 1 \end{pmatrix}。$$

求 A。

解：设 $p_1 = \begin{pmatrix} 4 \\ 0 \\ 0 \end{pmatrix},\quad p_2 = \begin{pmatrix} 0 \\ 6 \\ 5 \end{pmatrix},\quad p_3 = \begin{pmatrix} 0 \\ 1 \\ 1 \end{pmatrix}$

则 $Ap_1 = 0p_1,\quad Ap_2 = 0p_2,\quad Ap_3 = 0p_3$，即

$$A(p_1,\ p_2,\ p_3) = (0p_1,\ 0p_2,\ 0p_3)$$

$$= (p_1,\ p_2,\ p_3)\begin{pmatrix} 0 & 0 & 0 \\ 0 & 0 & 0 \\ 0 & 0 & 0 \end{pmatrix}$$

设 P = (p_1 , p_2 , p_3) , 则

$$AP = P \begin{pmatrix} 0 & 0 & 0 \\ 0 & 0 & 0 \\ 0 & 0 & 0 \end{pmatrix}$$

因 P = 0 ≠ 0 , 所以 P 可逆 , 故

$$A = P \begin{pmatrix} 0 & 0 & 0 \\ 0 & 0 & 0 \\ 0 & 0 & 0 \end{pmatrix} P^{-1} = \begin{pmatrix} 0 & 0 & 0 & 0 & 0 & 0 \\ 0 & 0 & 0 & 0 & 0 & 0 \\ 0 & 0 & 0 & 0 & 0 & 0 \end{pmatrix}$$

$$= \begin{pmatrix} 0 & 0 & 0 & 0 & 0 \\ 0 & 0 & 0 & 0 & 0 \\ 0 & 0 & 0 & 0 & 0 \end{pmatrix} = \begin{pmatrix} 0 & 0 & 0 \\ 0 & 0 & 0 \\ 0 & 0 & 0 \end{pmatrix}$$

过 2 关记分作业

注：先清空黄色单元格然后填写相应的答案。

2-1 （0.2 分）

设 $A = \begin{pmatrix} 1 & 1.8 \\ 0 & 1 \end{pmatrix}$, 则 A^{100} = (0)

(A) $\begin{pmatrix} 1 & 180 \\ 0 & 1 \end{pmatrix}$ (B) $\begin{pmatrix} 1 & 146 \\ 0 & 1 \end{pmatrix}$

(C) $\begin{pmatrix} 1 & 165 \\ 0 & 1 \end{pmatrix}$ (D) $\begin{pmatrix} 1 & 201 \\ 0 & 1 \end{pmatrix}$

2-2 （0.2 分）

三阶可逆矩阵的逆矩阵

$$\begin{pmatrix} 1 & 1 & 0 \\ 3 & 4 & 0 \\ 0 & 0 & 1 \end{pmatrix}^{-1} = (\quad 0 \quad)$$

(A) $\begin{pmatrix} 4 & -1 & 0 \\ -3 & 5 & 0 \\ 0 & 0 & 1 \end{pmatrix}$ (B) $\begin{pmatrix} 4 & -1 & 0 \\ -3 & 1 & 0 \\ 0 & 0 & 1 \end{pmatrix}$

(C) $\begin{pmatrix} 4 & -1 & 0 \\ -3 & -3 & 0 \\ 0 & 0 & 1 \end{pmatrix}$ (D) $\begin{pmatrix} 4 & -1 & 0 \\ -3 & 9 & 0 \\ 0 & 0 & 1 \end{pmatrix}$

2-3　（0.2分）

设A=（α，γ_1，γ_2），B=（β，γ_1，γ_2）均是3阶方阵，α，β，γ_1，γ_2是三维列向量，若 A = 5，B = 3，则 A + 4 B = （　0　）

(A)　398　　　　　　　　(B)　425

(C)　422　　　　　　　　(D)　464

2-4　（0.2分）

设 $A = \begin{pmatrix} 1 & 0 & 0 \\ 0 & -1 & 1 \\ 0 & 1 & -2 \end{pmatrix}$，$B = \begin{pmatrix} 1 & -2 & 2 \\ 1 & 2 & 1 \\ -2 & 1 & -2 \end{pmatrix}$，则 A B = （　0　）

(A) $\begin{pmatrix} 1 & -2 & 2 \\ -3 & -3 & -3 \\ 5 & 0 & 5 \end{pmatrix}$　　　　(B) $\begin{pmatrix} 1 & -2 & 2 \\ -3 & 0 & -3 \\ 5 & 0 & 5 \end{pmatrix}$

(C) $\begin{pmatrix} 1 & -2 & 2 \\ -3 & 0 & -3 \\ 5 & 0 & 5 \end{pmatrix}$　　　　(D) $\begin{pmatrix} 1 & -2 & 2 \\ -3 & -3 & -3 \\ 5 & 0 & 5 \end{pmatrix}$

2-5　（0.2分）

设方阵 A 满足 $A^2 - 27 A - 3 E = 0$，则 $A^{-1} = $（　0　）

(A) $A - 27 E$　　　　　　(B) $27 E - A$

(C) $\dfrac{1}{3}(A - 27 E)$　　　　(D) $\dfrac{1}{3}(27 E - A)$

2-6　（0.2分）

设 A 为 4 阶方阵，则行列式 5 A = （　0　）

(A)　625　　　　　　　　(B)　621

(C)　626　　　　　　　　(D)　629

2-7　（0.2分）

设 $A = \begin{pmatrix} 3 & 5 \\ 1 & -4 \end{pmatrix}$，则 $A^* = $（　0　）

(A)　-17　　　　　　　　(B)　-15

(C)　-16　　　　　　　　(D)　-18

2-8 (0.2分)

设 A ， B 均 为 n 阶 方 阵 ， 下 列 结 论 正 确 的 是 （ 0 ）
(A) 若 A ， B 均 可 逆 ， 则 A B 可 逆
(B) 若 A ， B 均 可 逆 ， 则 A + B 可 逆
(C) 若 A + B 可 逆 ， 则 A - B 可 逆
(D) 若 A + B 可 逆 ， 则 A ， B 可 逆

2-9 (0.2分)

设 A 与 B 均 为 n 阶 方 阵 ， 则 下 列 结 论 中 （ 0 ） 成 立 。
(A) 若 $|AB| = 0$ ， 则 $A = 0$ ， 或 $B = 0$
(B) 若 $|AB| = 0$ ， 则 $|A| = 0$ ， 或 $|B| = 0$
(C) 若 $AB = 0$ ， 则 $A = 0$ ， 或 $B = 0$
(D) 若 $AB \neq 0$ ， 则 $|A| \neq 0$ ， 或 $|B| \neq 0$

2-10 (0.2分)

设 A ， B 均 为 n 阶 方 阵 ， $(A + B)(A - B) = A^2 - B^2$ 的 充 分 必 要 条 件 是 （ 0 ）	
(A) $B = 0$	(B) $A = E$
(C) $AB = BA$	(D) $A = B$

2-11 (0.2分)

设 n 阶 方 阵 A ， B ， C 满 足 $ABC = E$ ， 则 必 有 （ 0 ）	
(A) $CBA = E$	(B) $BCA = E$
(C) $ACB = E$	(D) $BAC = E$

2-12 (0.2分)

设 A ， B 为 N 阶 方 阵 ， 满 足 等 式 $AB = 0$ ， 则 必 有 （ 0 ）	
(A) $|A| + |B| = 0$	(B) $A = 0$ 或 $B = 0$
(C) $|A| = 0$ 或 $|B| = 0$	(D) $A + B = 0$

2-13 (0.2分)

设 A^* ， A^{-1} 分 别 为 n 阶 方 阵 A 的 伴 随 矩 阵 、 逆 矩 阵 ， 则 $A^* A^{-1}$ 等 于 （ 0 ）	
(A) A^n	(B) A^{n-2}
(C) A^{n-1}	(D) A^{n-3}

2-14　(0.2分)

设	A	与	B	均	为	n	阶	方	阵	，	满	足	等	式	A	B	=	0	，	则
必	有	(	0	)																
(A)	|A|	=	0	或	|B|	=	0				(B)	A	+	B	=	0				
(C)	A	=	0	或	B	=	0				(D)	|A|	+	|B|	=	0				

2-15　(0.2分)

n	阶	方	阵	A	的	行	列	式	A	≠	0	是	矩	阵	A	可	逆	的	(	0	)
(A)	必	要	条	件						(B)	充	要	条	件							
(C)	充	分	条	件						(D)	无	关	条	件							

3 矩阵的初等变换与线性方程组记分作业

3.1 矩阵的初等变换

下面三种变换称为矩阵的初等行变换：

（1）互换两行（记 $r_i \rightleftharpoons r_j$）；

（2）以数 k（$k \neq 0$）乘以某一行（记 $r_i \times k$）；

（3）把某一行的 k 倍加到另一行上（记 $r_i + kr_j$）。

若将定义中的"行"换成"列"，则称之为初等列变换，初等行变换和初等列变换统称为初等变换。

由单位矩阵 E 经过一次初等变换得到的方阵称为初等矩阵。

设 A 是一个 $m \times n$ 矩阵，对 A 施行一次初等行变换，相当于在 A 的左边乘以相应的 m 阶初等矩阵；对 A 施行一次初等列变换，相当于在 A 的右边乘以相应的 n 阶初等矩阵。

行阶梯形矩阵及行最简形矩阵的概念是：

$$B_1 = \begin{pmatrix} 2 & 1 & 0 & 1 \\ 0 & 3 & 3 & 2 \\ 0 & 0 & 4 & 4 \end{pmatrix}$$

$$B_2 = \begin{pmatrix} 1 & 0 & 0 & 1 \\ 0 & 1 & 0 & 2 \\ 0 & 0 & 1 & 4 \end{pmatrix}$$

B_1 和 B_2 都称为行阶梯形矩阵，其特点是：可画出一条阶梯线，线的下方全为 0；每个台阶只有一行，台阶数即是非零行的行数，阶梯线的竖线（每段竖线的长度为一行）后面的第一个元素为非零元，也就是非零行的第一个非零元。行阶梯形矩阵 B_2 还称为行最简形矩阵，其特点是：非零行的第一个非零元为 1，且这些非零元所在的列的其他元素都为 0。

对 $m \times n$ 矩阵 A，总能经若干次初等行变换和初等列变换变成如下形式：

$$A = \begin{pmatrix} E_r & O \\ O & O \end{pmatrix}$$

称之为标准形。

课堂练习 3-1

设 A 为 5 阶方阵，B 是将 A 的第 2 行与第 5 行互换后的矩阵，E 为 5 阶单位阵，则初等矩阵

$$E(2,5) = \begin{pmatrix} 1 & 0 & 0 & 0 & 0 \\ 0 & 0 & 0 & 0 & 1 \\ 0 & 0 & 1 & 0 & 0 \\ 0 & 0 & 0 & 1 & 0 \\ 0 & 1 & 0 & 0 & 0 \end{pmatrix}$$

且

$$E(2,5)A = B$$

再设

$$A = \begin{pmatrix} 1 & 1 & 0 & 0 & 1 \\ 0 & 0 & -1 & -3 & -1 \\ -2 & -3 & -1 & 3 & 0 \\ 2 & 1 & 0 & -1 & -2 \\ 3 & 0 & -3 & 1 & 0 \end{pmatrix}$$

验证：$E(2,5)A = B$

$$E(2,5)A = \begin{pmatrix} 1 & 0 & 0 & 0 & 0 \\ 0 & 0 & 0 & 0 & 1 \\ 0 & 0 & 1 & 0 & 0 \\ 0 & 0 & 0 & 1 & 0 \\ 0 & 1 & 0 & 0 & 0 \end{pmatrix} \begin{pmatrix} 1 & 1 & 0 & 0 & 1 \\ 0 & 0 & -1 & -3 & -1 \\ -2 & -3 & -1 & 3 & 0 \\ 2 & 1 & 0 & -1 & -2 \\ 3 & 0 & -3 & 1 & 0 \end{pmatrix}$$

$$= \begin{pmatrix} 1 & 1 & 0 & 0 & 1 \\ 3 & 0 & -3 & 1 & 0 \\ -2 & -3 & -1 & 3 & 0 \\ 2 & 1 & 0 & -1 & -2 \\ 0 & 0 & -1 & -3 & -1 \end{pmatrix} = B$$

见1游戏 3-1

设五阶矩阵

$$A = \begin{pmatrix} 1 & 0 & 2 & 2 & -2 \\ 1 & 1 & 2 & 4 & -3 \\ -1 & 0 & -1 & 0 & 1 \\ -2 & 0 & -3 & -1 & 4 \\ -2 & 0 & -5 & -7 & 5 \end{pmatrix}$$

利用初等行变换求 A^{-1}。

解:

$$(A, E) = \begin{pmatrix} 1 & 0 & 2 & 2 & -2 & 1 & 0 & 0 & 0 & 0 \\ 1 & 1 & 2 & 4 & -3 & 0 & 1 & 0 & 0 & 0 \\ -1 & 0 & -1 & 0 & 1 & 0 & 0 & 1 & 0 & 0 \\ -2 & 0 & -3 & -1 & 4 & 0 & 0 & 0 & 1 & 0 \\ -2 & 0 & -5 & -7 & 5 & 0 & 0 & 0 & 0 & 1 \end{pmatrix}$$

$$\sim \begin{pmatrix} 1 & 0 & 2 & 2 & -2 & 1 & 0 & 0 & 0 & 0 \\ 0 & 1 & 0 & 2 & -1 & -1 & 1 & 0 & 0 & 0 \\ 0 & 0 & 1 & 2 & -1 & 1 & 0 & 1 & 0 & 0 \\ 0 & 0 & 1 & 3 & 0 & 2 & 0 & 0 & 1 & 0 \\ 0 & 0 & -1 & -3 & 2 & 0 & 0 & 0 & 0 & 1 \end{pmatrix}$$

$$\sim \begin{pmatrix} 1 & 0 & 0 & -2 & 0 & -1 & 0 & -2 & 0 & 0 \\ 0 & 1 & 0 & 2 & -1 & -1 & 1 & 0 & 0 & 0 \\ 0 & 0 & 1 & 2 & -1 & 1 & 0 & 1 & 0 & 0 \\ 0 & 0 & 0 & 1 & 1 & 1 & 0 & -1 & 1 & 0 \\ 0 & 0 & 0 & -1 & 0 & 3 & 0 & 1 & 0 & 1 \end{pmatrix}$$

$$\sim \begin{pmatrix} 1 & 0 & 0 & 0 & 2 & 1 & 0 & -4 & 2 & 0 \\ 0 & 1 & 0 & 0 & -3 & -3 & 1 & 2 & -2 & 0 \\ 0 & 0 & 1 & 0 & -3 & -1 & 0 & 3 & -2 & 0 \\ 0 & 0 & 0 & 1 & 1 & 1 & 0 & -1 & 1 & 0 \\ 0 & 0 & 0 & 0 & 1 & 4 & 0 & 0 & 1 & 1 \end{pmatrix}$$

$$\sim \begin{pmatrix} 1 & 0 & 0 & 0 & 0 & -7 & 0 & -4 & 0 & -2 \\ 0 & 1 & 0 & 0 & 0 & 9 & 1 & 2 & 1 & 3 \\ 0 & 0 & 1 & 0 & 0 & 11 & 0 & 3 & 1 & 3 \\ 0 & 0 & 0 & 1 & 0 & -3 & 0 & -1 & 0 & -1 \\ 0 & 0 & 0 & 0 & 1 & 4 & 0 & 0 & 1 & 1 \end{pmatrix}$$

$$A^{-1} = \begin{pmatrix} -7 & 0 & -4 & 0 & -2 \\ 9 & 1 & 2 & 1 & 3 \\ 11 & 0 & 3 & 1 & 3 \\ -3 & 0 & -1 & 0 & -1 \\ 4 & 0 & 0 & 1 & 1 \end{pmatrix}$$

记 分 作 业

注：先清空黄色单元格然后填写相应的答案。

记分作业 3-1

设 E 为 5 阶单位阵，则初等矩阵

$$E(2,3[7]) = \begin{pmatrix} 0 & 0 & 0 & 0 & 0 \\ 0 & 0 & 0 & 0 & 0 \\ 0 & 0 & 0 & 0 & 0 \\ 0 & 0 & 0 & 0 & 0 \\ 0 & 0 & 0 & 0 & 0 \end{pmatrix}$$

记分作业 3-2

设 $A = \begin{pmatrix} -4 & 1 & 32 \\ -5 & 1 & 39 \\ 4 & 0 & -28 \end{pmatrix}$ 的行最简形为 F，求 F，并求一个

可逆矩阵 P，使得 PA = F。

解：对（A|E）进行行初等变换

$$\begin{pmatrix} 0 & 0 & 0 & 0 & 0 & 0 \\ 0 & 0 & 0 & 0 & 0 & 0 \\ 0 & 0 & 0 & 0 & 0 & 0 \end{pmatrix} \sim \begin{pmatrix} 0 & 0 & 0 & 0 & 0 & 0 \\ 0 & 0 & 0 & 0 & 0 & 0 \\ 0 & 0 & 0 & 0 & 0 & 0 \end{pmatrix} \sim \begin{pmatrix} 0 & 0 & 0 & 0 & 0 & 0 \\ 0 & 0 & 0 & 0 & 0 & 0 \\ 0 & 0 & 0 & 0 & 0 & 0 \end{pmatrix}$$

r1-r2

则

$$F = \begin{pmatrix} 0 & 0 & 0 \\ 0 & 0 & 0 \\ 0 & 0 & 0 \end{pmatrix}, \quad P = \begin{pmatrix} 0 & 0 & 0 \\ 0 & 0 & 0 \\ 0 & 0 & 0 \end{pmatrix}$$

验证：

$$PA = \begin{pmatrix} 0 & 0 & 0 \\ 0 & 0 & 0 \\ 0 & 0 & 0 \end{pmatrix} \begin{pmatrix} -4 & 1 & 32 \\ -5 & 1 & 39 \\ 4 & 0 & -28 \end{pmatrix} = \begin{pmatrix} 0 & 0 & 0 \\ 0 & 0 & 0 \\ 0 & 0 & 0 \end{pmatrix} = F$$

记分作业 3 –3

设 A = $\begin{pmatrix} 0 & -4 & 4 \\ 5 & 0 & -4 \\ -4 & 5 & 0 \end{pmatrix}$ ，证明 A 可逆，并求 A^{-1}。

解：

$(A, E) = \begin{pmatrix} 0 & -4 & 4 & 1 & 0 & 0 \\ 5 & 0 & -4 & 0 & 1 & 0 \\ -4 & 5 & 0 & 0 & 0 & 1 \end{pmatrix} \sim \begin{pmatrix} 0 & 0 & 0 & 0 & 0 & 0 \\ 0 & 0 & 0 & 0 & 0 & 0 \\ 0 & 0 & 0 & 0 & 0 & 0 \end{pmatrix}$

$\sim \begin{pmatrix} 0 & 0 & 0 & 0 & 0 & 0 \\ 0 & 0 & 0 & 0 & 0 & 0 \\ 0 & 0 & 0 & 0 & 0 & 0 \end{pmatrix} \sim \begin{pmatrix} 0 & 0 & 0 & 0 & 0 & 0 \\ 0 & 0 & 0 & 0 & 0 & 0 \\ 0 & 0 & 0 & 0 & 0 & 0 \end{pmatrix} \sim \begin{pmatrix} 0 & 0 & 0 & 0 & 0 & 0 \\ 0 & 0 & 0 & 0 & 0 & 0 \\ 0 & 0 & 0 & 0 & 0 & 0 \end{pmatrix}$

$\sim \begin{pmatrix} 0 & 0 & 0 & 0 & 0 & 0 \\ 0 & 0 & 0 & 0 & 0 & 0 \\ 0 & 0 & 0 & 0 & 0 & 0 \end{pmatrix} \sim \begin{pmatrix} 0 & 0 & 0 & 0 & 0 & 0 \\ 0 & 0 & 0 & 0 & 0 & 0 \\ 0 & 0 & 0 & 0 & 0 & 0 \end{pmatrix}$

因 A $\sim$ E，故 A 可逆，且 $A^{-1} = \begin{pmatrix} 0 & 0 & 0 \\ 0 & 0 & 0 \\ 0 & 0 & 0 \end{pmatrix}$

记分作业 3 –4

求解矩阵方程 A X = B，其中 A = $\begin{pmatrix} 1 & 4 & 10 \\ 2 & 9 & 23 \\ -2 & -10 & -25 \end{pmatrix}$ ，B = $\begin{pmatrix} 9 & -2 \\ 21 & -4 \\ -23 & 4 \end{pmatrix}$ 。

解：设可逆矩阵 P 使 P A = F 为行最简形，则

P（A, B) = (F, PB)

因此对矩阵 (A, B) 作初等行变换把 A 变成 F，同时把 B 变成 PB。若 F = E，则 A 可逆，且 P = A^{-1} ，这时所给方程有唯一解 X = P B = A^{-1} B。

$(A, B) = \begin{pmatrix} 1 & 4 & 10 & 9 & -2 \\ 2 & 9 & 23 & 21 & -4 \\ -2 & -10 & -25 & -23 & 4 \end{pmatrix} \sim \begin{pmatrix} 0 & 0 & 0 & 0 & 0 \\ 0 & 0 & 0 & 0 & 0 \\ 0 & 0 & 0 & 0 & 0 \end{pmatrix}$

$$\sim \begin{pmatrix} 0 & 0 & 0 & 0 & 0 \\ 0 & 0 & 0 & 0 & 0 \\ 0 & 0 & 0 & 0 & 0 \end{pmatrix} \sim \begin{pmatrix} 0 & 0 & 0 & 0 & 0 \\ 0 & 0 & 0 & 0 & 0 \\ 0 & 0 & 0 & 0 & 0 \end{pmatrix}$$

可见 $A \sim E$，因此 A 可逆，且

$$X = A^{-1}B = \begin{pmatrix} 0 & 0 \\ 0 & 0 \\ 0 & 0 \end{pmatrix}$$

3.2 矩阵的秩

在 $m \times n$ 矩阵 A 中，任取 k 行 k 列的元素，按原排列组成的 k 阶行列式，称之为 A 的 k 阶子式。若 $m \times n$ 矩阵 A 中有一个 r 阶子式 $D \neq 0$，并且所有的 $r+1$ 阶子式全为零，则称 D 为 A 的最高阶非零子式，r 称为 A 的秩，记 $r = R(A)$。特别，当 n 阶方阵 A 的行列式 $|A| \neq 0$，则 $R(A) = n$；反之，当 n 阶方阵 A 的秩 $R(A) = n$，则 $|A| \neq 0$。因此，n 阶方阵可逆的充分必要条件是 $R(A) = n$（满秩）。

课堂练习 3-2

求矩阵 A 和 B 的秩，其中

$$A = \begin{pmatrix} 1 & 2 & 2 \\ 4 & 5 & 0 \\ 6 & 9 & 4 \end{pmatrix}, \quad B = \begin{pmatrix} 3 & -3 & 8 & 6 & 2 \\ 0 & 5 & 3 & 2 & -5 \\ 0 & 0 & 9 & 9 & 9 \\ 0 & 0 & 0 & 0 & 0 \end{pmatrix}$$

解：在 A 中容易看出左上角的一个 2 阶子式

$$\begin{vmatrix} 1 & 2 \\ 4 & 5 \end{vmatrix} \neq 0$$

A 的 3 阶子式只有一个 A，而 $A = 0$，故 $(A) = 2$

又：

B 是一个行阶梯形矩阵，其非零行有 3 行，即知 B 的所有 4 阶子式全为零，而以三个非零行的第一个非零元为对角元的 3 阶行列式

$$\begin{vmatrix} 3 & -3 & 6 \\ 0 & 5 & 2 \\ 0 & 0 & 9 \end{vmatrix}$$

是一个上三角行列式，不等于 0，故 $(B) = 3$。

见1 游戏 3-2

$$A = \begin{pmatrix} 1 & -1 & -2 & -3 & 3 \\ -3 & 4 & 8 & 12 & -10 \\ 3 & -3 & -6 & -10 & 6 \\ 1 & -1 & -2 & -3 & 3 \end{pmatrix}$$，求矩阵 A 的秩，并求 A 的一个最高阶非零子式。

解：先求 A 的秩，为此对 A 作初等行变换变成行阶梯形矩阵

$$A = \begin{pmatrix} 1 & -1 & -2 & -3 & 3 \\ -3 & 4 & 8 & 12 & -10 \\ 3 & -3 & -6 & -10 & 6 \\ 1 & -1 & -2 & -3 & 3 \end{pmatrix} \sim \begin{pmatrix} 1 & -1 & -2 & -3 & 3 \\ 0 & 1 & 2 & 3 & -1 \\ 0 & 0 & 0 & -1 & -3 \\ 0 & 0 & 0 & 0 & 0 \end{pmatrix} = B$$

将 A 的行阶梯形矩阵记作 B，因 B 中有 3 个非零行，所以 (A)= 3

下面求 A 的一个最高阶非零子式：

因 B 是 A 的行阶梯形矩阵，所以存在一个 4 阶可逆矩阵 P 使得：

$$P A = B$$

将上式写成右列式可得

$P(a_1, a_2, a_3, a_4, a_5) = (b_1, b_2, b_3, b_4, b_5)$ 则

$$P(a_1, a_2, a_4) = (b_1, b_2, b_4)$$

显然 $R(b_1, b_2, b_4) = 3$

由于 P 可逆，则 $R(a_1, a_2, a_4) = 3$，即 A 的最高阶非零子式一定是 3 阶的。

易知矩阵 (a_1, a_2, a_4) 的前 3 行为 3 阶方阵，其行列式

$$\begin{vmatrix} 1 & -1 & -3 \\ -3 & 4 & 12 \\ 3 & -3 & -10 \end{vmatrix} = -1 \neq 0$$

因此这个式子便是 A 的一个最高阶非零子式。

记 分 作 业

注：先清空黄色单元格然后填写相应的答案。

记分作业 3−5

设 $A = \begin{pmatrix} 3 & 0 & 0 & 2 \\ 3 & 0 & 1 & -1 \\ 6 & 0 & 0 & 4 \\ -3 & 0 & 0 & -2 \end{pmatrix}$，$b = \begin{pmatrix} -3 \\ 0 \\ -4 \\ 3 \end{pmatrix}$

求 矩 阵 A 及 矩 阵 B ＝ (A, b) 的 秩。

解 ：

$$B = (A, B) = \begin{pmatrix} 3 & 0 & 0 & 2 & -3 \\ 3 & 0 & 1 & -1 & 0 \\ 6 & 0 & 0 & 4 & -4 \\ -3 & 0 & 0 & -2 & 3 \end{pmatrix} \sim \begin{pmatrix} 0 & 0 & 0 & 0 & 0 \\ 0 & 0 & 0 & 0 & 0 \\ 0 & 0 & 0 & 0 & 0 \\ 0 & 0 & 0 & 0 & 0 \end{pmatrix}$$

因 此 $(A) = $ 0 ，$(B) = $ 0 。

记分作业 3−6

设 $A = \begin{pmatrix} 1 & -1 & 4 & -6 \\ -5 & 6 & \lambda & 4 \\ 8 & -7 & 7 & \mu \end{pmatrix}$，已 知 R(A)＝ 2，求 λ 和 μ 的 值。

解 ： $A \sim \begin{pmatrix} 1 & 0 & 0 & 0 \\ 0 & 0 & \lambda - 0 & 0 \\ 0 & 0 & 0 & \mu + 0 \end{pmatrix}$

$$\sim \begin{pmatrix} 1 & -9 & 0 & 0 \\ 0 & 1 & \lambda - 0 & 0 \\ 0 & 0 & 0 - \lambda & \mu + 0 \end{pmatrix}$$

即 $\lambda = $ 0 ，$\mu = $ 0 。

记分作业 3−7

设 3 阶 矩 阵 $A = \begin{pmatrix} 0 & 0 & 0 \\ 1 & 1 & -1 \\ 1 & -1 & -1 \end{pmatrix}$，求 R (A+E) 及 R (A−E)。

解 ： 因

$$A + E = \begin{pmatrix} 0 & 0 & 0 \\ 0 & 0 & 0 \\ 0 & 0 & 0 \end{pmatrix} \qquad A - E = \begin{pmatrix} 0 & 0 & 0 \\ 0 & 0 & 0 \\ 0 & 0 & 0 \end{pmatrix}$$

所 以 R (A+E) ＝ 3 ，R (A−E) ＝ 0 。

验 证 ： R (A+E) ＋ R (A−E) ≥ 3 。

记分作业 3-8

设	A	=	$\begin{matrix}1&1\\2&-1\\3&1\end{matrix}$	,	B	=	$\begin{matrix}1&-1&0\\1&0&0\end{matrix}$	,	C	=	A B	,	计 算 R(A) ,
R(B)	和	R(C)	。										
解	:	R(A)	=	0	,	R(B)	=	0	,	R(C)	=	0	
	验 证	:	若	$A_{m\times n}$	$B_{n\times 1}$	=	C	,	且	R(A)	=	n	, 则
				R(B)	=	R(C)							

3.3 线性方程组的解

n 元线性方程组 $Ax = b$

（1）无解 $\Leftrightarrow R(A) < R(A, b)$。

（2）有唯一解 $\Leftrightarrow R(A) = R(A, b) = n$。

（3）有无穷多解 $\Leftrightarrow R(A) = R(A, b) < n$。

对于齐次线性方程组，将系数矩阵化成行最简形矩阵，便可写出其通解；对于非齐次线性方程组，将增广矩阵化成行阶梯形矩阵，便可判断其是否有解。若有解，化成行最简形矩阵，便可写出其通解。

课堂练习 3-3

1	x_1	+	0	x_2	-	2	x_3	+	3	x_4	=	0
2	x_1	+	1	x_2	-	7	x_3	+	9	x_4	=	0
5	x_1	+	1	x_2	-	13	x_3	+	18	x_4	=	0

解：对系数矩阵 A 施行初等行变换变为行最简形矩阵

$$A = \begin{pmatrix} 1 & 0 & -2 & 3 \\ 2 & 1 & -7 & 9 \\ 5 & 1 & -13 & 18 \end{pmatrix} \sim \begin{pmatrix} 1 & 0 & -2 & 3 \\ 0 & 1 & -3 & 3 \\ 0 & 1 & -3 & 3 \end{pmatrix} \sim \begin{pmatrix} 1 & 0 & -2 & 3 \\ 0 & 1 & -3 & 3 \\ 0 & 0 & 0 & 0 \end{pmatrix}$$

即得与原方程组同解的方程组

	x_1	-	2	x_3	+	3	x_4	=	0
	x_2	-	3	x_3	+	3	x_4	=	0

由此即得

$$\begin{cases} x_1 = 2x_3 - 3x_4 \\ x_2 = 3x_3 - 3x_4 \end{cases}$$

x_3，x_4 可任意取值，令 $x_3 = c_1$，$x_4 = c_2$，把它写成参数形式：

$$\begin{cases} x_1 = 2c_1 - 3c_2 \\ x_2 = 3c_1 - 3c_2 \\ x_3 = c_1 \\ x_4 = c_2 \end{cases}$$

其中 c_1，c_2 为任意实数，或写成向量形式

$$\begin{pmatrix} x_1 \\ x_2 \\ x_3 \\ x_4 \end{pmatrix} = c_1 \begin{pmatrix} 2 \\ 3 \\ 1 \\ 0 \end{pmatrix} + c_2 \begin{pmatrix} -3 \\ -3 \\ 0 \\ 1 \end{pmatrix}$$

见1 游戏 3－3

设有线性方程组

$$\begin{cases} (3+\lambda)x_1 + 5x_2 + 5x_3 = 0 \\ 5x_1 + (3+\lambda)x_2 + 5x_3 = 5 \\ 5x_1 + 5x_2 + (3+\lambda)x_3 = -5 \end{cases}$$

问 λ 取何值时，此方程组（1）有唯一解；（2）无解；（3）有无限多个解？并在有无限多个解时求其通解。

解：因系数矩阵为方阵，故方程有唯一解的充分必要条件是系数行列式 $A \neq 0$，而

$$A = \begin{vmatrix} 3+\lambda & 5 & 5 \\ 5 & 3+\lambda & 5 \\ 5 & 5 & 3+\lambda \end{vmatrix} = \begin{vmatrix} 13+\lambda & 13+\lambda & 13+\lambda \\ 5 & 3+\lambda & 5 \\ 5 & 5 & 3+\lambda \end{vmatrix}$$

↑ 将后两行加到第1行。

$$= (13+\lambda) \begin{vmatrix} 1 & 1 & 1 \\ 5 & 3+\lambda & 5 \\ 5 & 5 & 3+\lambda \end{vmatrix}$$

↑ 利用左上角的1，将它下面的两个元素变成0。

$$= (13 + \lambda) \begin{vmatrix} 1 & 1 & 1 \\ 0 & -2+\lambda & 0 \\ 0 & 0 & -2+\lambda \end{vmatrix}$$

$$= (13 + \lambda)(-2 + \lambda)^2$$

因此，当 $\lambda \neq -13$ 且 $\lambda \neq 2$ 时，方程组有唯一解。

当 $\lambda = 2$ 时，增广矩阵

$$B = \begin{pmatrix} 5 & 5 & 5 & 0 \\ 5 & 5 & 5 & 5 \\ 5 & 5 & 5 & -5 \end{pmatrix} \sim \begin{pmatrix} 1 & 1 & 1 & 0 \\ 5 & 5 & 5 & 5 \\ 5 & 5 & 5 & -5 \end{pmatrix} \sim \begin{pmatrix} 1 & 1 & 1 & 0 \\ 0 & 0 & 0 & 5 \\ 0 & 0 & 0 & -5 \end{pmatrix}$$

将左上角元素变成1　　　利用左上角的1，将它下面的两个元素变成0

$$\sim \begin{pmatrix} 1 & 1 & 1 & 0 \\ 0 & 0 & 0 & 5 \\ 0 & 0 & 0 & 0 \end{pmatrix}$$

即 $(A) = 1$，$(B) = 2$，故方程组无解。

当 $\lambda = -13$ 时，增广矩阵

$$B = \begin{pmatrix} -10 & 5 & 5 & 0 \\ 5 & -10 & 5 & 5 \\ 5 & 5 & -10 & -5 \end{pmatrix} \sim \begin{pmatrix} -10 & 5 & 5 & 0 \\ 5 & -10 & 5 & 5 \\ 0 & 0 & 0 & 0 \end{pmatrix} \sim \begin{pmatrix} 1 & -1 & -1 & 0 \\ 5 & -10 & 5 & 5 \\ 0 & 0 & 0 & 0 \end{pmatrix}$$

将前两行加到第三行　　　将左上角元素变成1

$$\sim \begin{pmatrix} 1 & -1 & -1 & 0 \\ 0 & -8 & 7.5 & 5 \\ 0 & 0 & 0 & 0 \end{pmatrix} \sim \begin{pmatrix} 1 & -1 & -1 & 0 \\ 0 & 1 & -1 & -1 \\ 0 & 0 & 0 & 0 \end{pmatrix} \sim \begin{pmatrix} 1 & 0 & -1 & -0 \\ 0 & 1 & -1 & -1 \\ 0 & 0 & 0 & 0 \end{pmatrix}$$

利用左上角的1，将它下面的两个元素变成0　　　将第2行第2列的元素变成1

即 $(A) = R(B) = 2 < 3$，故方程组有无限多个解，通解为

$$\begin{pmatrix} x_1 \\ x_2 \\ x_3 \end{pmatrix} = c \begin{pmatrix} 1 \\ 1 \\ 1 \end{pmatrix} + \begin{pmatrix} -0.333 \\ -0.667 \\ 0 \end{pmatrix}$$

式中，c 为任意实数。

记 分 作 业

注：先清空黄色单元格然后填写相应的答案。

记分作业 3 − 9

求解非齐次线性方程组

$$
\begin{cases}
1\,x_1 + 0\,x_2 + 0\,x_3 + 1\,x_4 = 6 \\
3\,x_1 + 1\,x_2 - 1\,x_3 + 4\,x_4 = -3 \\
-6\,x_1 - 1\,x_2 + 1\,x_3 - 7\,x_4 = -12
\end{cases}
$$

解：对增广矩阵 B 施行初等行变换

$$
B = \begin{pmatrix} 1 & 0 & 0 & 1 & 0 \\ 3 & 1 & -1 & 4 & -1 \\ -6 & -1 & 1 & -7 & -2 \end{pmatrix} \sim \begin{pmatrix} 0 & 0 & 0 & 0 & 0 \\ 0 & 0 & 0 & 0 & 0 \\ 0 & 0 & 0 & 0 & 0 \end{pmatrix} \sim \begin{pmatrix} 0 & 0 & 0 & 0 & 0 \\ 0 & 0 & 0 & 0 & 0 \\ 0 & 0 & 0 & 0 & 0 \end{pmatrix}
$$

可见 (A) = 0 ，(B) = 0

记分作业 3 − 10

求解非齐次线性方程组

$$
\begin{cases}
1\,x_1 + 0\,x_2 + 0\,x_3 + 1\,x_4 = 13 \\
1\,x_1 + 1\,x_2 + 1\,x_3 + 1\,x_4 = 5 \\
1\,x_1 - 1\,x_2 - 1\,x_3 + 1\,x_4 = 11
\end{cases}
$$

解：对增广矩阵 B 施行初等行变换

$$
B = \begin{pmatrix} 1 & 0 & 0 & 1 & 2 \\ 1 & 1 & 1 & 1 & 2 \\ 1 & -1 & -1 & 1 & 2 \end{pmatrix} \sim \begin{pmatrix} 0 & 0 & 0 & 0 & 0 \\ 0 & 0 & 0 & 0 & 0 \\ 0 & 0 & 0 & 0 & 0 \end{pmatrix} \sim \begin{pmatrix} 0 & 0 & 0 & 0 & 0 \\ 0 & 0 & 0 & 0 & 0 \\ 0 & 0 & 0 & 0 & 0 \end{pmatrix}
$$

即得

$$
\begin{cases}
x_1 = 0\,x_3 + 0\,x_4 + 0 \\
x_2 = 0\,x_3 + 0\,x_4 + 0 \\
x_3 = x_3 \\
x_4 = x_4
\end{cases}
$$

亦即

$$
\begin{pmatrix} x_1 \\ x_2 \\ x_3 \\ x_4 \end{pmatrix} = c_1 \begin{pmatrix} 0 \\ 0 \\ 0 \\ 0 \end{pmatrix} + c_2 \begin{pmatrix} 0 \\ 0 \\ 0 \\ 0 \end{pmatrix} + \begin{pmatrix} 0 \\ 0 \\ 0 \\ 0 \end{pmatrix}
$$

式中，c_1，c_2 为任意实数。

记分作业 3－11

问λ为何值时，线性方程组

$$\begin{cases} x_1 + x_3 = \lambda \\ 4x_1 + x_2 + 2x_3 = \lambda + 20 \\ 6x_1 + x_2 + 4x_3 = 2\lambda + 29 \end{cases}$$

有解，并求出解的一般形式。

解：当 $\lambda = 0$ 时，线性方程组有解，并且

$$\begin{bmatrix} x_1 \\ x_2 \\ x_3 \end{bmatrix} = \begin{bmatrix} 0 \\ 0 \\ 0 \end{bmatrix} k + \begin{bmatrix} 0 \\ 0 \\ 0 \end{bmatrix}$$

式中，k 为任意常数。

记分作业 3－12

求解齐次线性方程组

$$\begin{cases} 1x_1 + 0x_2 - 3x_3 + 1x_4 = 0 \\ -1x_1 + 1x_2 + 1x_3 - 4x_4 = 0 \\ -2x_1 + 3x_2 + 0x_3 - 11x_4 = 0 \end{cases}$$

解：对系数矩阵 A 施行初等行变换变为行最简形矩阵

$$A = \begin{pmatrix} 1 & 0 & -3 & 1 \\ -1 & 1 & 1 & -4 \\ -2 & 3 & 0 & -11 \end{pmatrix} \sim \begin{pmatrix} 1 & 0 & 0 & 0 \\ 0 & 0 & 0 & 0 \\ 0 & 0 & 0 & 0 \end{pmatrix} \sim \begin{pmatrix} 1 & 0 & 0 & 0 \\ 0 & 1 & 0 & 0 \\ 0 & 0 & 0 & 0 \end{pmatrix}$$

即得与原方程组同解的方程组

$$\begin{cases} x_1 - 0x_3 + 0x_4 = 0 \\ x_2 - 0x_3 - 0x_4 = 0 \end{cases}$$

由此即得

$$\begin{cases} x_1 = 0x_3 + 0x_4 \\ x_2 = 0x_3 + 0x_4 \end{cases}$$

x_3，x_4 可任意取值，令 $x_3 = c_1$，$x_4 = c_2$，把它写成参数形式：

$$\begin{cases} x_1 = 0c_1 - 0c_2 \\ x_2 = 0c_1 + 0c_2 \\ x_3 = c_1 \\ x_4 = c_2 \end{cases}$$

式	中	，	c_1	，	c_2	为	任	意	实	数	，	或	写	成	向	量	形	式	
	x_1		0			0													
	x_2	$=$	c_1	0	$+$	c_2	0												
	x_3		0			0													
	x_4		0			0													

过 3 关记分作业

注：先清空黄色单元格然后填写相应的答案。

3 – 1　　(0.27 分)

	设	A	$=$	$\begin{bmatrix} 2 & 2 & -4 & 2 \\ 4 & 4 & -8 & 4 \\ -6 & -6 & 13 & -6 \\ 4 & 4 & -8 & 5 \end{bmatrix}$	，	$R(A)=$	（	0	）
(A)	1					(B)	2		
(C)	3					(D)	4		

3 – 2　　(0.27 分)

	已	知	向	量	组	$\alpha_1 =$	$\begin{bmatrix} -1 \\ -3 \\ -1 \\ -1 \end{bmatrix}$	，	$\alpha_2 =$	$\begin{bmatrix} 1 \\ 1 \\ t \\ 1 \end{bmatrix}$	，	$\alpha_3 =$	$\begin{bmatrix} 2 \\ 4 \\ 2 \\ 2 \end{bmatrix}$	的 秩 为 2，
则	$t =$	（	0	）										
(A)	0					(B)	-1							
(C)	1					(D)	3							

3 – 3　　(0.27 分)

	设	A	$=$	$\begin{pmatrix} a_{11} & a_{12} & a_{13} \\ a_{21} & a_{22} & a_{23} \\ a_{31} & a_{32} & a_{33} \end{pmatrix}$	，	B	$=$	$\begin{pmatrix} a_{21} & a_{22} & a_{23} \\ a_{11} & a_{12} & a_{13} \\ a_{31}+a_{11} & a_{32}+a_{12} & a_{33}+a_{13} \end{pmatrix}$	，
		P	$=$	$\begin{pmatrix} 0 & 1 & 0 \\ 1 & 0 & 0 \\ 0 & 0 & 1 \end{pmatrix}$	，	Q	$=$	$\begin{pmatrix} 1 & 0 & 0 \\ 0 & 1 & 0 \\ 1 & 0 & 1 \end{pmatrix}$	

则	必	有	（	0	）	成	立	。				
(A)	Q	P	A	=	B		(B)	A	P	Q	=	B
(C)	A	P	Q	=	B		(D)	P	Q	A	=	B

3－4　(0.27 分)

下列矩阵中，（ 0 ）不是初等矩阵。

$$(A)\begin{pmatrix} 1 & 0 & 0 \\ 0 & 2 & 0 \\ 0 & 0 & 1 \end{pmatrix} \qquad (B)\begin{pmatrix} 0 & 0 & 1 \\ 0 & 1 & 0 \\ 1 & 0 & 0 \end{pmatrix}$$

$$(C)\begin{pmatrix} 1 & 0 & 0 \\ 0 & 0 & 0 \\ 0 & 1 & 1 \end{pmatrix} \qquad (D)\begin{pmatrix} 1 & 0 & 0 \\ 0 & 1 & -2 \\ 0 & 0 & 1 \end{pmatrix}$$

3－5　(0.27 分)

设矩阵 A 的秩 R(A) = r，则（ 0 ）成立。
(A) A 的 r－1 阶子式都不为零
(B) A 的 r 阶子式都不为零
(C) A 是一个 r 阶方阵
(D) A 至少有一个 r 阶子式不为零

3－6　(0.27 分)

设 n 元线性方程组 AX = b，且 R(A, b) = n+1，则该方程组（ 0 ）
(A) 无解
(B) 有唯一解
(C) 不能确定解的情况
(D) 有无穷多解

3－7　(0.27 分)

设矩阵 A，B，C 为 n 阶方阵，满足等式 AB = C，则下列关于矩阵秩的论述正确的是（ 0 ）
(A) R(A) ≥ R(C)
(B) R(A) < R(C)
(C) R(A) + R(C) = n
(D) R(B) < R(C)

3－8　(0.27 分)

矩阵 A 在（ 0 ）时，其秩改变。
(A) 乘以非奇异矩阵
(B) 初等变换
(C) 转置
(D) 乘以奇异矩阵

3－9　（0.27分）

设 n 元线性方程组 A x = b ，且 R（A ）= R（A, b ）=
n ，则该方程组（ 0 ）
(A) 无解　　　　　　　　　(B) 有无穷多解
(C) 有唯一解　　　　　　　(D) 不能确定解的情况

3－10　（0.27分）

设 n 元线性方程组 A x = 0 ，且 R（A ）= n － 1 ，
则该方程组（ 0 ）
(A) 有无穷多解　　　　　　(B) 只有零解
(C) 不能确定解的情况　　　(D) 无解

3－11　（0.27分）

设 A ≠ 0, B ≠ 0 均为 n 阶方阵，满足等式 A B
= 0 ，则必有（ 0 ）
(A) R(B)= 0　　　　　　　(B) R(A)= 0
(C) R(A)+ R(B)= n　　　(D) R(A)+ R(B)≤ n

4 向量组的线性相关性记分作业

4.1 向量组及其线性组合

给定向量组 A：a_1，a_2，$\cdots$，a_n，对于任何一组实数 k_1，k_2，$\cdots$，k_n，表达式：

$$k_1 a_1 + k_2 a_2 + \cdots + k_m a_m$$

称为向量组 A 的一个线性组合，k_1，k_2，$\cdots$，k_n 称为这个线性组合的系数。对于向量 b，若存在一组数 λ_1，λ_2，$\cdots$，λ_n，使得：

$$b = \lambda_1 a_1 + \lambda_2 a_2 + \cdots + \lambda_m a_n$$

则向量 b 是向量组 A 的线性组合，这时称向量 b 能由向量组 A 线性表示。并称：

$$b = (a_1, a_2, \cdots, a_n) \begin{pmatrix} \lambda_1 \\ \lambda_2 \\ \vdots \\ \lambda_m \end{pmatrix}$$

为向量 b 由向量组 A 线性表示的左列式，矩阵 $\begin{pmatrix} \lambda_1 \\ \lambda_2 \\ \vdots \\ \lambda_m \end{pmatrix}$ 为表示矩阵。

假设向量 b 能由向量组 A 线性表示，也就是方程组：

$$x_1 a_1 + x_2 a_2 + \cdots + x_m a_n = b$$

有解。

向量 b 能由向量组 A：a_1，a_2，$\cdots$，a_n 线性表示的充分必要条件是矩阵 $A = (a_1, a_2, \cdots, a_n)$ 的秩等于矩阵 $B = (a_1, a_2, \cdots, a_n, b)$ 的秩。

向量组 B：b_1，b_2，$\cdots$，b_l 能由向量组 A：a_1，a_2，$\cdots$，a_m 线性表示的充分必要条件是矩阵 $A = (a_1, a_2, \cdots, a_m)$ 的秩等于矩阵

$(A, B) = (a_1, a_2, \cdots, a_m, b_1, b_2, \cdots, b_l)$ 的秩，即 $R(A)$ $= R(A, B)$。

若一个向量组加入到另一个向量组后秩不变，则此向量组是"多余"的，该多余的向量组是可以由其他向量组线性表示的。

向量组 A：$a_1, a_2, \cdots, a_m$ 与向量组 B：$b_1, b_2, \cdots, b_l$ 等价的充分必要条件是：

$$R(A) = R(B) = R(A, B)$$

设向量组 B：$b_1, b_2, \cdots, b_l$ 能由向量组 A：$a_1, a_2, \cdots, a_m$ 线性表示，则

$R(b_1, b_2, \cdots, b_l) \leqslant R(a_1, a_2, \cdots, a_m)$，即 $R(B) \leqslant R(A)$。

	A	B	C	D	E	F	G	H	I	J	K	L	M	N	O	P	Q
3		若															
4			1	2	3	4	1			30							
5			2	1	0	-1	2	=		0							
6			3	3	3	3	3			30							
7			4	3	2	1	4			20							
8			a_1	a_2	a_3	a_4				β							
9		则															
10			β	=	1	a_1	+	2	a_2	+	3	a_3	+	4	a_4		
11																	
12		若															
13			2	1	3	4	1	3		29	24						
14			1	4	0	-1	2	2	=	5	10						
15			3	4	2	3	3	4		29	28						
16			4	3	2	1	4	1		20	27						
17			a_1	a_2	a_3	a_4				$β_1$	$β_2$						
18		则															
19			$β_1$	=	1	a_1	+	2	a_2	+	3	a_3	+	4	a_4		
20			$β_2$	=	3	a_1	+	2	a_2	+	4	a_3	+	1	a_4		

单元格区域 I4：I7 中的数字是通过编写公式 "＝MMULT（C4：F7，G4：G7）" 得到的，单元格区域 J13：K16 中的数字是通过编写公式 "＝MMULT（C13：F16，G13：H16）" 得到的，改变上面黄色单元格中的数字，将自动产生计算结果。

课堂练习 4-1

设 $a_1 = \begin{pmatrix} 1 \\ 2 \\ 5 \\ -1 \end{pmatrix}$，$a_2 = \begin{pmatrix} 0 \\ 1 \\ 1 \\ 0 \end{pmatrix}$，$a_3 = \begin{pmatrix} 2 \\ 2 \\ 8 \\ -2 \end{pmatrix}$，$b = \begin{pmatrix} 3 \\ 5 \\ 14 \\ -3 \end{pmatrix}$，

证明向量 b 能由向量组 a_1，a_2，a_3 线性表示，并求出表达式。

证明：根据定理1，只需证明

矩阵 $A = (a_1, a_2, a_3)$ 的秩与 $B = (A, b)$ 的秩相等，为此，把 B 化成行最简形：

$$B = \begin{pmatrix} 1 & 0 & 2 & 3 \\ 2 & 1 & 2 & 5 \\ 5 & 1 & 8 & 14 \\ -1 & 0 & -2 & -3 \end{pmatrix} \sim \begin{pmatrix} 1 & 0 & 2 & 3 \\ 0 & 1 & -2 & -1 \\ 0 & 1 & -2 & -1 \\ 0 & 0 & 0 & 0 \end{pmatrix} \sim \begin{pmatrix} 1 & 0 & 2 & 3 \\ 0 & 1 & -2 & -1 \\ 0 & 0 & 0 & 0 \\ 0 & 0 & 0 & 0 \end{pmatrix}$$

可见 $(A) = (B)$，即向量 b 能由向量组 a_1，a_2，a_3 线性表示。

由上述最简形，可得方程 $Ax = b$ 的通解为

$$x = c \begin{pmatrix} -2 \\ 2 \\ 1 \end{pmatrix} + \begin{pmatrix} 3 \\ -1 \\ 0 \end{pmatrix} = \begin{pmatrix} -2c+3 \\ 2c-1 \\ c \end{pmatrix}$$

从而得表达式

$$b = (a_1, a_2, a_3)x$$
$$= (-2c+3)a_1 + (2c-1)a_2 + c a_3$$

式中，c 可为任意实数。

见 1 游戏 4-1

设 $a_1 = \begin{pmatrix} 1 \\ 3 \\ 8 \\ -1 \end{pmatrix}$, $a_2 = \begin{pmatrix} 0 \\ 1 \\ 2 \\ 0 \end{pmatrix}$, $b_1 = \begin{pmatrix} 2 \\ 7 \\ 18 \\ -2 \end{pmatrix}$, $b_2 = \begin{pmatrix} -3 \\ -6 \\ -18 \\ 3 \end{pmatrix}$, $b_3 = \begin{pmatrix} -2 \\ -11 \\ -26 \\ 2 \end{pmatrix}$,

证明向量组 a_1, a_2 与向量组 b_1, b_2, b_3 等价。

证　记 $A = (a_1, a_2)$, $B = (b_1, b_2, b_3)$, 根据定理 2 的推论, 只要证 $(A) = (B) = (A, B)$ 为此, 将矩阵 (A, B) 化成行最简形:

$$(A, B) = \begin{pmatrix} 1 & 0 & 2 & -3 & -2 \\ 3 & 1 & 7 & -6 & -11 \\ 8 & 2 & 18 & -18 & -26 \\ -1 & 0 & -2 & 3 & 2 \end{pmatrix} \sim \begin{pmatrix} 1 & 0 & 2 & -3 & -2 \\ 0 & 1 & 1 & 3 & -5 \\ 0 & 2 & 2 & 6 & -10 \\ 0 & 0 & 0 & 0 & 0 \end{pmatrix}$$

$$\sim \begin{pmatrix} 1 & 0 & 2 & -3 & -2 \\ 0 & 1 & 1 & 3 & -5 \\ 0 & 0 & 0 & 0 & 0 \\ 0 & 0 & 0 & 0 & 0 \end{pmatrix}$$

可见, $R(A) = 2$, $R(A, B) = 2$。容易看出 B 中有不等于 0 的 2 阶子式, 故 $(B) \geq 2$, 又 $R(B) \leq R(A, B) = 2$ 于是 $R(B) = 2$, 因此, $R(A) = R(B) = R(A, B)$

记 分 作 业

注：先清空黄色单元格然后填写相应的答案。

记分作业 4-1

已知向量组

A: $a_1 = \begin{pmatrix} 1 \\ 3 \\ 2 \\ -1 \end{pmatrix}$ $a_2 = \begin{pmatrix} 2 \\ 7 \\ 4 \\ -3 \end{pmatrix}$ $a_3 = \begin{pmatrix} 1 \\ 1 \\ 3 \\ 2 \end{pmatrix}$

$$B: \quad a_1 = \begin{matrix} 1 \\ 3 \\ 2 \\ -1 \end{matrix} \qquad a_2 = \begin{matrix} -2 \\ -5 \\ -4 \\ 1 \end{matrix} \qquad a_3 = \begin{matrix} 2 \\ 5 \\ 4 \\ -1 \end{matrix}$$

证明向量组 B 能由向量组 A 线性表示，但向量组 A 不能由向量组 B 线性表示。

证明：

$$(A, B) = \begin{pmatrix} 1 & 2 & 1 & 1 & -2 & 2 \\ 3 & 7 & 1 & 3 & -5 & 5 \\ 2 & 4 & 3 & 2 & -4 & 4 \\ -1 & -3 & 2 & -1 & 1 & -1 \end{pmatrix} \sim \begin{pmatrix} 0 & 0 & 0 & 0 & 0 & 0 \\ 0 & 0 & 0 & 0 & 0 & 0 \\ 0 & 0 & 0 & 0 & 0 & 0 \\ 0 & 0 & 0 & 0 & 0 & 0 \end{pmatrix}$$

$$\sim \begin{pmatrix} 0 & 0 & 0 & 0 & 0 & 0 \\ 0 & 0 & 0 & 0 & 0 & 0 \\ 0 & 0 & 0 & 0 & 0 & 0 \\ 0 & 0 & 0 & 0 & 0 & 0 \end{pmatrix} \sim \begin{pmatrix} 0 & 0 & 0 & 0 & 0 & 0 \\ 0 & 0 & 0 & 0 & 0 & 0 \\ 0 & 0 & 0 & 0 & 0 & 0 \\ 0 & 0 & 0 & 0 & 0 & 0 \end{pmatrix}$$

则 R(A, B) = R(A) = 3 ，由定理 2 知向量组 B 能由向量组 A 线性表示。

又

$$B = \begin{pmatrix} 1 & -2 & 2 \\ 3 & -5 & 5 \\ 2 & -4 & 4 \\ -1 & 1 & -1 \end{pmatrix} \sim \begin{pmatrix} 0 & 0 & 0 \\ 0 & 0 & 0 \\ 0 & 0 & 0 \\ 0 & 0 & 0 \end{pmatrix} \sim \begin{pmatrix} 0 & 0 & 0 \\ 0 & 0 & 0 \\ 0 & 0 & 0 \\ 0 & 0 & 0 \end{pmatrix}$$

则 R(B) = 0 ，即 R(A, B) 0 R(B) ，由定理 2 知向量组 A 不能由向量组 B 线性表示。

记分作业 4-2

已知向量组

$$A: \quad a_1 = \begin{matrix} 1 \\ 3 \\ 6 \end{matrix} \qquad a_2 = \begin{matrix} 1 \\ 4 \\ 7 \end{matrix} \qquad B: \quad b_1 = \begin{matrix} 1 \\ 2 \\ 5 \end{matrix} \qquad b_2 = \begin{matrix} -1 \\ -1 \\ -4 \end{matrix} \qquad b_3 = \begin{matrix} 2 \\ 5 \\ 11 \end{matrix}$$

证明向量组 A 与向量组 B 等价。

证明：

$$(A, B) = \begin{pmatrix} 1 & 1 & 1 & -1 & 2 \\ 3 & 4 & 2 & -1 & 5 \\ 6 & 7 & 5 & -4 & 11 \end{pmatrix} \sim \begin{pmatrix} 0 & 0 & 0 & 0 & 0 \\ 0 & 0 & 0 & 0 & 0 \\ 0 & 0 & 0 & 0 & 0 \end{pmatrix} \sim \begin{pmatrix} 0 & 0 & 0 & 0 & 0 \\ 0 & 0 & 0 & 0 & 0 \\ 0 & 0 & 0 & 0 & 0 \end{pmatrix}$$

则 $R(A, B) = R(A) =$ **0**

又

$$B = \begin{pmatrix} 1 & -1 & 2 \\ 2 & -1 & 5 \\ 5 & -4 & 11 \end{pmatrix} \sim \begin{pmatrix} 0 & 0 & 0 \\ 0 & 0 & 0 \\ 0 & 0 & 0 \end{pmatrix} \sim \begin{pmatrix} 0 & 0 & 0 \\ 0 & 0 & 0 \\ 0 & 0 & 0 \end{pmatrix}$$

则 $R(B) =$ **0** , 即 $R(A, B) = R(A) = R(B)$, 由 定 理 2 的 推 论 知 向 量 组 A 与 向 量 组 B 等 价 。

记分作业 4 – 3

已 知 向 量 组

$$a_1 = \begin{pmatrix} 1 \\ 2 \\ 2 \end{pmatrix} \quad a_2 = \begin{pmatrix} -2 \\ -3 \\ -4 \end{pmatrix} \quad a_3 = \begin{pmatrix} -1 \\ -1 \\ -2 \end{pmatrix} \quad a_4 = \begin{pmatrix} 2 \\ 3 \\ 5 \end{pmatrix}$$

证 明 : (1) a_1 能 由 a_2 , a_3 线 性 表 示 ;

(2) a_4 不 能 由 a_1 , a_2 , a_3 线 性 表 示 。

证 明 : (1) 因 $R(a_2, a_3, a_1) = R(a_2, a_3) =$ **2** , 由 定 理 1 知 a_1 能 由 a_2 , a_3 线 性 表 示 。

(2) 因

$$(a_1, a_2, a_3, a_4) = \begin{pmatrix} 1 & -2 & -1 & 2 \\ 2 & -3 & -1 & 3 \\ 2 & -4 & -2 & 5 \end{pmatrix} \sim \begin{pmatrix} 0 & 0 & 0 & 0 \\ 0 & 0 & 0 & 0 \\ 0 & 0 & 0 & 0 \end{pmatrix}$$

则 $R(a_1, a_2, a_3) =$ **0** , $R(a_1, a_2, a_3, a_4) =$ **0** , 即

$R(a_1, a_2, a_3)$ **0** $R(a_1, a_2, a_3, a_4)$

由 定 理 1 知 a_4 不 能 由 a_1 , a_2 , a_3 线 性 表 示 。

记分作业 4 – 4

设 二 阶 方 阵 A 、 B 、 C 满 足 A B = C , 并 设 A 、 C 按 行 、 列 分 块 表 示 分 别 为 :

$$A = \begin{pmatrix} A_1 \\ A_2 \end{pmatrix} = \begin{pmatrix} a_1 & a_2 \end{pmatrix} , \quad C = \begin{pmatrix} C_1 \\ C_2 \end{pmatrix} = \begin{pmatrix} c_1 & c_2 \end{pmatrix}$$

其 中

$$A = \begin{pmatrix} 1 & 1 \\ 2 & 1 \end{pmatrix} , \quad B = \begin{pmatrix} 1 & -1 \\ 1 & 1 \end{pmatrix} , \quad C = \begin{pmatrix} 2 & -3 \\ 3 & -4 \end{pmatrix}$$

则 : $A_1 =$ **0** $C_1 +$ **0** C_2 , $a_1 =$ **0** $c_1 +$ **0** c_2

$A_2 =$ **0** $C_1 +$ **0** C_2 , $a_2 =$ **0** $c_1 -$ **0** c_2

$C_1 =$ **0** $A_1 +$ **0** A_2 , $c_1 =$ **0** $a_1 +$ **0** a_2

$C_2 =$ **0** $A_1 +$ **0** A_2 , $c_2 =$ **0** $a_1 -$ **0** a_2

4.2　向量组的线性相关性

对 n 维向量组 a_1，a_2，$\cdots$，a_m，若有数组 k_1，k_2，$\cdots$，k_m 不全为 0，使得

$$k_1 a_1 + k_2 a_2 + \cdots + k_m a_m = 0$$

称向量组 a_1，a_2，$\cdots$，a_m 线性相关，否则称为线性无关。

向量组 a_1，a_2，$\cdots$，a_m 线性相关⇔向量 $\mathbf{0}$ 由向量组 a_1，a_2，$\cdots$，a_m 的线性表示左列式中表示的矩阵不是零矩阵。

向量组 a_1，a_2，$\cdots$，a_m，$m \geqslant 2$ 线性相关⇔其中至少有一个向量可由其余 $m-1$ 个向量线性表示。

课堂练习 4-2

已知 $a_1 = \begin{pmatrix} 1 \\ 2 \\ -1 \end{pmatrix}$，$a_2 = \begin{pmatrix} -2 \\ -3 \\ 2 \end{pmatrix}$，$a_3 = \begin{pmatrix} 1 \\ 3 \\ -1 \end{pmatrix}$，试讨论向量组 a_1，a_2，a_3 及向量组 a_1，a_2 的线性相关性。

解：对矩阵 (a_1,a_2,a_3) 施行初等行变换变成行阶梯形矩阵，即可同时看出矩阵 (a_1,a_2,a_3) 及 (a_1,a_2) 的秩。利用定理 4 即可得出结论。

$$(a_1,a_2,a_3) = \begin{pmatrix} 1 & -2 & 1 \\ 2 & -3 & 3 \\ -1 & 2 & -1 \end{pmatrix} \sim \begin{pmatrix} 1 & -2 & 1 \\ 0 & 1 & 1 \\ 0 & 0 & 0 \end{pmatrix} \sim \begin{pmatrix} 1 & -2 & 1 \\ 0 & 1 & 1 \\ 0 & 0 & 0 \end{pmatrix}$$

可见 $R(a_1,a_2,a_3) = 2$，故向量组 a_1，a_2，a_3 线性相关，同时可见 $R(a_1,a_2) = 2$，故向量组 a_1，a_2 线性无关。

见1 游戏 4-2

已知向量组 a_1，a_2，a_3 线性无关，$b_1 = a_1 - 2a_2$，$b_2 = a_2 + 3a_3$，$b_3 = a_1 - 7a_3$，试证向量组 b_1，b_2，b_3 线性无关。

证：将已知条件写成左列式：

											1	0	1
（	b_1	,	b_2	,	b_3	）	=	（	a_1	,	a_2	,	a_3	）	-2	1	0
											0	3	-7

		1	0	1										1	0	1		
而		-2	1	0	=	-13	≠	0	，	则	矩	阵		-2	1	0	可	逆
		0	3	-7										0	3	-7		

所以向量组 a_1 , a_2 , a_3 与向量组 b_1 , b_2 , b_3 等价 ，又因为 a_1 , a_2 , a_3 线性无关，所以 b_1 , b_2 , b_3 线性无关。

记 分 作 业

注：先清空黄色单元格然后填写相应的答案。

记分作业 4 −5

在	下	面	的	空	中	填	写	"	相	"	或	"	无	"
			4				0				4			
	a_1	=	-1	,	a_2	=	5	,	a_3	=	9	,		
			1				5				11			
则	a_1	,	a_2	,	a_3	线	性	0	关	。				

记分作业 4 −6

设	b_1	=	1	a_1	+	1	a_2	+	1	a_3	+	2	a_4				
	b_2	=	3	a_1	+	4	a_2	+	3	a_3	+	5	a_4				
	b_3	=	3	a_1	+	4	a_2	+	4	a_3	+	6	a_4				
	b_4	=	0	a_1	+	0	a_2	+	1	a_3	+	1	a_4				
证	明	向	量	组	b_1	,	b_2	,	b_3	,	b_4	线	性	相	关	。	
证	明	：	将	已	知	条	件	写	成	左	列	式	：				
									0	0	0	0					
									0	0	0	0					
			(b_1	b_2	b_3	b_4	)	=	(a_1	a_2	a_3	a_4	)	0	0	0	0	
									0	0	0	0					

上式最右边矩阵的行列式 $= \begin{vmatrix} 0 & 0 & 0 & 0 \\ 0 & 0 & 0 & 0 \\ 0 & 0 & 0 & 0 \\ 0 & 0 & 0 & 0 \end{vmatrix} = 0$,

所以其矩阵的秩小于 0 ，又因为

$R(b_1 \ b_2 \ b_3 \ b_4) \le R \begin{pmatrix} 0 & 0 & 0 & 0 \\ 0 & 0 & 0 & 0 \\ 0 & 0 & 0 & 0 \\ 0 & 0 & 0 & 0 \end{pmatrix} < 0$

故向量组 b_1, b_2, b_3, b_4 线性相关。

记分作业 4 - 7

设 $a_1 = (1, 1, 1)$、$a_2 = (1, 2, 3)$、$a_3 = (29, 31, t)$ 线性相关，则 $t = 0$。

记分作业 4 - 8

设向量组 $a_1 = \begin{pmatrix} 1 \\ 0 \\ 1 \end{pmatrix}$，$a_2 = \begin{pmatrix} 0 \\ -7 \\ -7 \end{pmatrix}$，$a_3 = \begin{pmatrix} 1 \\ -4 \\ -2 \end{pmatrix}$ 不能由向量组

$\beta_1 = \begin{pmatrix} 1 \\ 1 \\ 1 \end{pmatrix}$，$\beta_2 = \begin{pmatrix} 1 \\ 2 \\ -5 \end{pmatrix}$，$\beta_3 = \begin{pmatrix} -5 \\ -4 \\ a \end{pmatrix}$ 线性表示。

（I）求 a 的值；

（Ⅱ）将 β_1, β_2, β_3 用 a_1, a_2, a_3 线性表示。

解：（I）因为行列式

$a_1 \ a_2 \ a_3 = \begin{vmatrix} 1 & 0 & 1 \\ 0 & -7 & -4 \\ 1 & -7 & -2 \end{vmatrix} = 0 \ne 0$

所以 a_1, a_2, a_3 线性无关。那么 a_1, a_2, a_3 不能由 β_1, β_2, β_3 线性表示 $\Longleftrightarrow$ β_1, β_2, β_3 线性相关

即 $\beta_1 \ \beta_2 \ \beta_3 = \begin{vmatrix} 1 & 1 & -5 \\ 1 & 2 & -4 \\ 1 & -5 & a \end{vmatrix} = 0$

所以 a = 0

（Ⅱ）$\beta_1 = 0 \ a_1 + 0 \ a_2 + 0 \ a_3$

$\beta_2 = 0 \ a_1 + 0 \ a_2 + 0 \ a_3$

$\beta_3 = 0 \ a_1 + 0 \ a_2 + 0 \ a_3$

4.3　向量组的秩

设向量组为 A，若：

（1）在 A 中有 r 个向量 a_1，a_2，$\cdots$，a_r 线性无关；

（2）在 A 中任意 $r+1$ 个向量线性相关（如果有 $r+1$ 个向量的话）。

称 a_1，a_2，$\cdots$，a_r 为向量组为 A 的一个最大线性无关组，称 r 为向量组 A 的秩，记作：秩 $R(A)=r$。

注：

（1）向量组中的向量都是零向量时，其秩为 0。

（2）秩 $R(A)=r$ 时，A 中任意 r 个线性无关的向量都是 A 的一个最大无关组。

（3）向量组与它的最大无关组等价，向量组的任意两个最大无关组等价。

（4）任意加入一个向量到向量组 a_1，a_2，$\cdots$，a_r 中都不会改变向量组的秩，即任意新加入的向量都是多余的。

矩阵的秩等于它的列向量组的秩，也等于它的行向量组的秩。

课堂练习 4 - 3

向　量　组					
$a_1 = \begin{pmatrix} 0 \\ 3 \\ -5 \\ 5 \end{pmatrix}$,	$a_2 = \begin{pmatrix} 1 \\ -2 \\ -7 \\ 3 \end{pmatrix}$,	$a_3 = \begin{pmatrix} 6 \\ 5 \\ -1 \\ 3 \end{pmatrix}$,	$a_4 = \begin{pmatrix} -5 \\ 8 \\ -4 \\ -1 \end{pmatrix}$,	$a_5 = \begin{pmatrix} 8 \\ 3 \\ -3 \\ 4 \end{pmatrix}$
的　秩　为　4。					

见 1 游戏 4 - 3

设　矩　阵					
$A = $	1	0	1	0	2
	-1	1	3	0	-3
	-6	3	6	2	-13
	-1	0	-1	0	-2

求矩阵 A 的列向量组的一个最大无关组，并把不属于最大无关组的列向量用最大无关组线性表示。

解：

$$A = \begin{pmatrix} 1 & 0 & 1 & 0 & 2 \\ -1 & 1 & 3 & 0 & -3 \\ -6 & 3 & 6 & 2 & -13 \\ -1 & 0 & -1 & 0 & -2 \end{pmatrix} \sim \begin{pmatrix} 1 & 0 & 1 & 0 & 2 \\ 0 & 1 & 4 & 0 & -1 \\ 0 & 3 & 12 & 2 & -1 \\ 0 & 0 & 0 & 0 & 0 \end{pmatrix} \sim \begin{pmatrix} 1 & 0 & 1 & 0 & 2 \\ 0 & 1 & 4 & 0 & -1 \\ 0 & 0 & 0 & 2 & 2 \\ 0 & 0 & 0 & 0 & 0 \end{pmatrix}$$

$$\sim \begin{pmatrix} 1 & 0 & 1 & 0 & 2 \\ 0 & 1 & 4 & 0 & -1 \\ 0 & 0 & 0 & 1 & 1 \\ 0 & 0 & 0 & 0 & 0 \end{pmatrix} = B$$

即矩阵 B 是矩阵 A 的行最简形，则存在可逆矩阵 K，使得 KA = B，显然该式的右列式为

$$K(a_1, a_2, a_3, a_4, a_5)$$
$$= (b_1, b_2, b_3, b_4, b_5)$$

即 $Ka_i = b_i$（3，4，5）

则 $K(a_1, a_2, a_4) = (b_1, b_2, b_4)$

显然向量组 b_1, b_2, b_3, b_4, b_5 的一个最大无关组是 b_1, b_2, b_4，即 $R(b_1, b_2, b_4) = 3$，而 K 可逆，则 $R(a_1, a_2, a_4) = 3$，若 A 的列向量组的一个最大无关组由 4 个列向量组成，则对应 B 中必然有 4 个列向量线性无关，这与 b_1, b_2, b_4 是 b_1, b_2, b_3, b_4, b_5 的一个最大无关组矛盾，故向量组 a_1, a_2, a_4 为向量组 a_1, a_2, a_3, a_4, a_5 的一个最大无关组。

由 $b_3 = 1b_1 + 4b_2$
$b_5 = 2b_1 - 1b_2 - 1b_4$

即 $Ka_3 = 1Ka_1 + 4Ka_2$
$Ka_5 = 2Ka_1 - 1Ka_2 - 1Ka_4$

所以
$a_3 = 1a_1 + 4a_2$
$a_5 = 2a_1 - 1a_2 - 1a_4$

记 分 作 业

注：先清空黄色单元格然后填写相应的答案。

记分作业 4-9

设 $A = a_1, a_2, a_3, a_4, a_5$ 为 4×5 矩阵，A 的行阶梯形矩阵为：

$$\begin{pmatrix} 2 & -7 & 3 & 1 & -1 \\ 0 & 6 & -3 & 3 & 3 \\ 0 & 0 & 3 & 8 & 0 \\ 0 & 0 & 0 & 6 & 4 \end{pmatrix}$$

则 0 或 0 是"多余"的。

记分作业 4-10

设 A = a_1, a_2, a_3, a_4, a_5 为 4×5 矩阵，A 的行阶梯形矩阵为：

$$\begin{pmatrix} 1 & 2 & 3 & 2 & 2 \\ 0 & 1 & 2 & 3 & 2 \\ 0 & 0 & 1 & 1 & 1 \\ 0 & 0 & 0 & 1 & 1 \end{pmatrix}$$

求 A 的列向量组的一个极大线性无关组，并用最大无关组线性表示其余的向量。

解：进一步求 A 的行最简形矩阵：

$$\begin{pmatrix} 1 & 2 & 3 & 2 & 2 \\ 0 & 1 & 2 & 3 & 2 \\ 0 & 0 & 1 & 1 & 1 \\ 0 & 0 & 0 & 1 & 1 \end{pmatrix} \sim \begin{pmatrix} 1 & 0 & 0 & 0 & 0 \\ 0 & 1 & 0 & 0 & 0 \\ 0 & 0 & 0 & 0 & 0 \\ 0 & 0 & 0 & 0 & 0 \end{pmatrix} \sim \begin{pmatrix} 1 & 0 & 0 & 0 & 0 \\ 0 & 1 & 0 & 0 & 0 \\ 0 & 0 & 1 & 0 & 0 \\ 0 & 0 & 0 & 0 & 0 \end{pmatrix}$$

$$\sim \begin{pmatrix} 1 & 0 & 0 & 0 & 0 \\ 0 & 1 & 0 & 0 & 0 \\ 0 & 0 & 1 & 0 & 0 \\ 0 & 0 & 0 & 1 & 0 \end{pmatrix}$$

即 a_1, a_2, a_3, a_4 为一个极大线性无关组，且

$$a_5 = 0 \, a_1 - 0 \, a_2 + 0 \, a_3 + 0 \, a_4$$

记分作业 4-11

设向量组 A：a_1, a_2；向量组 B：a_1, a_2, a_3；向量组 C：a_1, a_2, a_4，并且 $R_A = R_B = 2$，$R_C = 3$，求向量组 D：a_1, a_2, $2a_3 - 3a_4$ 的秩。

解：

因为 $R_A = R_B = 2$，则 a_3 是"多余"的。则 a_3 可由 a_1, a_2 线性表示，从而 $2a_3$ 也可由 a_1, a_2 线性表示。又因为 $R_C = 3$，则 a_4 不能由 a_1, a_2 线性表示，从而 $3a_4$ 也不能由 a_1, a_2 线性表示，故 $2a_3 - 3a_4$ 不能由 a_1, a_2 线性表示，即 $R_D = 3$。

记分作业 4－12

已知向量组 $\beta_1 = \begin{bmatrix} 0 \\ 1 \\ -1 \end{bmatrix}$, $\beta_2 = \begin{bmatrix} a \\ 2 \\ 1 \end{bmatrix}$, $\beta_3 = \begin{bmatrix} b \\ 1 \\ 0 \end{bmatrix}$

与向量组 $\alpha_1 = \begin{bmatrix} 1 \\ 2 \\ -9 \end{bmatrix}$, $\alpha_2 = \begin{bmatrix} 3 \\ 0 \\ -9 \end{bmatrix}$, $\alpha_3 = \begin{bmatrix} 9 \\ 6 \\ -45 \end{bmatrix}$

具有相同的秩，且 β_3 可由 α_1, α_2, α_3 线性表示。求 a, b 的值。

解：因 β_3 可由 α_1, α_2, α_3 线性表示，故方程组

$$\begin{bmatrix} 0 & 0 & 0 \\ 0 & 0 & 0 \\ 0 & 0 & 0 \end{bmatrix} \begin{bmatrix} x_1 \\ x_2 \\ x_3 \end{bmatrix} = \begin{bmatrix} b \\ 1 \\ 0 \end{bmatrix}$$

对增广矩阵施行初等行变换：

$$\begin{bmatrix} 0 & 0 & 0 & b \\ 0 & 0 & 0 & 1 \\ 0 & 0 & 0 & 0 \end{bmatrix} \rightarrow \begin{bmatrix} 0 & 0 & 0 & b \\ 0 & 0 & 0 & 1-2b \\ 0 & 0 & 0 & 0b \end{bmatrix}$$

令 $A = [\alpha_1, \alpha_2, \alpha_3]$，易知 $r[A] = 0$，则增广矩阵的秩也为 0，则对增广矩阵施行初等行变换后的矩阵的后两行成比例，从而 $b = 0$。

由 β_1, β_2, β_3 的秩 $= 0$，知 β_1, β_2, $\beta_3 = 0$，即

$$\begin{vmatrix} 0 & a & 0 \\ 1 & 2 & 1 \\ -1 & 1 & 0 \end{vmatrix} = 0$$，则 $a = 0$

期中过关记分作业

注：先清空黄色单元格然后填写相应的答案。

4－1   (0.2分)

排列 4 1 5 2 3 的逆序数为（ 0 ）。
(A) 3
(B) 4
(C) 5
(D) 6

4 - 2　（0.2分）

当 x = （ 0 ） 时，$\begin{vmatrix} 3 & -1 & 3 \\ 1 & 0 & x \\ 1 & 3 & x^2 \end{vmatrix} = 0$

(A) 1 或 10　　　　　　　(B) 2 或 9

(C) 0 或 9　　　　　　　(D) 1 或 9

4 - 3　（0.2分）

设 A 为 2 阶方阵，且 $|A|$ = 6，则 $|-4A|$ = （ 0 ）
(A) 96　　(B) 16　　(C) -16　　(D) -96

4 - 4　（0.2分）

设 $A = \begin{pmatrix} 1 & 0.3 \\ 0 & 1 \end{pmatrix}$，则 A^{100} = （ 0 ）

(A) $\begin{pmatrix} 1 & 9 \\ 0 & 1 \end{pmatrix}$　　　　　(B) $\begin{pmatrix} 1 & 3 \\ 0 & 1 \end{pmatrix}$

(C) $\begin{pmatrix} 1 & 30 \\ 0 & 1 \end{pmatrix}$　　　　(D) $\begin{pmatrix} 1 & -1 \\ 0 & 1 \end{pmatrix}$

4 - 5　（0.2分）

三阶可逆矩阵的逆矩阵

$\begin{pmatrix} -1 & -3 & 0 \\ 0 & -1 & 0 \\ 0 & 0 & -1 \end{pmatrix}^{-1} = $ （ 0 ）

(A) $\begin{pmatrix} -1 & 3 & 0 \\ 0 & -4 & 0 \\ 0 & 0 & -1 \end{pmatrix}$　　　　(B) $\begin{pmatrix} -1 & 3 & 0 \\ 0 & -4 & 0 \\ 0 & 0 & -1 \end{pmatrix}$

(C) $\begin{pmatrix} -1 & 3 & 0 \\ 0 & -2 & 0 \\ 0 & 0 & -1 \end{pmatrix}$　　　　(D) $\begin{pmatrix} -1 & 3 & 0 \\ 0 & -1 & 0 \\ 0 & 0 & -1 \end{pmatrix}$

4-6 (0.2分)

设 $A = \begin{pmatrix} 1 & 2 & -1 & 3 \\ 3 & 6 & -3 & 9 \\ -3 & -6 & 3 & -9 \\ 3 & 6 & -3 & 9 \end{pmatrix}$, $R(A) = (\quad 0\quad)$

(A) 1   (B) 2

(C) 3   (D) 4

4-7 (0.2分)

设 $A = (\alpha, \gamma_1, \gamma_2)$, $B = (\beta, \gamma_1, \gamma_2)$ 均是 3 阶方阵, α, β, γ_1, γ_2 是三维列向量, 若 $A = 3$, $B = 5$, 则 $A + 6B = (\quad 0\quad)$

(A) 1619   (B) 1617

(C) 1609   (D) 1589

4-8 (0.2分)

行列式: $\begin{vmatrix} 4 & 3 & 3 \\ 4 & 2 & 2 \\ 4 & 4 & 2 \end{vmatrix}$ 的第 2 行第 3 列元素的代数余子式 $A_{23} = (\quad 0\quad)$

(A) -7   (B) -8

(C) -3   (D) -4

4-9 (0.2分)

设 $A = \begin{pmatrix} 1 & 0 & 0 \\ 0 & -1 & 2 \\ 0 & 1 & -3 \end{pmatrix}$, $B = \begin{pmatrix} 1 & 1 & 0 \\ 1 & 2 & 2 \\ 2 & 0 & 0 \end{pmatrix}$, 则 $AB = (\quad 0\quad)$

(A) $\begin{pmatrix} 1 & 1 & 0 \\ 3 & 2 & -2 \\ -5 & 2 & 2 \end{pmatrix}$ (B) $\begin{pmatrix} 1 & 1 & 0 \\ 3 & 1 & -2 \\ -5 & 2 & 2 \end{pmatrix}$

(C) $\begin{pmatrix} 1 & 1 & 0 \\ 3 & -6 & -2 \\ -5 & 2 & 2 \end{pmatrix}$ (D) $\begin{pmatrix} 1 & 1 & 0 \\ 3 & 2 & -2 \\ -5 & 2 & 2 \end{pmatrix}$

4-10 （0.2分）

设齐次线性方程组为

$$\begin{cases} x_1 + k x_2 + x_3 = 0 \\ k x_1 + x_2 - x_3 = 0 \\ 25 x_1 + 24 x_2 + x_3 = 0 \end{cases}$$

问 k 为（ 0 ）时，方程组只有零解。

(A) $k \neq 0$ 且 $k = -1$　　　　(B) $k \neq 0$ 且 $k \neq -1$

(C) $k = 0$ 且 $k \neq -1$　　　　(D) $k = 0$ 且 $k = -1$

4-11 （0.2分）

设方阵 A 满足 $A^2 - 6A - 3E = 0$，则 $A^{-1} = （ 0 ）$

(A) $A - 6E$　　　　(B) $6E - A$

(C) $\dfrac{1}{3}(A - 6E)$　　　　(D) $\dfrac{1}{3}(6E - A)$

4-12 （0.2分）

设 A，B 均为 n 阶方阵，下列结论正确的是（ 0 ）

(A) 若 A，B 均可逆，则 A + B 可逆

(B) 若 A + B 可逆，则 A，B 可逆

(C) 若 A + B 可逆，则 A - B 可逆

(D) 若 A，B 均可逆，则 AB 可逆

4-13 （0.2分）

n 阶方阵 A 的行列式 $A = 0$ 是齐次线性方程组 $AX = 0$ 有非零解的（ 0 ）

(A) 充分条件　　　　(B) 充要条件

(C) 必要条件　　　　(D) 无关条件

4-14 （0.2分）

设 A 与 B 均为 n 阶方阵，则下列结论中（ 0 ）成立。

(A) 若 $|AB| = 0$，则 $A = 0$，或 $B = 0$

(B) 若 $|AB| = 0$，则 $|A| = 0$，或 $|B| = 0$

(C) 若 $AB = 0$，则 $A = 0$，或 $B = 0$

(D) 若 $AB \neq 0$，则 $|A| \neq 0$，或 $|B| \neq 0$

4 – 15　（0.2分）

设 $A = \begin{bmatrix} a_{11} & a_{12} & a_{13} \\ a_{21} & a_{22} & a_{23} \\ a_{31} & a_{32} & a_{33} \end{bmatrix}$, $B = \begin{bmatrix} a_{21} & a_{22} & a_{23} \\ a_{11} & a_{12} & a_{13} \\ a_{31}+a_{11} & a_{32}+a_{12} & a_{33}+a_{13} \end{bmatrix}$,

$P = \begin{bmatrix} 0 & 1 & 0 \\ 1 & 0 & 0 \\ 0 & 0 & 1 \end{bmatrix}$, $Q = \begin{bmatrix} 1 & 0 & 0 \\ 0 & 1 & 0 \\ 1 & 0 & 1 \end{bmatrix}$,

则必有（ 0 ）成立。

(A) A P Q = B	(B) A P Q = B
(C) P Q A = B	(D) Q P A = B

4 – 16　（0.2分）

设 A，B 均为 n 阶方阵，$(A+B)(A-B) = A^2 - B^2$ 的充分必要条件是（ 0 ）

(A) A = E	(B) A B = B A
(C) B = 0	(D) A = B

4 – 17　（0.2分）

下列矩阵中，（ 0 ）不是初等矩阵。

(A) $\begin{bmatrix} 1 & 0 & 0 \\ 0 & 2 & 0 \\ 0 & 0 & 1 \end{bmatrix}$	(B) $\begin{bmatrix} 0 & 0 & 1 \\ 0 & 1 & 0 \\ 1 & 0 & 0 \end{bmatrix}$
(C) $\begin{bmatrix} 1 & 0 & 0 \\ 0 & 0 & 0 \\ 0 & 1 & 1 \end{bmatrix}$	(D) $\begin{bmatrix} 1 & 0 & 0 \\ 0 & 1 & -2 \\ 0 & 0 & 1 \end{bmatrix}$

4 – 18　（0.2分）

设矩阵 A，B，C 为 n 阶方阵，满足等式 A B = C，则下列关于矩阵秩的论述正确的是（ 0 ）

(A) $R(A) \geqslant R(C)$	(B) $R(A) < R(C)$
(C) $R(A) + R(C) = n$	(D) $R(B) < R(C)$

4 – 19　（0.2分）

设 A^*，A^{-1} 分别为 n 阶方阵 A 的伴随矩阵、逆矩阵，则 $A^* A^{-1}$ 等于（ 0 ）

(A) A^n	(B) A^{n-1}
(C) A^{n-2}	(D) A^{n-3}

4－20　　(0.2分)

设	m	＜	n	，	则	矩	阵	$A_{m×n}$		行	向	量	组	线	性	无	关	，	b	为
非	零	向	量	，	则	(	0	)												
(A)		Ax=b		有	唯	一	解				(B)		Ax=b		无	解				
(C)		Ax=0		仅	有	零	解				(D)		Ax=0		有	无	穷	多	解	

4－21　　(0.2分)

矩	阵	A	在	(	0	)	时	，	其	秩	改	变	。
(A)	初	等	变	换				(B)	乘	以	奇	异	矩	阵
(C)	转	置						(D)	乘	以	非	奇	异	矩	阵

4－22　　(0.2分)

n	阶	方	阵	A	，	B	的	乘	积	的	行	列	式	A	B	＝	5	，	则	A
的	列	向	量	(	0	)														
(A)R	(	A	)＜	n				(B)R	(	A	)＝	5								
(C)	A	的	列	向	量	线	性	相	关	(D)	A	的	列	向	量	线	性	无	关	

4－23　　(0.2分)

设	向	量	组	A	由	α1	，	α2	，	…	，		αm	组	成	，	R	(A	)＝	m	，
则	(	0	)	成	立	。														
(A)	α1	可	由	α2	，	α3	，	…	，	αm	线	性	表	示						
(B)	A	中	有	零	向	量														
(C)	A	中	至	少	有	一	个	向	量	可	由	其	余	的	向	量	线	性	表	示
(D)	向	量	组	A	线	性	无	关												

4－24　　(0.2分)

n	阶	方	阵	A	，	B	的	乘	积	的	行	列	式		A	B		＝	5	，	则	A
的	列	向	量	(	0	)														
(A)	方	阵	A	的	列	向	量	线	性	相	关									
(B)	方	阵	A	的	列	向	量	线	性	无	关									
(C)R	(	A	)＝	5																
(D)R	(	A	)＜	n																

4－25　　(0.2分)

若	向	量	组	$α_1$	，	$α_2$	，	…	，	$α_s$	的	秩	为	r,	则	必	有	(	0	)
(A)	必	定	r	＜	s															
(B)	向	量	组	中	任	意	小	于	r	个	向	量	的	部	分	组	线	性	无	关
(C)	向	量	组	中	任	意	r	＋	1	个	向	量	线	性	相	关				
(D)	向	量	组	中	任	意	r	个	向	量	线	性	无	关						

4.4 线性方程组的解的结构

设

$$A = \begin{pmatrix} a_{11} & a_{12} & \cdots & a_{1n} \\ a_{21} & a_{22} & \cdots & a_{2n} \\ \vdots & \vdots & & \vdots \\ a_{m1} & a_{m2} & \cdots & a_{mn} \end{pmatrix}, x = \begin{pmatrix} x_1 \\ x_2 \\ \vdots \\ x_n \end{pmatrix}, b = \begin{pmatrix} b_1 \\ b_2 \\ \vdots \\ b_n \end{pmatrix}$$

若 ξ_1 和 ξ_2 都是 n 元齐次线性方程组 $Ax = 0$ 的解，则 $\xi_1 + \xi_2$ 也是 $Ax = 0$ 的解；若 ξ_1 是齐次线性方程组 $Ax = 0$ 的解，k 为实数，则 $k\xi_1$ 也是 $Ax = 0$ 的解。

设 $m \times n$ 矩阵 A 的秩 $R(A) = r$，则 n 元齐次线性方程组 $Ax = 0$ 的解集 S 的秩 $= n - r$。

把 n 元齐次线性方程组 $Ax = 0$ 的全体解所组成的集合记成 S，若 $\xi_1，\xi_2，\cdots，\xi_r$ 是 S 的最大无关组，那么，$Ax = 0$ 的任一解都可以由 $\xi_1，\xi_2，\cdots，\xi_r$ 线性表示。n 元齐次线性方程组 $Ax = 0$ 的通解就可以写成 $\xi_1，\xi_2，\cdots，\xi_r$ 的任何线性组合形式：

$$x = k_1\xi_1 + k_2\xi_2 + \cdots + k_r\xi_r$$

式中，$k_1，k_2，\cdots，k_r$ 为任意实数。

设 η^* 是 n 元非齐次线性方程组 $Ax = b$ 的任何一个解（可称之为特解），$R(A) = r$，$\xi_1，\xi_2，\cdots，\xi_{n-r}$ 即为 n 元齐次线性方程组 $Ax = 0$ 的基础解系，n 元非齐次线性方程组 $Ax = b$ 的通解为：

$$x = k_1\xi_1 + k_2\xi_2 + \cdots + k_r\xi_r + \eta^*$$

式中，$k_1，k_2，\cdots，k_r$ 为任意实数。

课堂练习 4 - 4

求	齐	次	线	性	方	程	组				
	1	x_1	+	0	x_2	+	2	x_3	−	4	x_4	=	0
	−4	x_1	+	1	x_2	−	4	x_3	+	15	x_4	=	0
	−15	x_1	+	3	x_2	−	18	x_3	+	57	x_4	=	0

的 基 础 解 系 与 通 解 。

解：

$$A = \begin{pmatrix} 1 & 0 & 2 & -4 \\ -4 & 1 & -4 & 15 \\ -15 & 3 & -18 & 57 \end{pmatrix} \sim \begin{pmatrix} 1 & 0 & 2 & -4 \\ 0 & 1 & 4 & -1 \\ 0 & 3 & 12 & -3 \end{pmatrix} \sim \begin{pmatrix} 1 & 0 & 2 & -4 \\ 0 & 1 & 4 & -1 \\ 0 & 0 & 0 & 0 \end{pmatrix}$$

得

$$\begin{cases} x_1 = -2x_3 + 4x_4 \\ x_2 = -4x_3 + 1x_4 \end{cases}$$

令 自 由 未 知 数 $x_3 = c_1$ ， $x_4 = c_2$ ， 得 通 解

$$\begin{pmatrix} x_1 \\ x_2 \\ x_3 \\ x_4 \end{pmatrix} = c_1 \begin{pmatrix} -2 \\ -4 \\ 1 \\ 0 \end{pmatrix} + c_2 \begin{pmatrix} 4 \\ 1 \\ 0 \\ 1 \end{pmatrix}$$

其中 $\begin{pmatrix} -2 \\ -4 \\ 1 \\ 0 \end{pmatrix}$ ， $\begin{pmatrix} 4 \\ 1 \\ 0 \\ 1 \end{pmatrix}$ 是 齐 次 线 性 方 程 组 的 基 础 解 系 。

见1 游戏 4-4

求 非 齐 次 线 性 方 程 组

$$\begin{cases} 1x_1 + 2x_2 + 0x_3 - 2x_4 = 1 \\ 3x_1 + 6x_2 + 2x_3 - 4x_4 = 1 \\ 7x_1 + 14x_2 + 6x_3 - 8x_4 = 1 \end{cases}$$

的 通 解 。

解： 对 增 广 矩 阵 B 施 行 初 等 行 变 换 ：

$$B = \begin{pmatrix} 1 & 2 & 0 & -2 & 1 \\ 3 & 6 & 2 & -4 & 1 \\ 7 & 14 & 6 & -8 & 1 \end{pmatrix} \sim \begin{pmatrix} 1 & 2 & 0 & -2 & 1 \\ 0 & 0 & 2 & 2 & -2 \\ 0 & 0 & 6 & 6 & -6 \end{pmatrix} \sim \begin{pmatrix} 1 & 2 & 0 & -2 & 1 \\ 0 & 0 & 1 & 1 & -1 \\ 0 & 0 & 6 & 6 & -6 \end{pmatrix}$$

$$\sim \begin{pmatrix} 1 & 2 & 0 & -2 & 1 \\ 0 & 0 & 1 & 1 & -1 \\ 0 & 0 & 0 & 0 & 0 \end{pmatrix}$$

可见 $R(A) = R(B) = 2$，故方程组有解，并有

$$
\begin{cases}
x_1 = -2x_2 + 2x_4 + 1 \\
x_3 = - 1x_4 - 1
\end{cases}
$$

于是所求通解为

$$
\begin{pmatrix} x_1 \\ x_2 \\ x_3 \\ x_4 \end{pmatrix} = c_1 \begin{pmatrix} -2 \\ 1 \\ 0 \\ 0 \end{pmatrix} + c_2 \begin{pmatrix} 2 \\ 0 \\ -1 \\ 1 \end{pmatrix} + \begin{pmatrix} 1 \\ 0 \\ -1 \\ 0 \end{pmatrix}
$$

式中，c_1，c_2 为任意实数。

记 分 作 业

注：先清空黄色单元格然后填写相应的答案。

记分作业 4–13

设齐次线性方程组

$$
\begin{cases}
1x_1 + 1x_2 + 1x_3 + 2x_4 = 0 \\
1x_1 + 2x_2 + 1x_3 + 1x_4 = 0 \\
2x_1 + 4x_2 + 2x_3 + 5x_4 = 0
\end{cases}
$$

则其解集的秩为 0 。

注：解集的秩即为基础解系中向量的个数。

记分作业 4–14

已知 3 阶矩阵 A 的秩 = 2，矩阵 $B = \begin{pmatrix} 1 & -2 & 3 \\ 2 & -4 & 6 \\ -6 & 12 & k \end{pmatrix}$，k 为常数，且 AB = 0，求线性方程组 $Ax = 0$ 的基础解系。

解：因为矩阵 A 的秩 = 2，且 AB = 0，则矩阵 B 的秩 ≤ 0 ，又因为矩阵 B ≠ 0，则 B 的秩 ≥ 0 ，即 B 的秩 = 0 。

方程组 $Ax = 0$ 的基础解系为：

$$
x = c \begin{pmatrix} 0 \\ 0 \\ 0 \end{pmatrix}
$$

式中，c 为任意非零常数。

记分作业 4 – 15

已知 4 阶方阵 $A = [a_1, a_2, a_3, a_4]$，a_1，a_2，a_3，a_4 均为 4 维列向量，其中 a_2，a_3，a_4 线性无关，$a_1 = 26a_2 - 21a_3$，如果

$$\beta = 3a_1 + 3a_2 + 8a_3 + 2a_4$$

求线性方程组 $Ax = \beta$ 的通解。

解：

由 a_2，a_3，a_4 线性无关及 $a_1 = 26a_2 - 21a_3$ 知，向量组的秩 $r(a_1, a_2, a_3, a_4) = 0$，即矩阵 A 的秩为 0，因此 $Ax = 0$ 的基础解系中只包含 0 个向量，那么由

$$[a_1, a_2, a_3, a_4]\begin{pmatrix} 0 \\ 0 \\ 0 \\ 0 \end{pmatrix} = 0$$

知，$Ax = 0$ 的基础解系是 $\begin{pmatrix} 0 \\ 0 \\ 0 \\ 0 \end{pmatrix}$

再由 $\beta = 3a_1 + 3a_2 + 8a_3 + 2a_4 = A\begin{pmatrix} 0 \\ 0 \\ 0 \\ 0 \end{pmatrix}$ 知，$\begin{pmatrix} 0 \\ 0 \\ 0 \\ 0 \end{pmatrix}$ 是

$Ax = \beta$ 的一个特解，故方程组 $Ax = \beta$ 的通解是：

$$k\begin{pmatrix} 0 \\ 0 \\ 0 \\ 0 \end{pmatrix} + \begin{pmatrix} 0 \\ 0 \\ 0 \\ 0 \end{pmatrix}$$

式中，k 为任意常数。

记分作业 4 – 16

方程 $x_1 - 3x_2 + 10x_3 - 4x_4 = 0$ 的基础解系为：

$$c_1\begin{pmatrix} 0 \\ 1 \\ 0 \\ 0 \end{pmatrix}, \quad c_2\begin{pmatrix} 0 \\ 0 \\ 1 \\ 0 \end{pmatrix}, \quad c_3\begin{pmatrix} 0 \\ 0 \\ 0 \\ 1 \end{pmatrix}$$

式中，c_1，c_2，c_3 为任意常数。

4.5　向量空间

设 V 是具有某些共同性质的 n 维向量的集合，若：

（1）对任意的 α，$\beta \in V$，有 $\alpha + \beta \in V$；（加法封闭）

（2）对任意的 $\alpha \in V$，k 为任意实数，有 $k\alpha \in V$。（数乘封闭）

称集合 V 为向量空间。

设 V 是一个向量空间，如果 r 个向量 a_1，a_2，$\cdots$，$a_r \in V$，且满足

（1）a_1，a_2，$\cdots$，a_r 线性无关；

（2）在 V 中任意一个向量都可以由 a_1，a_2，$\cdots$，a_r 线性表示。

那么，向量组 a_1，a_2，$\cdots$，a_r 就称为向量空间 V 的一个基，r 称为向量空间 V 的维数，并称 V 为 r 维向量空间。

如果在向量空间 V 中取定一个基 a_1，a_2，$\cdots$，a_r，那么 V 中的一个向量 x 可唯一表示为：

$$x = \lambda_1 a_1 + \lambda_2 a_2 + \cdots + \lambda_r a_r$$

数组 λ_1，λ_2，$\cdots$，λ_r 称为向量 x 在基 a_1，a_2，$\cdots$，a_r 中的坐标。

课堂练习 4-5

设 $A = (a_1, a_2, a_3) = \begin{pmatrix} -5 & 4 & 1 \\ -5 & 3 & 1 \\ -4 & 2 & 1 \end{pmatrix}$，

$B = (b_1, b_2) = \begin{pmatrix} 10 & 25 \\ 12 & 22 \\ 11 & 16 \end{pmatrix}$

验证 a_1，a_2，a_3 是 R^3 的一个基，并求 b_1，b_2 在这个基中的坐标。

解：要证 a_1，a_2，a_3 是 R^3 的一个基，只要证 a_1，a_2，a_3 线性无关，即只要证 $A \sim E$。

设 $b_1 = x_{11} a_1 + x_{21} a_2 + x_{31} a_3$

$b_2 = x_{12} a_1 + x_{22} a_2 + x_{32} a_3$

即

$$(b_1, b_2) = (a_1, a_2, a_3) \begin{pmatrix} x_{11} & x_{12} \\ x_{21} & x_{22} \\ x_{31} & x_{32} \end{pmatrix}, \quad 记作 B = AX$$

对矩阵 (A, B) 施行初等行变换，若 A 能变为 E 则 a_1, a_2, a_3 为 R^3 的一个基，且当 A 变为 E 时，B 变为 $X = A^{-1}B$。

$$(A, B) = \begin{pmatrix} -5 & 4 & 1 & 10 & 25 \\ -5 & 3 & 1 & 12 & 22 \\ -4 & 2 & 1 & 11 & 16 \end{pmatrix} \sim \begin{pmatrix} -1 & 2 & 0 & -1 & 9 \\ -1 & 1 & 0 & 1 & 6 \\ -4 & 2 & 1 & 11 & 16 \end{pmatrix}$$

$$\sim \begin{pmatrix} 1 & 0 & 0 & -3 & -3 \\ -1 & 1 & 0 & 1 & 6 \\ -2 & 0 & 1 & 9 & 4 \end{pmatrix} \sim \begin{pmatrix} 1 & 0 & 0 & -3 & -3 \\ 0 & 1 & 0 & -2 & 3 \\ 0 & 0 & 1 & 3 & -2 \end{pmatrix}$$

因有 $A \sim E$，故 a_1, a_2, a_3 是 R^3 的一个基，且

$$(b_1, b_2) = (a_1, a_2, a_3) \begin{pmatrix} -3 & -3 \\ -2 & 3 \\ 3 & -2 \end{pmatrix}$$

即 b_1, b_2 在基 a_1, a_2, a_3 中的坐标依次为 $-3, -2, 3$ 和 $-3, 3, -2$

见1 游戏 4-5

在 R^3 中取定一个基：

$$a_1 = \begin{pmatrix} -1 \\ -1 \\ 3 \end{pmatrix} \quad a_2 = \begin{pmatrix} -3 \\ -4 \\ 9 \end{pmatrix} \quad a_3 = \begin{pmatrix} -2 \\ -2 \\ 5 \end{pmatrix}$$

再取一个新基：

$$b_1 = \begin{pmatrix} 1 \\ -1 \\ 3 \end{pmatrix} \quad b_2 = \begin{pmatrix} -3 \\ 4 \\ -9 \end{pmatrix} \quad b_3 = \begin{pmatrix} -3 \\ 3 \\ -10 \end{pmatrix}$$

则用 a_1, a_2, a_3 表示 b_1, b_2, b_3 的表示式（基变换公式）为

$$(b_1 \ b_2 \ b_3) = (a_1 \ a_2 \ a_3) \begin{pmatrix} 5 & -12 & -17 \\ 2 & -7 & -6 \\ -6 & 18 & 19 \end{pmatrix}$$

设	向	量	x	在	旧	基	和	新	基	中	的	坐	标	分	别	为	y_1	,	y_2	,
y_3	和	z_1	,	z_2	,	z_3	,	则	旧	坐	标	到	新	坐	标	的	坐	标	变	换	公
式	为																			

$$\begin{bmatrix} z_1 \\ z_2 \\ z_3 \end{bmatrix} = \begin{bmatrix} -25 & -78 & -47 \\ -2 & -7 & -4 \\ -6 & -18 & -11 \end{bmatrix} \begin{bmatrix} y_1 \\ y_2 \\ y_3 \end{bmatrix}$$

记 分 作 业

注：先清空黄色单元格然后填写相应的答案。

记分作业 4－17

设	R^3	的	两	个	基	Ⅰ	和	Ⅱ	为								
	Ⅰ：	$a_1 =$	$\begin{bmatrix}1\\0\\0\end{bmatrix}$		$a_2 =$	$\begin{bmatrix}1\\1\\0\end{bmatrix}$		$a_3 =$	$\begin{bmatrix}1\\1\\1\end{bmatrix}$								
	Ⅱ：	$b_1 =$	$\begin{bmatrix}1\\1\\-3\end{bmatrix}$		$b_2 =$	$\begin{bmatrix}2\\1\\-6\end{bmatrix}$		$b_3 =$	$\begin{bmatrix}2\\2\\-7\end{bmatrix}$								

(1) 求 由 基 Ⅰ 到 基 Ⅱ 的 过 渡 矩 阵；

(2) 设 向 量 c 在 基 Ⅰ 下 的 坐 标 为 -2 , 1 , 2。求 c 在 基 Ⅱ 下 的 坐 标。

解： (1)
基 Ⅰ 到 基 Ⅱ 的 过 渡 矩 阵 = $\begin{bmatrix} 0 & 0 & 0 \\ 0 & 0 & 0 \\ 0 & 0 & 0 \end{bmatrix}$

(2) c 在 基 Ⅱ 下 的 坐 标 为 0 , 0 , 0。

记分作业 4－18

设 $a_1 = \begin{bmatrix}1 & 2 & 3 & -2\end{bmatrix}^T$, $a_2 = \begin{bmatrix}1 & 1 & 2 & 2\end{bmatrix}^T$, $a_3 = \begin{bmatrix}2 & 3 & 5 & a\end{bmatrix}^T$。若 由 a_1 , a_2 , a_3 生 成 的 向 量 空 间 的 维 数 为 2 , 则 $a =$ 0 。

记分作业 4 –19

试	证	：	由	a_1	=	$[3 \ -1 \ 2]^T$	，	a_2	=	$[6 \ 0 \ 5]^T$	，	a_3	=

$[-9 \ 3 \ -5]^T$ 所生成的向量空间就是 R^3。

证明：

设 $e_1 = \begin{bmatrix} 1 \\ 0 \\ 0 \end{bmatrix}$，$e_2 = \begin{bmatrix} 0 \\ 1 \\ 0 \end{bmatrix}$，$e_3 = \begin{bmatrix} 0 \\ 0 \\ 1 \end{bmatrix}$，

设 $A = [a_1 \ a_2 \ a_3]$，则 $A = \begin{bmatrix} 3 & 6 & -9 \\ -1 & 0 & 3 \\ 2 & 5 & -5 \end{bmatrix} = 0 \neq 0$

所以 A 可逆，即 $A A^{-1} = E$，也即

$[a_1 \ a_2 \ a_3] A^{-1} = [e_1 \ e_2 \ e_3]$，这说明向量组 e_1，e_2，e_3 可以由向量组 a_1，a_2，a_3 线性表示，另一方面，

$E A = A$，即 $[e_1 \ e_2 \ e_3] A = [a_1 \ a_2 \ a_3]$，这说明向量组 a_1，a_2，a_3 也可以由向量组 e_1，e_2，e_3 线性表示，所以，a_1，a_2，a_3 与 R^3 的一组基 e_1，e_2，e_3 等价，故由 a_1，a_2，a_3 所生成的向量空间就是 R^3。

记分作业 4 –20

由 $a_1 = [1 \ 0 \ 3 \ 0]^T$，$a_2 = [0 \ 1 \ 0 \ 1]^T$ 所生成的向量空间记作 L_1，由 $b_1 = [-1 \ -2 \ -3 \ -2]^T$，$b_2 = [4 \ -1 \ 12 \ -1]^T$ 所生成的向量空间记作 L_2，证明 $L_1 = L_2$。

证明：因对应的分量不成比例，知 a_1，a_2 线性无关，b_1，b_2 也线性无关，即 $R(a_1, a_2) = R(b_1, b_2) = 0$。又因

$$[a_1, \ a_2, \ b_1, \ b_2] = \begin{bmatrix} 1 & 0 & -1 & 4 \\ 0 & 1 & -2 & -1 \\ 3 & 0 & -3 & 12 \\ 0 & 1 & -2 & -1 \end{bmatrix} \sim \begin{bmatrix} 1 & 0 & 0 & 0 \\ 0 & 0 & 0 & 0 \\ 0 & 0 & 0 & 0 \\ 0 & 0 & 0 & 0 \end{bmatrix} \sim \begin{bmatrix} 1 & 0 & 0 & 0 \\ 0 & 1 & 0 & 0 \\ 0 & 0 & 0 & 0 \\ 0 & 0 & 0 & 0 \end{bmatrix}$$

则 $R(a_1, \ a_2, \ b_1, \ b_2) = 0$，即 a_1，a_2 与 b_1，b_2 等价，故 $L_1 = L_2$。

证毕

过 4 关记分作业

注：先清空黄色单元格然后填写相应的答案。

4-1　(0.25 分)

若	向	量	组	α_1 ,	α_2 ,	… ,	α_s	的	秩	为	r,	则	必	有	(0)
(A)	必	定	r	<	s										
(B)	向	量	组	中	任	意	r	+	1	个	向	量	线	性	相 关
(C)	向	量	组	中	任	意	r	个	向	量	线	性	无	关	
(D)	向	量	组	中	任	意	小	于	r	个	向	量	的	部 分	组 线 性 无 关

4-2　(0.25 分)

设 ξ_1 , ξ_2 , ξ_3 是齐次线性方程组 $AX = 0$ 的一个基础解系，则下列 (0) 是该方程组的基础解系.
(A) ξ_1 , ξ_2 的一个等价向量组
(B) ξ_1 , ξ_2 , ξ_3 的一个等秩向量组
(C) $\xi_1 - \xi_2$, $\xi_2 - \xi_3$, $\xi_3 - \xi_1$
(D) ξ_1 , $\xi_1 + \xi_2$, $\xi_1 + \xi_2 + \xi_3$

4-3　(0.25 分)

n 阶方阵 A , B 的乘积的行列式 $|AB| = 5$ ，则 A 的列向量 (0)
(A) 方阵 A 的列向量线性相关
(B) 方阵 A 的列向量线性无关
(C) $R(A) = 5$
(D) $R(A) < n$

4-4　(0.25 分)

4 元齐次线性方程组 $\begin{cases} 2x_2 - x_3 - x_4 = 0 \\ x_1 + x_2 + x_3 \qquad = 0 \\ x_1 + 3x_2 \quad - x_4 = 0 \end{cases}$ 的基础解系所含向量的个数为 (0)
(A) 0　　　　(B) 1　　　　(C) 2　　　　(D) 3

4-5　(0.25 分)

齐次线性方程 $x_1 + x_2 - x_3 = 0$ 的基础解系所含向量的个数为 (0)
(A) 1　　　　(B) 2　　　　(C) 3　　　　(D) 4

4-6 （0.25分）

设 A 为 m × n 矩阵，则有（ 0 ）
(A) 若 m ＜ n，则 Ax = b 有无穷多解
(B) 若 m ＜ n，则基础解系含向量个数为 n－m 个
(C) 若 A 有 n 阶子式不为零，则 Ax = 0 仅有零解
(D) 若 A 有 n 阶子式不为零，则 Ax = b 有唯一解

4-7 （0.25分）

设向量组 A 由 α1，α2，…，αm 组成，R（A）= m，则（ 0 ）成立。
(A) 向量组 A 线性无关
(B) A 中有零向量
(C) A 中至少有一个向量可由其余的向量线性表示
(D) α1 可由 α2，α3，…，αm 线性表示

4-8 （0.25分）

设 n 元线性方程组 AX = 0，且 R（A）= k，则该方程组的基础解系由（ 0 ）个向量构成。	
(A) 有无穷多	(B) 有唯一
(C) n－k	(D) 不确定

4-9 （0.25分）

设矩阵 A，B，C 为 n 阶方阵，满足等式 AB = C，则下列关于矩阵秩的论述错误的是（ 0 ）
(A) 矩阵 C 的行向量组由矩阵 B 的行向量组线性表示
(B) 矩阵 C 的行向量组由矩阵 A 的行向量组线性表示
(C) 矩阵 C 的列向量组由矩阵 A 的列向量组线性表示
(D) ｜BA｜=｜C｜

4-10 （0.25分）

n 阶方阵 A，B 的乘积的行列式 AB = 5，则 A 的列向量（ 0 ）	
(A) R（A）＜ n	(B) R（A）= 5
(C) A 的列向量线性相关	(D) A 的列向量线性无关

4-11 （0.25分）

设 $m < n$ ，则矩阵 $A_{m\times n}$ 行向量组线性无关，b 为非零向量，则（ 0 ）	
（A） $Ax=b$ 有唯一解	（B） $Ax=b$ 无解
（C） $Ax=0$ 仅有零解	（D） $Ax=0$ 有无穷多解

4-12 （0.25分）

设 n 阶方阵 A 的行列式 $A=0$ ，则 A 的列向量（ 0 ）	
（A） $R(A) \neq 0$	（B） $R(A)=0$
（C）线性无关	（D）线性相关

4-13 （0.25分）

设向量组 α_1 ， α_2 ，…， α_s 线性相关，则（ 0 ）成立。	
（A） α_1 ， α_2 ，…， α_s 中每一个向量可以表示为其余向量的线性组合	
（B） α_1 ， α_2 ，…， α_s 中至少有一个向量可以表示为其余向量的线性组合	
（C） α_1 ， α_2 ，…， α_s 中至少有一个向量为零向量	
（D） α_1 ， α_2 ，…， α_s 中至少有两个向量成比例	

5 相似矩阵及二次型记分作业

5.1 向量的内积、长度及正交性

若 n 维向量组 a_1，a_2，…，a_r 是一组两两正交的非零向量组，则向量组 a_1，a_2，…，a_r 线性无关。

设向量空间 V 的基为 α_1，α_2，…，α_r，称：

$$\beta_1 = \alpha_1,$$

$$\beta_2 = \alpha_2 - \frac{[\beta_1, \alpha_2]}{[\beta_1, \beta_1]}\beta_1,$$

$$\vdots$$

$$\beta_r = \alpha_r - \frac{[\beta_1, \alpha_r]}{[\beta_1, \beta_1]}\beta_1 - \frac{[\beta_2, \alpha_r]}{[\beta_2, \beta_2]}\beta_1 - \cdots - \frac{[\beta_{r-1}, \alpha_{r-1}]}{[\beta_{r-1}, \beta_{r-1}]}\beta_{r-1}$$

为将向量组 α_1，…，α_r 变为正交向量组的 Schmidt 正交化过程。

	A	B	C	D	E	F	G	H	I	J	K	L	M	N	O	P	Q	R
4	用	施	密	特	正	交	化	方	法	将	向	量	组					
5		a_1	=	1				a_2	=	0								
6				−1	,					2	,							
7	正	交	化	结	果	为												
8		b_1	=	a_1	,			b_2	=	1								
9										1								

	A	B	C	D	E	F	G	H	I	J	K	L	M	N	O	P	Q	R
11	用	施	密	特	正	交	化	方	法	将	向	量	组					
12				3				0				−3						
13		a_1	=	0	,		a_2	=	3	,		a_3	=	−6				
14				−3				6				−4						
15	正	交	化	结	果	为												
16								3				0.8333						
17		b_1	=	a_1	,		b_2	=	3	,		b_3	=	−1.667				
18								3				0.8333						

	A	B	C	D	E	F	G	H	I	J	K	L	M	N	O	P	Q	R
20	矩	阵	A	=	$[a_1$	a_2	$a_3]$		的	列	正	交	上	三	角	分	解	为：
21					3	3	0.8	1	-1	0.2								
22		A	=		0	3	-2	0	1	-1								
23					-3	3	0.8	0	0	1								

单元格区域 H8：H9、H16：I18 和 M16：N18 中的数字是利用 Schmidt 正交化过程方法编写公式计算的。改变上面黄色单元格中的数字，将自动产生计算结果。

课堂练习 5-1

已知 3 维向量空间 R^3 中两个向量

$$a_1 = \begin{bmatrix} 1 \\ -3 \\ -1 \end{bmatrix}, \quad a_2 = \begin{bmatrix} -3 \\ 2 \\ -9 \end{bmatrix},$$

正交，试求一个非零向量 a_3，使 a_1，a_2，a_3 两两正交。

解：记 $A = \begin{bmatrix} a_1^T \\ a_2^T \end{bmatrix} = \begin{bmatrix} 1 & -3 & -1 \\ -3 & 2 & -9 \end{bmatrix}$

a_3 应满足齐次线性方程组 $Ax = 0$，即

$$A = \begin{bmatrix} 1 & -3 & -1 \\ -3 & 2 & -9 \end{bmatrix} \sim \begin{bmatrix} 1 & -3 & -1 \\ 0 & -7 & -12 \end{bmatrix} \sim \begin{bmatrix} 1 & -3 & -1 \\ 0 & 1 & 1.71 \end{bmatrix} \sim \begin{bmatrix} 1 & 0 & 4.14 \\ 0 & 1 & 1.71 \end{bmatrix}$$

从而得基础解系

$$\begin{bmatrix} -4.1 \\ -1.7 \\ 1 \end{bmatrix}$$

取 $a_3 = \begin{bmatrix} -4.1 \\ -1.7 \\ 1 \end{bmatrix}$ 即为所求。

验证：

$$[a_1, a_3] = a_1^T a_3 = \begin{bmatrix} 1 & -3 & -1 \end{bmatrix} \begin{bmatrix} -4.1 \\ -1.7 \\ 1 \end{bmatrix} = 0$$

$$[a_2, a_3] = a_2^T a_3 = \begin{bmatrix} -3 & 2 & -9 \end{bmatrix} \begin{bmatrix} -4.1 \\ -1.7 \\ 1 \end{bmatrix} = 0$$

见 1 游戏 5 − 1

用	施	密	特	正	交	化	方	法	将	向	量	组		

$$a_1 = \begin{bmatrix} 5 \\ -1 \\ -7 \end{bmatrix}, \quad a_2 = \begin{bmatrix} 0 \\ 6 \\ 12 \end{bmatrix}, \quad a_3 = \begin{bmatrix} -5 \\ -11 \\ -14 \end{bmatrix}$$

正 交 化 结 果 为

$$b_1 = a_1, \quad b_2 = \begin{bmatrix} 6 \\ 4.8 \\ 3.6 \end{bmatrix}, \quad b_3 = \begin{bmatrix} 0.5 \\ -1 \\ 0.5 \end{bmatrix}$$

验 证：

$$[b_1, b_2] = b_1^T b_2 = \begin{pmatrix} 5 & -1 & -7 \end{pmatrix} \begin{bmatrix} 6 \\ 4.8 \\ 3.6 \end{bmatrix} = 0$$

$$[b_1, b_3] = b_1^T b_3 = \begin{pmatrix} 5 & -1 & -7 \end{pmatrix} \begin{bmatrix} 0.5 \\ -1 \\ 0.5 \end{bmatrix} = 0$$

$$[b_2, b_3] = b_2^T b_3 = \begin{pmatrix} 6 & 4.8 & 3.6 \end{pmatrix} \begin{bmatrix} 0.5 \\ -1 \\ 0.5 \end{bmatrix} = 0$$

记 分 作 业

注：先清空黄色单元格然后填写相应的答案。

记分作业 5 − 1

已	知	$a_1 = \begin{bmatrix} 1 \\ 0 \\ 1 \end{bmatrix}$	，	求	一	组	非	零	向	量	a_2	，	a_3	，	使	a_1	，	a_2

a_3 两 两 正 交 。

解：a_2，a_3 应 满 足 方 程 $a_1^T x = 0$，即

$$0\, x_1 + 0\, x_2 + 0\, x_3 = 0$$

其 基 础 解 系 为

$$\xi_1 = \begin{pmatrix} 0 \\ 1 \\ 0 \end{pmatrix}, \quad \xi_2 = \begin{pmatrix} 0 \\ 0 \\ 1 \end{pmatrix}$$

把基础解系正交化，即为所求，亦即取

$$a_2 = \xi_1,$$

$$a_3 = \xi_2 - \frac{[\xi_1, \xi_2]}{[\xi_1, \xi_1]}\xi_1$$

$$= \begin{pmatrix} 0 \\ 0 \\ 0 \end{pmatrix} - 0\begin{pmatrix} 0 \\ 0 \\ 0 \end{pmatrix} = \begin{pmatrix} 0 \\ 0 \\ 0 \end{pmatrix}$$

验证：

$$[a_1, a_2] = a_1^T a_2 = (0 \ 0 \ 0)\begin{pmatrix} 0 \\ 0 \\ 0 \end{pmatrix} = 0$$

$$[a_1, a_3] = a_1^T a_3 = (0 \ 0 \ 0)\begin{pmatrix} 0 \\ 0 \\ 0 \end{pmatrix} = 0$$

$$[a_2, a_3] = a_2^T a_3 = (0 \ 0 \ 0)\begin{pmatrix} 0 \\ 0 \\ 0 \end{pmatrix} = 0$$

记分作业 5-2

设方阵 A 满足 $A^2 - 14A + 48E = 0$，且 $A^T = A$，证明 $A - 7E$ 为正交矩阵。

证明：因为

$$(A - 0E)^T(A - 0E)$$
$$= (A^T - 0E^T)^T(A - 0E)$$
$$= (A - 0E)(A - 0E)$$
$$= A^2 - 0A + 0E$$
$$= A^2 - 0A + 0E + E$$
$$= E$$

故 $A - 0E$ 为正交矩阵。

记分作业 5-3

设 $a = \begin{bmatrix} -2 \\ 0 \\ -2 \end{bmatrix}$，$b = \begin{bmatrix} 2 \\ 4 \\ -9 \end{bmatrix}$，$c$ 与 a 正交，且 $b = \lambda a + c$，求 λ 和 c。

解：以 a^T 左乘题设关系式得：$a^T b = \lambda a^T a + a^T c$，因 c 与 a 正交，有 $a^T b = \lambda a^T a$，又因 $a \neq 0$，所以

$$\lambda = \frac{a^T b}{a^T a} = 0$$

$$c = b - \lambda a = \begin{bmatrix} 0 \\ 0 \\ 0 \end{bmatrix}。$$

验证：

$$[a, c] = a^T c = \begin{pmatrix} 0 & 0 & 0 \end{pmatrix}\begin{pmatrix} 0 \\ 0 \\ 0 \end{pmatrix} = 0$$

记分作业 5-4

若可逆矩阵 A 可以表示矩阵 B 与矩阵 U 相乘，其中 B 的任意两个不同的列向量正交，U 为主对角线元素全为 1 的上三角矩阵，则称 BU 为 A 的列正交上三角分解。求下面的矩阵 A 的列正交上三角分解。

$$A = \begin{pmatrix} 1 & 3 & -3 & 3 \\ 0 & 1 & 1 & 0 \\ 0 & 0 & 1 & 1 \\ 1 & 2 & -3 & 3 \end{pmatrix}$$

解：设 $A = [a_1 \ a_2 \ a_3 \ a_4]$，因矩阵 A 可逆，所以向量组 a_1，a_2，a_3，a_4 线性无关。设

$$b_1 = a_1$$
$$b_2 = a_2 - x b_1$$
$$b_3 = a_3 - y_1 b_1 - y_2 b_2$$
$$b_4 = a_4 - z_1 b_1 - z_2 b_2 - z_3 b_3$$

这里 b_1 b_2 b_3 b_4 与 x、y_1、y_2、z_1、z_2、z_3 由施密特正交化方法来确定。

即

$$a_1 = b_1$$
$$a_2 = b_2 + x b_1$$

$$a_3 = b_3 + y_1 b_1 + y_2 b_2$$

$$a_4 = b_4 + z_1 b_1 + z_2 b_2 + z_3 b_3$$

则

$$\begin{bmatrix} a_1 & a_2 & a_3 & a_4 \end{bmatrix} = \begin{bmatrix} b_1 & b_2 & b_3 & b_4 \end{bmatrix} \begin{pmatrix} 1 & x & y_1 & z_1 \\ 0 & 1 & y_2 & z_2 \\ 0 & 0 & 1 & z_3 \\ 0 & 0 & 0 & 1 \end{pmatrix}$$

⇒ $B = \begin{bmatrix} b_1 & b_2 & b_3 & b_4 \end{bmatrix}$, $U = \begin{pmatrix} 1 & x & y_1 & z_1 \\ 0 & 1 & y_2 & z_2 \\ 0 & 0 & 1 & z_3 \\ 0 & 0 & 0 & 1 \end{pmatrix}$ 即可。

$b_1 = a_1 = \begin{bmatrix} 0 \\ 0 \\ 0 \\ 0 \end{bmatrix}$, $x = \begin{bmatrix} 0 \end{bmatrix}$, $b_2 = \begin{bmatrix} 0 \\ 0 \\ 0 \\ 0 \end{bmatrix}$

$y_1 = \begin{bmatrix} 0 \end{bmatrix}$, $y_2 = \begin{bmatrix} 0 \end{bmatrix}$, $b_3 = \begin{bmatrix} 0 \\ 0 \\ 0 \\ 0 \end{bmatrix}$

$z_1 = \begin{bmatrix} 0 \end{bmatrix}$, $z_2 = \begin{bmatrix} 0 \end{bmatrix}$, $z_3 = \begin{bmatrix} 0 \end{bmatrix}$, $b_4 = \begin{bmatrix} 0 \\ 0 \\ 0 \\ 0 \end{bmatrix}$

验证:

$$BU = \begin{pmatrix} 0 & 0 & 0 & 0 \\ 0 & 0 & 0 & 0 \\ 0 & 0 & 0 & 0 \\ 0 & 0 & 0 & 0 \end{pmatrix} \begin{pmatrix} 0 & 0 & 0 & 0 \\ 0 & 0 & 0 & 0 \\ 0 & 0 & 0 & 0 \\ 0 & 0 & 0 & 0 \end{pmatrix} = \begin{pmatrix} 0 & 0 & 0 & 0 \\ 0 & 0 & 0 & 0 \\ 0 & 0 & 0 & 0 \\ 0 & 0 & 0 & 0 \end{pmatrix} = A$$

5.2 方阵的特征值与特征向量

对于 n 阶方阵 A，若有数 λ 和向量 $x \neq 0$ 满足 $Ax = \lambda x$，称 λ 为 A 的特征值，称 x 为 A 属于特征值 λ 的特征向量。

特征方程：$Ax = \lambda x \Leftrightarrow (A - \lambda E) x = 0$ 或者 $(\lambda E - A) x = 0$

$(A - \lambda E) x = 0$ 有非零解 $\Leftrightarrow \det (A - \lambda E) = 0$

$\Leftrightarrow \det (\lambda E - A) = 0$

特征矩阵：$A - \lambda E$ 或者 $\lambda E - A$

特征多项式：$\varphi(\lambda) = \det(A - \lambda E)$

$$= \begin{vmatrix} a_{11} - \lambda & a_{12} & \cdots & a_{1n} \\ a_{21} & a_{22} - \lambda & \cdots & a_{2n} \\ \vdots & \vdots & 0 & \vdots \\ a_{n1} & a_{n2} & \cdots & a_{nn} - \lambda \end{vmatrix}$$

$$= a_0 \lambda^n + a_1 \lambda^{n-1} + \cdots + a_{n-1} \lambda + a_n [a_0 = (-1)^n]$$

设 $A = (a_{ij})_{n \times n}$ 的特征值 $\lambda_1, \lambda_2, \cdots, \lambda_n$，$\mathrm{tr}A = a_{11} + a_{22} + \cdots + a_{nn}$，则：

（1）$\mathrm{tr}A = \lambda_1 + \lambda_2 + \cdots + \lambda_n$；

（2）$\det A = \lambda_1 \lambda_2 \cdots \lambda_n$。

设 $A_{n \times n}$ 的互异特征值为 $\lambda_1, \lambda_2, \cdots, \lambda_m$，对应的特征向量依次为 $p_1, p_2, \cdots, p_m$，则向量组 $p_1, p_2, \cdots, p_m$ 线性无关。

课堂练习 5-2

设二阶矩阵：

$$A = \begin{pmatrix} 2 & 6 \\ 6 & 2 \end{pmatrix},$$

求矩阵 A 的特征值和特征向量。

解：

$$\lambda E - A = \begin{vmatrix} \lambda - 2 & -6 \\ -6 & \lambda - 2 \end{vmatrix} = \begin{vmatrix} \lambda - 8 & -6 \\ \lambda - 8 & \lambda - 2 \end{vmatrix} = (\lambda - 8) \begin{vmatrix} 1 & -6 \\ 1 & \lambda - 2 \end{vmatrix}$$

↖ 第2列加到第1列

$$= (\lambda - 8) \begin{vmatrix} 1 & -6 \\ 0 & \lambda + 4 \end{vmatrix}$$

则 $\lambda_1 = 8$，$\lambda_2 = -4$ 为矩阵 A 的两个特征值。

当 $\lambda_1 = 8$ 时，$8E - A = \begin{pmatrix} 6 & -6 \\ -6 & 6 \end{pmatrix} \sim \begin{pmatrix} 1 & -1 \\ -6 & 6 \end{pmatrix} \sim \begin{pmatrix} 1 & -1 \\ 0 & 0 \end{pmatrix}$

则 $p_1 = \begin{pmatrix} 1 \\ 1 \end{pmatrix}$ 为 λ_1 的特征向量。

即 $k_1 p_1$ 为 λ_1 的全部特征向量，其中 k_1 为任意非零实数。

当 $\lambda_2 = -4$ 时，$-4E - A = \begin{pmatrix} -6 & -6 \\ -6 & -6 \end{pmatrix} \sim \begin{pmatrix} 1 & 1 \\ -6 & -6 \end{pmatrix} \sim \begin{pmatrix} 1 & 1 \\ 0 & 0 \end{pmatrix}$

则 $p_2 = \begin{pmatrix} -1 \\ 1 \end{pmatrix}$ 为 λ_2 的特征向量。

即 $k_2 p_2$ 为 λ_2 的全部特征向量，其中 k_2 为任意非零实数。

验证：

$\lambda_1 \lambda_2 = -32$，$A = -32$，即 $A = \lambda_1 \lambda_2$

$\lambda_1 + \lambda_2 = 4$，$\text{tr}(A) = 4$，即 $\text{tr}(A) = \lambda_1 + \lambda_2$

$A p_1 = \begin{pmatrix} 8 \\ 8 \end{pmatrix}$，$\lambda_1 p_1 = \begin{pmatrix} 8 \\ 8 \end{pmatrix}$，即 $A p_1 = \lambda_1 p_1$

$A p_2 = \begin{pmatrix} 4 \\ -4 \end{pmatrix}$，$\lambda_2 p_2 = \begin{pmatrix} 4 \\ -4 \end{pmatrix}$，即 $A p_2 = \lambda_2 p_2$

见1游戏 5 − 2

求矩阵 $A = \begin{pmatrix} -3 & 1 & 0 \\ -1 & -5 & 0 \\ -2 & 0 & -9 \end{pmatrix}$ 的特征值和特征向量。

解：A 的特征多项式为

$A - \lambda E = \begin{vmatrix} -3 - \lambda & 1 & 0 \\ -1 & -5 - \lambda & 0 \\ -2 & 0 & -9 - \lambda \end{vmatrix}$

$= (-9 - \lambda)(-4 - \lambda)^2$

所以 A 的特征值为 $\lambda_1 = -9$，$\lambda_2 = \lambda_3 = -4$

当 $\lambda_1 = -9$ 时，解方程 $(A + 9E)x = 0$，由

$A + 9E = \begin{pmatrix} 6 & 1 & 0 \\ -1 & 4 & 0 \\ -2 & 0 & 0 \end{pmatrix} \sim \begin{pmatrix} 6 & 1 & 0 \\ -1 & 4 & 0 \\ 1 & 0 & 0 \end{pmatrix} \sim \begin{pmatrix} 0 & 1 & 0 \\ 0 & 4 & 0 \\ 1 & 0 & 0 \end{pmatrix} \sim \begin{pmatrix} 0 & 1 & 0 \\ 0 & 0 & 0 \\ 1 & 0 & 0 \end{pmatrix}$

得基础解系

$p_1 = \begin{pmatrix} 0 \\ 0 \\ 1 \end{pmatrix}$

所	以	k	p_1	(k≠0)	是	对	应	于	λ_1	=	-9	的	全	部	特	征	向	量	。		
当	λ_2	=	λ_3	=	-4	时	,	解	方	程	(	A	+	2	E	)	x	=	0	,	
由																					

$$A + 4E = \begin{pmatrix} 1 & 1 & 0 \\ -1 & -1 & 0 \\ -2 & 0 & -5 \end{pmatrix} \sim \begin{pmatrix} 1 & 1 & 0 \\ -1 & -1 & 0 \\ -2 & 0 & -5 \end{pmatrix} \sim \begin{pmatrix} 1 & 1 & 0 \\ 0 & 0 & 0 \\ 0 & 2 & -5 \end{pmatrix} \sim \begin{pmatrix} 1 & 1 & 0 \\ 0 & 0 & 0 \\ 0 & 1 & -3 \end{pmatrix}$$

$$\sim \begin{pmatrix} 1 & 0 & 2.5 \\ 0 & 0 & 0 \\ 0 & 1 & -3 \end{pmatrix}$$

得基础解系

$$p_2 = \begin{pmatrix} -3 \\ 2.5 \\ 1 \end{pmatrix}$$

所	以	k	p_2	(k≠0)	是	对	应	于	λ_2	=	λ_3	=	-2	的	全	部	特	征	向
量	。																		

验证：

$$\lambda_1 \lambda_2 \lambda_3 = -144, \quad A = -144, \quad 即 A = \lambda_1 \lambda_2 \lambda_3$$

$$\lambda_1 + \lambda_2 + \lambda_3 = -17, \quad tr(A) = -17, \quad 即 tr(A) = \lambda_1 + \lambda_2 + \lambda_3$$

$$A \, p_1 = \begin{pmatrix} 0 \\ 0 \\ -9 \end{pmatrix}, \quad \lambda_1 \, p_1 = \begin{pmatrix} 0 \\ 0 \\ -9 \end{pmatrix}, \quad 即 A \, p_1 = \lambda_1 \, p_1$$

$$A \, p_2 = \begin{pmatrix} 10 \\ -10 \\ -4 \end{pmatrix}, \quad \lambda_2 \, p_2 = \begin{pmatrix} 10 \\ -10 \\ -4 \end{pmatrix}, \quad 即 A \, p_2 = \lambda_2 \, p_2$$

记 分 作 业

注：先清空黄色单元格然后填写相应的答案。

记分作业 5－5

设	5	阶	矩	阵	A	的	特	征	值	为	-3	,	0	,	3	,	3	,	0	,	P
是	5	阶	可	逆	矩	阵	,	B	=	P^{-1}	A	P	,	则	(B)=		0	,			
	B	=	0																		

记分作业 5－6

设 3 阶矩阵 A 的特征值为 -3，3，6，求
$$A^* - 6A + 2E$$
的特征值。

解：因为 A 的特征值全不为 0，知 A 可逆，故
$A^* = A A^{-1}$，$A = \lambda_1 \lambda_2 \lambda_3 = $ ⬜ ，

所以
$$A^* - \boxed{0}A + \boxed{0}E = \boxed{0}A^{-1} - \boxed{0}A + \boxed{0}E \qquad (5-1)$$
有
$$\phi(\lambda) = \boxed{0}\lambda^{-1} - \boxed{0}\lambda + \boxed{0}$$

这里式(5-1)虽不是矩阵多项式，但也具有矩阵多项式的特性，从而可得式(5-1)的特征值为 $\phi(-3) = \boxed{0}$，$\phi(3) = \boxed{0}$，$\phi(6) = \boxed{0}$。

记分作业 5－7

设 $\xi = \begin{pmatrix} 1 \\ -1 \\ 6 \end{pmatrix}$ 是矩阵 $A = \begin{pmatrix} 8 & 4 & -2 \\ 0 & a & 4 \\ -2 & b & 3 \end{pmatrix}$ 的一个特征向量，求 a 和 b 及特征向量 ξ 所对应的特征值 λ。

解：根据已知条件有：$A\xi = \lambda \xi$，即

$$\begin{pmatrix} 8 & 4 & -2 \\ 0 & a & 4 \\ -2 & b & 3 \end{pmatrix} \begin{pmatrix} 1 \\ -1 \\ 6 \end{pmatrix} = \lambda \begin{pmatrix} 1 \\ -1 \\ 6 \end{pmatrix}，\text{也即}$$

$$\begin{cases} 8 \times 1 + 4 \times -1 + -2 \times 6 = \lambda \\ 0 \times 1 + a \times -1 + 4 \times 6 = -1 \times \lambda \\ -2 \times 1 + b \times -1 + 3 \times 6 = 6 \times \lambda \end{cases}$$

则 $a = \boxed{0}$，$b = \boxed{0}$，$\lambda = \boxed{0}$。

验证：

$$A\xi = \begin{pmatrix} 0 & 0 & 0 \\ 0 & 0 & 0 \\ 0 & 0 & 0 \end{pmatrix} \begin{pmatrix} 0 \\ 0 \\ 0 \end{pmatrix} = \begin{pmatrix} 0 \\ 0 \\ 0 \end{pmatrix}，\lambda \xi = \begin{pmatrix} 0 \\ 0 \\ 0 \end{pmatrix}$$

即：

$$A\xi \boxed{0} \lambda\xi$$

记分作业 5 – 8

设	有	2	阶	方	阵	A	满	足	条	件	1	E	+	A	=	0	,
A	A^T = 4 E ,	A	<	0	,	证	明	4	是	A	的	伴	随	矩	阵	A* 的	一 个 特 征 值。

	证	明	:	由	1	E	+	A	=	0	,						
则	-1	E	-	A	=	(-1)	^{0}	1	E	+	A	=	0	,	则	0 是 A 的一 个特征值。	
	由	A	A^T	=	4	E	,	则	A^2	=	A	A^T	=	4	E	=	0 ,
	由	A	<	0	,	则	A	=	0								
	因	A*	=	A	A^{-1}	,	则	0 / 0	=	0	是	A	的	伴	随	矩	阵 A* 的 一 个 特 征 值。

5.3　相似矩阵

对于 n 阶方阵 A 和 B，若有可逆矩阵 P 使得 $P^{-1}AP=B$，称 A 相似于 B，记作 $A \sim B$。

若 n 阶方阵 A 与 B 相似，则 A 与 B 的特征多项式相同，从而 A 与 B 的特征值也相同。

若方阵 A 能够与一个对角矩阵相似，称 A 可对角化。

n 阶方阵 A 可对角化$\Leftrightarrow A$ 有 n 个线性无关的特征向量。

$A \sim \Lambda \Rightarrow \Lambda$ 的主对角元素为 A 的特征值。

$A_{n \times n}$ 有 n 个互异特征值$\Rightarrow A$ 可对角化。

设 $A_{n \times n}$ 的全体互异特征值为 λ_1，λ_2，$\cdots$，λ_m，重数依次为 r_1，r_2，$\cdots$，r_m，则 A 可对角化的充要条件是，对应于每个特征值 λ_i，A 有 r_i 个线性无关的特征向量。

课堂练习 5 – 3

求	矩	阵	A	=	$\begin{matrix} 3 & 0 & -2 \\ 1 & -2 & x \\ 5 & 0 & -4 \end{matrix}$							
问	x	为	何	值	时	,	矩	阵	A	能	对 角 化 ?	

解：A 的特征多项式为

$$A - \lambda E = \begin{vmatrix} 3-\lambda & 0 & -2 \\ 1 & -2-\lambda & x \\ 5 & 0 & -4-\lambda \end{vmatrix}$$

$$= (-2-\lambda) \begin{vmatrix} 3-\lambda & -2 \\ 5 & -4-\lambda \end{vmatrix}$$

$$= (1-\lambda)(-2-\lambda)^2$$

则 $\lambda_1 = 1$，$\lambda_2 = \lambda_3 = -2$。

对应单根 $\lambda_1 = 1$，可求得线性无关的特征向量恰好有 1 个，故矩阵 A 可对角化的充分必要条件是对应重根 $\lambda_2 = \lambda_3 = -2$，有 2 个线性无关的特征向量，即方程 $(A - 2E)x = 0$ 有 2 个线性无关的解，亦即系数矩阵 $A - 2E$ 的秩 $R(A - 2E) = 1$。

由

$$A - 2E = \begin{pmatrix} 5 & 0 & -2 \\ 1 & 0 & x \\ 5 & 0 & -2 \end{pmatrix}$$

要 $R(A - 2E) = 1$，即得 $x = -0.4$。此时矩阵 A 能对角化。

见1游戏 5-3

设矩阵 $A = \begin{pmatrix} 3 & 0 & -2 \\ 1 & -2 & -0.4 \\ 5 & 0 & -4 \end{pmatrix}$，问 A 能否对角化？若能，求可逆矩阵 P 和对角矩阵 Λ，使 $P^{-1}AP = \Lambda$。

解：先求 A 的特征值。

$$A - \lambda E = \begin{vmatrix} 3-\lambda & 0 & -2 \\ 1 & -2-\lambda & -0.4 \\ 5 & 0 & -4-\lambda \end{vmatrix}$$

$$= (-2-\lambda) \begin{vmatrix} 3-\lambda & -2 \\ 5 & -4-\lambda \end{vmatrix}$$

$$= (1-\lambda)(-2-\lambda)^2$$

所以 A 的特征值为 $\lambda_1 = 1$, $\lambda_2 = \lambda_3 = -2$

当 $\lambda_1 = 1$ 时，解方程 $(A - 1E)x = 0$，由

$$A - 1E = \begin{pmatrix} 2 & 0 & -2 \\ 1 & -3 & -0 \\ 5 & 0 & -5 \end{pmatrix} \sim \begin{pmatrix} 1 & 0 & -1 \\ 1 & -3 & -0 \\ 5 & 0 & -5 \end{pmatrix} \sim \begin{pmatrix} 1 & 0 & -1 \\ 0 & -3 & 0.6 \\ 0 & 0 & 0 \end{pmatrix} \sim \begin{pmatrix} 1 & 0 & -1 \\ 0 & 1 & -0.2 \\ 0 & 0 & 0 \end{pmatrix}$$

得基础解系

$$p_1 = \begin{pmatrix} 1 \\ 0.2 \\ 1 \end{pmatrix}$$

当 $\lambda_2 = \lambda_3 = -2$ 时，解方程 $(A + 2E)x = 0$，由

$$A + 2E = \begin{pmatrix} 5 & 0 & -2 \\ 1 & 0 & -0.4 \\ 5 & 0 & -2 \end{pmatrix} \sim \begin{pmatrix} 5 & 0 & -2 \\ 0 & 0 & 0 \\ 0 & 0 & 0 \end{pmatrix} \sim \begin{pmatrix} 1 & 0 & -0.4 \\ 0 & 0 & 0 \\ 0 & 0 & 0 \end{pmatrix}$$

得基础解系

$$p_2 = \begin{pmatrix} 0 \\ 1 \\ 0 \end{pmatrix}, \quad p_3 = \begin{pmatrix} 0.4 \\ 0 \\ 1 \end{pmatrix}$$

由定理 2 的推论知 p_1，p_2，p_3 线性无关，即矩阵 A 有 3 个线性无关的特征向量，再由定理 4 知矩阵 A 可对角化。

令

$$P = (p_1, p_2, p_3) = \begin{pmatrix} 1 & 0 & 0.4 \\ 0.2 & 1 & 0 \\ 1 & 0 & 1 \end{pmatrix}$$

有 $P^{-1}AP = \Lambda$，其中

$$\Lambda = \begin{pmatrix} 1 & 0 & 0 \\ 0 & -2 & 0 \\ 0 & 0 & -2 \end{pmatrix}$$

验证：

$$P^{-1} = \begin{pmatrix} 1.67 & 0 & -0.7 \\ -0.3 & 1 & 0.13 \\ -1.7 & 0 & 1.67 \end{pmatrix} \quad P^{-1}A = \begin{pmatrix} 1.67 & 0 & -0.7 \\ 0.67 & -2 & -0.3 \\ 3.33 & 0 & -3.3 \end{pmatrix}$$

$$P^{-1}AP = \begin{pmatrix} 1 & 0 & 0 \\ 0 & -2 & 0 \\ 0 & 0 & -2 \end{pmatrix} = \Lambda$$

记 分 作 业

注：先清空黄色单元格然后填写相应的答案。

记分作业 5-9

已知矩阵 $A = \begin{pmatrix} 15 & 0 & 0 \\ 0 & 0 & 1 \\ 0 & 1 & x \end{pmatrix}$ 与 $B = \begin{pmatrix} 15 & 0 & 0 \\ 0 & y & 0 \\ 0 & 0 & -1 \end{pmatrix}$ 相似，

则 $x = $ 0 ， $y = $ 0

记分作业 5-10

若 4 阶矩阵 A 和 B 相似，矩阵 A 的特征值为 0.1 ，0.3333 ， -0.25 ， -0.167 ，则行列式 $|B^{-1} - E| = $ 0

记分作业 5-11

设 4 阶矩阵

$$A = \begin{pmatrix} 1 & -3 & 0 & -3 \\ 3 & -8 & 3 & -6 \\ 5 & -15 & -1 & -16 \\ 5 & -15 & 0 & -14 \end{pmatrix} \quad B = \begin{pmatrix} 1 & -1 & -2 & 2 \\ -1 & 2 & 0 & -1 \\ 1 & 0 & 2 & 0 \\ -2 & 2 & 2 & -2 \end{pmatrix}$$

证明 A B 与 B A 相似。

证明：

因 $A^{-1} = \begin{pmatrix} 0 & 0 & 0 & 0 \\ 0 & 0 & 0 & 0 \\ 0 & 0 & 0 & 0 \\ 0 & 0 & 0 & 0 \end{pmatrix}$

则

0 A B 0 = B A

即 A B 与 B A 相似。

记分作业 5-12

设 3 阶矩阵

$$A = \begin{pmatrix} -25 & 4 & 6 \\ -48 & 7 & 12 \\ -72 & 12 & 17 \end{pmatrix}$$

则				0	0	0		
	A^{2015}	=		0	0	0		
				0	0	0		

5.4　对称矩阵的对角化

对称矩阵的特征值为实数。$A^T = A$，特征值 $\lambda_1 \neq \lambda_2$，特征向量依次为 p_1，p_2，则 $p_1 \perp p_2$。

设 A 为对称矩阵，则必有正交矩阵 Q，使得 $Q^T A Q = \Lambda$。

课堂练习 5 - 4

设	矩	阵	A	=	0	1	-1								
					1	0	-1								
					-1	-1	0								
求	一	个	正	交	矩	阵	P	，	使	P^{-1}	A	P	=	Λ	为	对	角	阵。
解	:	A	的	特	征	多	项	式	为						
					$-\lambda$	1	-1		$-1-\lambda$	$1+\lambda$	0			
	A	$-\lambda E$	=		1	$-\lambda$	-1	=	1	$-\lambda$	-1			
					-1	-1	$-\lambda$		-1	-1	$-\lambda$			
			=		$-1-\lambda$	0	0							
					1	$1-\lambda$	-1							
					-1	-2	$-\lambda$							
			=	$(-1-\lambda)$		$1-\lambda$	-1							
						-2	$-\lambda$							
			=	$(2-\lambda)$	$(-1-\lambda)^2$									

所以 A 的特征值为 $\lambda_1 = 2$，$\lambda_2 = \lambda_3 = -1$

当 $\lambda_1 = 2$ 时，解方程 $(A - 2E)x = 0$，由

A	-	2	E	=	-2	1	-1		1	-1	0.5		1	-1	0.5		1	-1	0.5
					1	-2	-1	~	1	-2	-1	~	0	-2	-2	~	0	-2	-2
					-1	-1	-2		-1	-1	-2		0	-2	-2		0	0	0

$$\sim \begin{pmatrix} 1 & -1 & 0.5 \\ 0 & 1 & 1 \\ 0 & 0 & 0 \end{pmatrix} \sim \begin{pmatrix} 1 & 0 & 1 \\ 0 & 1 & 1 \\ 0 & 0 & 0 \end{pmatrix}$$

得基础解系

$$\xi_1 = \begin{pmatrix} -1 \\ -1 \\ 1 \end{pmatrix}$$

将 ξ_1 单位化，得 $p_1 = \begin{pmatrix} -0.577 \\ -0.577 \\ 0.5774 \end{pmatrix}$

当 $\lambda_2 = \lambda_3 = -1$ 时，解方程 $(A + 1E)x = 0$

由

$$A + 1E = \begin{pmatrix} 1 & 1 & -1 \\ 1 & 1 & -1 \\ -1 & -1 & 1 \end{pmatrix} \sim \begin{pmatrix} 1 & 1 & -1 \\ 0 & 0 & 0 \\ 0 & 0 & 0 \end{pmatrix} \sim \begin{pmatrix} 1 & 1 & -1 \\ 0 & 0 & 0 \\ 0 & 0 & 0 \end{pmatrix}$$

得基础解系

$$\xi_2 = \begin{pmatrix} -1 \\ 1 \\ 0 \end{pmatrix}, \quad \xi_3 = \begin{pmatrix} 1 \\ 0 \\ 1 \end{pmatrix}$$

将 ξ_2，ξ_3 正交化：取 $\eta_2 = \xi_2$，

$$\eta_3 = \xi_3 - \frac{[\xi_2, \xi_3]}{[\xi_2, \eta_2]} \eta_2$$

$$= \begin{pmatrix} 1 \\ 0 \\ 1 \end{pmatrix} - 0.5 \begin{pmatrix} -1 \\ 1 \\ 0 \end{pmatrix} = \begin{pmatrix} 0.5 \\ 0.5 \\ 1 \end{pmatrix}$$

再将 η_2，η_3 单位化，得 $p_2 = \begin{pmatrix} -0.707 \\ 0.7071 \\ 0 \end{pmatrix}$，$p_3 = \begin{pmatrix} 0.4082 \\ 0.4082 \\ 0.8165 \end{pmatrix}$

将 p_1，p_2，p_3 构成正交矩阵

$$P = (p_1, p_2, p_3) = \begin{pmatrix} -0.577 & -0.707 & 0.4082 \\ -0.577 & 0.7071 & 0.4082 \\ 0.5774 & 0 & 0.8165 \end{pmatrix}$$

有 $P^{-1}AP = P^{T}AP = \Lambda = \begin{pmatrix} 2 & 0 & 0 \\ 0 & -1 & 0 \\ 0 & 0 & -1 \end{pmatrix}$

验证：

$$P = \begin{pmatrix} -1 & -1 & 0.4 \\ -1 & 0.7 & 0.4 \\ 0.6 & 0 & 0.8 \end{pmatrix} \quad P^{-1} = \begin{pmatrix} -1 & -1 & 0.6 \\ -1 & 0.7 & 0 \\ 0.4 & 0.4 & 0.8 \end{pmatrix} \quad P^{T} = \begin{pmatrix} -1 & -1 & 0.6 \\ -1 & 0.7 & 0 \\ 0.4 & 0.4 & 0.8 \end{pmatrix}$$

即 $P^{-1} = P^{T}$，所以 P 是正交矩阵。

$$P^{-1}A = \begin{pmatrix} -1 & -1 & 1.2 \\ 0.7 & -1 & 0 \\ -0 & -0 & -1 \end{pmatrix},$$

$$P^{-1}AP = \begin{pmatrix} 2 & 0 & 0 \\ 0 & -1 & 0 \\ 0 & 0 & -1 \end{pmatrix} = \Lambda$$

见1 游戏 5 −4

设 $A = \begin{pmatrix} 2 & -1 \\ -1 & 2 \end{pmatrix}$，求 A^{14}

解：因 A 对称，故 A 可对角化，即有可逆矩阵 P 及对角阵 Λ，使 $P^{-1}AP = \Lambda$，于是 $A = P\Lambda P^{-1}$，从而 $A^{14} = P\Lambda^{14}P^{-1}$。

由 $A - \lambda E = \begin{vmatrix} 2 - \lambda & -1 \\ -1 & 2 - \lambda \end{vmatrix}$

$= (1 - \lambda)(3 - \lambda)$

得 A 的特征值 $\lambda_1 = 1$，$\lambda_2 = 3$，于是

$$\Lambda = \begin{pmatrix} 1 & \\ & 3 \end{pmatrix}, \quad \Lambda^{14} = \begin{pmatrix} 1 & \\ & 4782969 \end{pmatrix}$$

对应 $\lambda_1 = 1$,		
由 $A - 1E = \begin{pmatrix} 1 & -1 \\ -1 & 1 \end{pmatrix} \sim \begin{pmatrix} 1 & -1 \\ 0 & 0 \end{pmatrix}$, 得 $\xi_1 = \begin{pmatrix} 1 \\ 1 \end{pmatrix}$		
对应 $\lambda_2 = 3$,		
由 $A - 3E = \begin{pmatrix} -1 & -1 \\ -1 & -1 \end{pmatrix} \sim \begin{pmatrix} 1 & 1 \\ 0 & 0 \end{pmatrix}$, 得 $\xi_2 = \begin{pmatrix} -1 \\ 1 \end{pmatrix}$		
有 $P = (\xi_1, \xi_2) = \begin{pmatrix} 1 & -1 \\ 1 & 1 \end{pmatrix}$, 再求 $P^{-1} = \begin{pmatrix} 0.5 & 0.5 \\ -1 & 0.5 \end{pmatrix}$		
则 $A^{14} = P \Lambda^{14} P^{-1} = \begin{pmatrix} 2391485 & -2391484 \\ -2391484 & 2391485 \end{pmatrix}$		

记 分 作 业

注：先清空黄色单元格然后填写相应的答案。

记分作业 5－13

设矩阵 $\begin{pmatrix} 1 & a & 1 \\ a & 5 & b \\ 1 & b & 1 \end{pmatrix}$ 相似于对角矩阵 $\begin{pmatrix} 0 & 0 & 0 \\ 0 & 5 & 0 \\ 0 & 0 & 2 \end{pmatrix}$ ，求 a 和 b。

解：设 $A = \begin{pmatrix} 1 & a & 1 \\ a & 5 & b \\ 1 & b & 1 \end{pmatrix}$ ，则 A 的所有的特征值为 0 、0

和 0 。由 $0E - A = 0$ ，即 $A = 0$ ，

而 $A = \begin{vmatrix} 1 & a & 1 \\ a & 5 & b \\ 1 & b & 1 \end{vmatrix} = \begin{vmatrix} 1 & a & 1 \\ a & 5 & b \\ 0 & 0 & 0 \end{vmatrix} = 0(b-a)^2$

所以 $a - b = 0$

由 $0E - A = 0$ ，即

0	0	0		0	-a	0		0	-a	0	
0	0	0	=	-a	0	-a	=	-a	0	0	= 0 a^2 = 0
0	0	0		0	-a	0		0	-a	0	

所以 $a = 0$, $b = 0$

记分作业 5－14

设 3 阶对称矩阵 A 的特征值为 $\lambda_1 = 1$，$\lambda_2 = -1$，$\lambda_3 = 0$，对应 λ_1，λ_2 的特征向量依次为

$$p_1 = (1, 0, 1)^T, \quad p_2 = (5, 1, -5)^T$$

求 A。

解：

因 A 对称，由定理 5，有正交阵

$$Q = \begin{bmatrix} q_1 & q_2 & q_3 \end{bmatrix}, \text{ 使 } Q^{-1} A Q = Q^T A Q = \begin{bmatrix} 0 & & \\ & 0 & \\ & & 0 \end{bmatrix}$$

显然 q_1，q_2 可依次取为 p_1，p_2 的单位化向量，即

$$q_1 = \begin{bmatrix} 0 \\ 0 \\ 0 \end{bmatrix}, \quad q_2 = \begin{bmatrix} 0 \\ 0 \\ 0 \end{bmatrix}$$

q_3 与 q_1，q_2 正交，于是 q_3 可取为方程

$$\begin{bmatrix} 1 & 0 & 1 \\ 5 & 1 & -5 \end{bmatrix} \begin{bmatrix} x_1 \\ x_2 \\ x_3 \end{bmatrix} = 0$$

的单位解向量，由

$$\begin{bmatrix} 1 & 0 & 1 \\ 5 & 1 & -5 \end{bmatrix} \sim \begin{bmatrix} 1 & 0 & 0 \\ 0 & 0 & 0 \end{bmatrix} \sim \begin{bmatrix} 1 & 0 & 0 \\ 0 & 0 & 0 \end{bmatrix} \sim \begin{bmatrix} 1 & 0 & 0 \\ 0 & 0 & 0 \end{bmatrix}$$

即

$$q_3 = \begin{bmatrix} 0 \\ 0 \\ 0 \end{bmatrix}, \quad Q = \begin{bmatrix} 0 & 0 & 0 \\ 0 & 0 & 0 \\ 0 & 0 & 0 \end{bmatrix}$$

则

$$A = Q \begin{bmatrix} 0 & & \\ & 0 & \\ & & 0 \end{bmatrix} Q^T$$

$$= \begin{bmatrix} 0 & 0 & 0 \\ 0 & 0 & 0 \\ 0 & 0 & 0 \end{bmatrix} \begin{bmatrix} 0 & 0 & 0 \\ & & \\ 0 & 0 & 0 \end{bmatrix} \begin{bmatrix} 0 & 0 & 0 \\ 0 & 0 & 0 \\ 0 & 0 & 0 \end{bmatrix} = \begin{bmatrix} 0 & 0 & 0 \\ 0 & 0 & 0 \\ 0 & 0 & 0 \end{bmatrix}$$

验证：

$$A p_1 = \begin{bmatrix} 0 \\ 0 \\ 0 \end{bmatrix}, \quad \lambda_1 p_1 = \begin{bmatrix} 0 \\ 0 \\ 0 \end{bmatrix}, \text{ 即 } A p_1 = \lambda_1 p_1$$

$$A p_2 = \begin{bmatrix} 0 \\ 0 \\ 0 \end{bmatrix}, \quad \lambda_2 p_2 = \begin{bmatrix} 0 \\ 0 \\ 0 \end{bmatrix}, \text{ 即 } A p_2 = \lambda_2 p_2$$

记分作业 5－15

设 3 阶对称矩阵 A 的特征值为 $\lambda_1 = 6$，$\lambda_2 = \lambda_3 = 3$，与特征值 $\lambda_1 = 6$ 对应的特征向量为

$$p_1 = (1, 2, 6)^T$$

求 A。

解：

(1) 求 A 的对应于特征值 $\lambda_2 = \lambda_3 = 3$ 的两个线性无关的特征向量 p_2，p_3，由性质 2 知，p_1 与 p_2，p_3 都正交，即 p_2，p_3 为方程

$$\begin{bmatrix} 1 & 2 & 6 \end{bmatrix} \begin{bmatrix} x_1 \\ x_2 \\ x_3 \end{bmatrix} = 0$$

的一个基础解系，

$$p_2 = \begin{bmatrix} 0 \\ 0 \\ 0 \end{bmatrix}, \quad p_3 = \begin{bmatrix} 0 \\ 0 \\ 0 \end{bmatrix}$$

(2) 把向量组 p_2，p_3 用施密特正交化，得

$$P_2 = p_2, \quad P_3 = p_3 - \frac{[p_3, P_2]}{[P_2, P_2]} P_2 = \begin{bmatrix} 0 \\ 0 \\ 0 \end{bmatrix}$$

(3) 将 p_1，P_2，P_3 单位化后记为 q_1，q_2，q_3，则

$$q_1 = \begin{bmatrix} 0 \\ 0 \\ 0 \end{bmatrix}, \quad q_2 = \begin{bmatrix} 0 \\ 0 \\ 0 \end{bmatrix}, \quad q_3 = \begin{bmatrix} 0 \\ 0 \\ 0 \end{bmatrix}$$

令 $Q = \begin{bmatrix} q_1 & q_2 & q_3 \end{bmatrix}$

则

$$A = Q \begin{bmatrix} 0 & 0 & 0 \\ 0 & 0 & 0 \\ 0 & 0 & 0 \end{bmatrix} Q^T$$

$$= \begin{bmatrix} 0 & 0 & 0 \\ 0 & 0 & 0 \\ 0 & 0 & 0 \end{bmatrix} \begin{bmatrix} 0 & 0 & 0 \\ 0 & 0 & 0 \\ 0 & 0 & 0 \end{bmatrix} \begin{bmatrix} 0 & 0 & 0 \\ 0 & 0 & 0 \\ 0 & 0 & 0 \end{bmatrix} = \begin{bmatrix} 0 & 0 & 0 \\ 0 & 0 & 0 \\ 0 & 0 & 0 \end{bmatrix}$$

验证：

$$A q_1 = \begin{bmatrix} 0 \\ 0 \\ 0 \end{bmatrix}, \quad \lambda_1 q_1 = \begin{bmatrix} 0 \\ 0 \\ 0 \end{bmatrix}, \quad 即\ A q_1\ 0\ \lambda_1 q_1$$

$$A q_2 = \begin{bmatrix} 0 \\ 0 \\ 0 \end{bmatrix}, \quad \lambda_2 q_2 = \begin{bmatrix} 0 \\ 0 \\ 0 \end{bmatrix}, \quad 即\ A q_2\ 0\ \lambda_2 q_2$$

$$A q_3 = \begin{bmatrix} 0 \\ 0 \\ 0 \end{bmatrix}, \quad \lambda_3 q_3 = \begin{bmatrix} 0 \\ 0 \\ 0 \end{bmatrix}, \quad 即\ A q_3\ 0\ \lambda_3 q_3$$

记分作业 5-16

设 $A = \begin{bmatrix} 2 & -1 \\ -1 & 2 \end{bmatrix}$，求 $\Phi(A) = A^{14} - 3A^{13}$

解：A 的特征值为 $\lambda_1 = 0$，$\lambda_2 = 0$。

对应 $\lambda_1 = 0$：

解方程 $(A - 0E)x = 0$，由

$$A - 0E = \begin{bmatrix} 0 & 0 \\ 0 & 0 \end{bmatrix} \sim \begin{bmatrix} 1 & 0 \\ 0 & 0 \end{bmatrix}$$

得单位特征向量 $p_1 = \begin{bmatrix} 0 \\ 0 \end{bmatrix}$

对应 $\lambda_1 = 0$：

解方程 $(A - 0E)x = 0$，由

$$A - 0E = \begin{bmatrix} 0 & 0 \\ 0 & 0 \end{bmatrix} \sim \begin{bmatrix} 1 & 0 \\ 0 & 0 \end{bmatrix}$$

得单位特征向量 $p_2 = \begin{bmatrix} 0 \\ 0 \end{bmatrix}$

令

$$P = p_1\ p_2 = \begin{bmatrix} 0 & 0 \\ 0 & 0 \end{bmatrix}，则\ P\ 是正交矩阵，且有$$

$$P^{-1} A P = P^T A P = \begin{bmatrix} 0 & 0 \\ 0 & 0 \end{bmatrix} = \Lambda$$

则 $A = P \Lambda P^T$，于是有 $\Phi(A) = P \Phi(\Lambda) P^T$

$$= \begin{bmatrix} 0 & 0 \\ 0 & 0 \end{bmatrix}\begin{bmatrix} 0 & 0 \\ 0 & 0 \end{bmatrix}\begin{bmatrix} 0 & 0 \\ 0 & 0 \end{bmatrix} = \begin{bmatrix} 0 & 0 \\ 0 & 0 \end{bmatrix}$$

5.5 二次型及其标准形

若二次型 f 的矩阵 A 为对角矩阵，称此二次型 f 为标准形。

关于二次型，我们讨论的主要问题是：找可逆线性变换 $x = Cy$，即：

$$\begin{pmatrix} x_1 \\ x_2 \\ \vdots \\ x_n \end{pmatrix} = \begin{pmatrix} c_{11} & c_{12} & \cdots & c_{1n} \\ c_{21} & c_{22} & \cdots & c_{2n} \\ \vdots & \vdots & \vdots & \vdots \\ c_{n1} & c_{n2} & \cdots & c_{nn} \end{pmatrix} \begin{pmatrix} y_1 \\ y_2 \\ \vdots \\ y_n \end{pmatrix} \quad (|C| \neq 0)$$

使得 $\quad f(x_1, x_2, \cdots, x_n) = d_1 y_1^2 + d_2 y_2^2 + \cdots + d_n y_n^2$

将二次型 $f(x_1, x_2, \cdots, x_n)$ 的标准形写为矩阵形式：

$$f = y^{\mathrm{T}} Dy, D = \begin{pmatrix} d_1 & & \\ & \ddots & \\ & & d_n \end{pmatrix}$$

$$f = x^{\mathrm{T}} Ax = (Cy)^{\mathrm{T}} A(Cy) = y^{\mathrm{T}} (C^{\mathrm{T}} AC) y$$

或者说二次型中的主要问题是，对实对称矩阵 A，找可逆矩阵 C，使得 $C^{\mathrm{T}} AC = D$。

任意给二次型 $f = x^{\mathrm{T}} Ax$，总有正交变换 $x = Py$，使 f 化为标准形：
$$f = \lambda_1 y_1^2 + \lambda_2 y_2^2 + \cdots + \lambda_n y_n^2$$

式中，$\lambda_1, \lambda_2, \cdots, \lambda_n$ 是二次型矩阵 A 的特征值。

课堂练习 5−5

用	矩	阵	记	号	表	示	二	次	型	:		
		f	=	x^2	+	2	xy	+	12	y^2	+	2 xz + z^2 + 2 yz
解	:						$\begin{pmatrix} 1 & 1 & 1 \\ & & \\ & & \end{pmatrix}$			$\begin{pmatrix} x \\ \\ \end{pmatrix}$		
		f	=	$[x$	y	$z]$	$\begin{pmatrix} & & \\ 1 & 6 & 1 \\ & & \end{pmatrix}$			$\begin{pmatrix} \\ y \\ \end{pmatrix}$		
							$\begin{pmatrix} & & \\ & & \\ 1 & 1 & 1 \end{pmatrix}$			$\begin{pmatrix} \\ \\ z \end{pmatrix}$		

见1游戏 5−5

求	一	个	正	交	变	换	x	=	P	y	,	把	二	次	型
			f	=	2	x_1	x_2	−		$2 x_1$	x_3	−		2 x_2	x_3
化	为	标	准	形	。										

解：二次型的矩阵为

$$A = \begin{pmatrix} 0 & 1 & -1 \\ 1 & 0 & -1 \\ -1 & -1 & 0 \end{pmatrix}$$

A 的特征多项式为：

$$|A - \lambda E| = \begin{vmatrix} -\lambda & 1 & -1 \\ 1 & -\lambda & -1 \\ -1 & -1 & -\lambda \end{vmatrix} = \begin{vmatrix} -1-\lambda & 1+\lambda & 0 \\ 1 & -\lambda & -1 \\ -1 & -1 & -\lambda \end{vmatrix}$$

$$= \begin{vmatrix} -1-\lambda & 0 & 0 \\ 1 & 1-\lambda & -1 \\ -1 & -2 & -\lambda \end{vmatrix}$$

$$= (-1-\lambda) \begin{vmatrix} 1-\lambda & -1 \\ -2 & -\lambda \end{vmatrix}$$

$$= (2-\lambda)(-1-\lambda)^2$$

所以 A 的特征值为 $\lambda_1 = 2$，$\lambda_2 = \lambda_3 = -1$

当 $\lambda_1 = 2$ 时，解方程 $(A - 2E)x = 0$，由

$$A - 2E = \begin{pmatrix} -2 & 1 & -1 \\ 1 & -2 & -1 \\ -1 & -1 & -2 \end{pmatrix} \sim \begin{pmatrix} 1 & -1 & 0.5 \\ 1 & -2 & -1 \\ -1 & -1 & -2 \end{pmatrix} \sim \begin{pmatrix} 1 & -1 & 0.5 \\ 0 & 3 & 3 \\ 0 & 3 & 3 \end{pmatrix} \sim \begin{pmatrix} 1 & -1 & 0.5 \\ 0 & 3 & 3 \\ 0 & 0 & 0 \end{pmatrix}$$

$$\sim \begin{pmatrix} 1 & -1 & 0.5 \\ 0 & 1 & 1 \\ 0 & 0 & 0 \end{pmatrix} \sim \begin{pmatrix} 1 & 0 & 1 \\ 0 & 1 & 1 \\ 0 & 0 & 0 \end{pmatrix}$$

得基础解系

$$\xi_1 = \begin{pmatrix} -1 \\ -1 \\ 1 \end{pmatrix}$$

将 ξ_1 单位化，得 $p_1 = \begin{pmatrix} -0.577 \\ -0.577 \\ 0.5774 \end{pmatrix}$

当 $\lambda_2 = \lambda_3 = -1$ 时，解方程 $(A + 1E)x = 0$ 由

$$A + 1E = \begin{pmatrix} 1 & 1 & -1 \\ 1 & 1 & -1 \\ -1 & -1 & 1 \end{pmatrix} \sim \begin{pmatrix} 1 & 1 & -1 \\ 0 & 0 & 0 \\ 0 & 0 & 0 \end{pmatrix} \sim \begin{pmatrix} 1 & 1 & -1 \\ 0 & 0 & 0 \\ 0 & 0 & 0 \end{pmatrix}$$

得基础解系

$$\xi_2 = \begin{bmatrix} -1 \\ 1 \\ 0 \end{bmatrix}, \quad \xi_3 = \begin{bmatrix} 1 \\ 0 \\ 1 \end{bmatrix}$$

将 ξ_2，ξ_3 正交化：取 $\eta_2 = \xi_2$，

$$\eta_3 = \xi_3 - \frac{[\eta_2, \xi_3]}{[\eta_2, \eta_2]}\eta_2$$

$$= \begin{bmatrix} 1 \\ 0 \\ 1 \end{bmatrix} - 0.5 \begin{bmatrix} -1 \\ 1 \\ 0 \end{bmatrix} = \begin{bmatrix} 0.5 \\ 0.5 \\ 1 \end{bmatrix}$$

再将 η_2，η_3 单位化，得 $p_2 = \begin{bmatrix} -0.707 \\ 0.7071 \\ 0 \end{bmatrix}$，$p_3 = \begin{bmatrix} 0.4082 \\ 0.4082 \\ 0.8165 \end{bmatrix}$

将 p_1，p_2，p_3 构成正交矩阵

$$P = (\; p_1, \quad p_2, \quad p_3\;) = \begin{bmatrix} -0.577 & -0.707 & 0.4082 \\ -0.577 & 0.7071 & 0.4082 \\ 0.5774 & 0 & 0.8165 \end{bmatrix}$$

有 $P^{-1}AP = P^{T}AP = \Lambda = \begin{bmatrix} 2 & 0 & 0 \\ 0 & -1 & 0 \\ 0 & 0 & -1 \end{bmatrix}$

则 $y = P^{-1}x$，即 $\begin{bmatrix} y_1 \\ y_2 \\ y_3 \end{bmatrix} = \begin{bmatrix} -1 & -1 & 0.6 \\ -1 & 0.7 & 0 \\ 0.4 & 0.4 & 0.8 \end{bmatrix}\begin{bmatrix} x_1 \\ x_2 \\ x_3 \end{bmatrix}$

把二次型 f 化为标准形：

$$f = 2y_1^2 - 1y_2^2 - 1y_3^2$$

如果要把二次型 f 化为规范形，只需令

$$y_1 = 0.7071 z_1$$
$$y_2 = 1 z_2$$
$$y_3 = 1 z_3$$

即得二次型 f 的规范形

$$f = z_1^2 - z_2^2 - z_3^2$$

记 分 作 业

注：先清空黄色单元格然后填写相应的答案。

记分作业 5 –17

写出下列二次型的矩阵：

$$(1) \quad f(x) = x^T \begin{pmatrix} -9 & 8 \\ 6 & -2 \end{pmatrix} x$$

$$(2) \quad f(x) = x^T \begin{pmatrix} -3 & 4 & -8 \\ 0 & 6 & -5 \\ -6 & -7 & -2 \end{pmatrix} x$$

解：

(1) 二次型的矩阵 $= \begin{pmatrix} 0 & 0 \\ 0 & 0 \end{pmatrix}$

(2) 二次型的矩阵 $= \begin{pmatrix} 0 & 0 & 0 \\ 0 & 0 & 0 \\ 0 & 0 & 0 \end{pmatrix}$

记分作业 5 –18

下列矩阵中，与矩阵

$$A = \begin{pmatrix} 25 & 24 & 0 \\ 24 & 25 & 0 \\ 0 & 0 & -15 \end{pmatrix}$$

合同的矩阵是哪一个？

$$(1): \begin{pmatrix} 1 & 0 & 0 \\ 0 & 1 & 0 \\ 0 & 0 & 1 \end{pmatrix}, \quad (2): \begin{pmatrix} 1 & 0 & 0 \\ 0 & 1 & 0 \\ 0 & 0 & -1 \end{pmatrix},$$

$$(3): \begin{pmatrix} 1 & 0 & 0 \\ 0 & -1 & 0 \\ 0 & 0 & -1 \end{pmatrix}, \quad (4): \begin{pmatrix} -1 & 0 & 0 \\ 0 & -1 & 0 \\ 0 & 0 & -1 \end{pmatrix},$$

与矩阵 A 合同的矩阵是（ 0 ）。

记分作业 5－19

求一个正交变换化二次型成标准形：

$$f = 4x_1^2 + 9x_2^2 + 9x_3^2 + 16x_2x_3$$

解：

二次型矩阵为 $A = \begin{pmatrix} 0 & 0 & 0 \\ 0 & 0 & 0 \\ 0 & 0 & 0 \end{pmatrix}$

则 A 的特征值从小到大为 $\lambda_1 = 0$，$\lambda_2 = 0$，$\lambda_3 = 0$，

当 $\lambda_1 = 0$ 时，解方程 $(A - 0E)x = 0$，由

$$A - 0E = \begin{pmatrix} 0 & 0 & 0 \\ 0 & 0 & 0 \\ 0 & 0 & 0 \end{pmatrix} \sim \begin{pmatrix} 1 & 0 & 0 \\ 0 & 1 & 0 \\ 0 & 0 & 0 \end{pmatrix}$$

得基础解系

$$\xi_1 = \begin{pmatrix} 0 \\ 0 \\ 0 \end{pmatrix}，\quad 单位化后记成 \quad p_1 = \begin{pmatrix} 0 \\ 0 \\ 0 \end{pmatrix}$$

当 $\lambda_2 = 0$ 时，解方程 $(A - 0E)x = 0$，由

$$A - 0E = \begin{pmatrix} 0 & 0 & 0 \\ 0 & 0 & 0 \\ 0 & 0 & 0 \end{pmatrix} \sim \begin{pmatrix} 0 & 0 & 0 \\ 0 & 1 & 0 \\ 0 & 0 & 0 \end{pmatrix}$$

得基础解系

$$p_2 = \begin{pmatrix} 0 \\ 0 \\ 0 \end{pmatrix}$$

当 $\lambda_3 = 0$ 时，解方程 $(A - 0E)x = 0$，由

$$A - 0E = \begin{pmatrix} 0 & 0 & 0 \\ 0 & 0 & 0 \\ 0 & 0 & 0 \end{pmatrix} \sim \begin{pmatrix} 1 & 0 & 0 \\ 0 & 1 & 0 \\ 0 & 0 & 0 \end{pmatrix}$$

得基础解系

$$\xi_3 = \begin{pmatrix} 0 \\ 0 \\ 0 \end{pmatrix},\ 单位化后记成\ p_3 = \begin{pmatrix} 0 \\ 0 \\ 0 \end{pmatrix}$$

令 $P = (\ p_1,\ p_2,\ p_3\ ) = \begin{pmatrix} 0 & 0 & 0 \\ 0 & 0 & 0 \\ 0 & 0 & 0 \end{pmatrix}$

则 P 是正交矩阵，再作正交变换 $x = Py$，

即 $\begin{pmatrix} x_1 \\ x_2 \\ x_3 \end{pmatrix} = \begin{pmatrix} 0 & 0 & 0 \\ 0 & 0 & 0 \\ 0 & 0 & 0 \end{pmatrix} \begin{pmatrix} y_1 \\ y_2 \\ y_3 \end{pmatrix}$

便把 f 化为标准形：

$$f = y_1^2 + 0\ y_2^2 + 0\ y_3^2$$

记分作业 5-20

求一个正交变换把二次曲面的方程

$$-4x^2 + 4y^2 + 6z^2 + 2xy - 6xz + 2yz = 1$$

化成标准方程。

解：记二次曲面为 $f = 1$，则 f 为二次型，它的矩阵为

$$A = \begin{pmatrix} -4 & 1 & -3 \\ 1 & 4 & 1 \\ -3 & 1 & 6 \end{pmatrix}$$

则 A 的特征值从小到大为 $\lambda_1 = 0$，$\lambda_2 = 0$

$\lambda_3 = 0$，

当 $\lambda_1 = 0$ 时，解方程 $(A + 0E)x = 0$，

由

$$A + 0E = \begin{pmatrix} 0 & 0 & 0 \\ 0 & 0 & 0 \\ 0 & 0 & 0 \end{pmatrix}$$

得基础解系

$$\xi_1 = \begin{pmatrix} 0 \\ 0 \\ 0 \end{pmatrix},\ 单位化后记成\ p_1 = \begin{pmatrix} 0 \\ 0 \\ 0 \end{pmatrix}$$

当 $\lambda_2 = 0$ 时，解方程 $(A + 0E)x = 0$，由

$$A + 0E = \begin{pmatrix} 0 & 0 & 0 \\ 0 & 0 & 0 \\ 0 & 0 & 0 \end{pmatrix}$$

得基础解系

$$\xi_2 = \begin{pmatrix} 0 \\ 0 \\ 0 \end{pmatrix}, \text{单位化后记成 } p_2 = \begin{pmatrix} 0 \\ 0 \\ 0 \end{pmatrix}$$

当 $\lambda_3 = 0$ 时，解方程 $(A + 0E)x = 0$，由

$$A + 0E = \begin{pmatrix} 0 & 0 & 0 \\ 0 & 0 & 0 \\ 0 & 0 & 0 \end{pmatrix}$$

得基础解系

$$\xi_3 = \begin{pmatrix} 0 \\ 0 \\ 0 \end{pmatrix}, \text{单位化后记成 } p_3 = \begin{pmatrix} 0 \\ 0 \\ 0 \end{pmatrix}$$

令 $P = (p_1, p_2, p_3) = \begin{pmatrix} 0 & 0 & 0 \\ 0 & 0 & 0 \\ 0 & 0 & 0 \end{pmatrix}$

则 P 是正交矩阵，再作正交变换 $x = Py$，

即 $\begin{pmatrix} x \\ y \\ z \end{pmatrix} = \begin{pmatrix} 0 & 0 & 0 \\ 0 & 0 & 0 \\ 0 & 0 & 0 \end{pmatrix} \begin{pmatrix} u \\ v \\ w \end{pmatrix}$

为所求，在此变换下，二次曲面的方程化成标准方程：

$$0u^2 + 0v^2 + 0v^2 = 1$$

5.6　用配方法化二次型成标准形

　　将一个二次型化为标准形，可以用正交变换法，也可以用拉格朗日配方法，或者其他方法，这取决于问题的要求。如果要求找出一个正交矩阵，无疑应使用正交变换法；如果只需要找出一个可逆的线性变换，那么各种方法都可以使用。正交变换法的好处是有固定的步骤，可以按部就班一步一步地求解，但计算量通常较大；如果二次型中变量个数较少，使用拉格朗日配方法反而比较简单。需要注意的是，使用不同的方法，所得到的标准形可能不相同，但标准形中含有的项数必定相同，项数等于所给二次型的秩。

课堂练习 5−6

化二次型
$$f = x_1^2 + 2x_2^2 + 5x_3^2 + 2x_1x_2 + 4x_1x_3 + 6x_2x_3$$
成标准形，并求所用的变换矩阵。

解：

$$f = x_1^2 + 2x_1x_2 + 4x_1x_3 + 2x_2^2 + 5x_3^2 + 6x_2x_3$$

$$= (x_1 + 1x_2 + 2x_3)^2 - 1x_2^2 - 4x_3^2 - 4x_2x_3 + 2x_2^2 + 5x_3^2 + 6x_2x_3$$

$$= (x_1 + 1x_2 + 2x_3)^2 + (x_2 + 1x_3)^2$$

令
$$\begin{cases} y_1 = x_1 + 1x_2 + 2x_3 \\ y_2 = \quad\quad x_2 + 1x_3 \\ y_3 = \quad\quad\quad\quad x_3 \end{cases}$$

即
$$\begin{cases} x_1 = y_1 - 1y_2 - 1y_3 \\ x_2 = \quad\quad y_2 - 1y_3 \\ x_3 = \quad\quad\quad\quad y_3 \end{cases}$$

就把 f 化成标准形（规范形）$f = y_1^2 + y_2^2$，所用的变换矩阵为

$$C = \begin{pmatrix} 1 & -1 & -1 \\ 0 & 1 & -1 \\ 0 & 0 & 1 \end{pmatrix}$$

见1 游戏 5 - 6

化二次型

$$f = 2x_1x_2 + 6x_1x_3 - 2x_2x_3$$

成规范形，并求所用的变换矩阵。

解：在 f 中不含平方项，由于含 x_1x_2 乘积项，故令

$$\begin{cases} x_1 = y_1 + y_2 \\ x_2 = y_1 - y_2 \\ x_3 = y_3 \end{cases}$$

代入可得：

$$f = 2y_1^2 - 2y_2^2 + 4y_1y_3 + 8y_2y_3$$

再配方得，

$$f = 2(y_1 + 1 \cdot y_3)^2 - 2(y_2 - 2y_3)^2 + 6y_3^2$$

令

$$\begin{cases} z_1 = 1.4142(y_1 + 1 \cdot y_3) \\ z_2 = 1.4142(y_2 - 2y_3) \\ z_3 = 2.4495 y_3 \end{cases}$$

即

$$\begin{cases} y_1 = 0.7071 z_1 - 0.4082 z_3 \\ y_2 = 0.7071 z_2 + 0.8165 z_3 \\ y_3 = 0.4082 z_3 \end{cases}$$

就把 f 化成规范形：

$$f = z_1^2 - 1 \cdot z_2^2 + 1 \cdot z_3^2$$

所用的变换矩阵为

$$C = \begin{bmatrix} 0.7071 & 0.7071 & 0.4082 \\ 0.7071 & -0.707 & -1.225 \\ 0 & 0 & 0.4082 \end{bmatrix}$$

即

$$\begin{bmatrix} x_1 \\ x_2 \\ x_3 \end{bmatrix} = C \begin{bmatrix} z_1 \\ z_2 \\ z_3 \end{bmatrix}$$

记 分 作 业

注：先清空黄色单元格然后填写相应的答案。

记分作业 5 - 21

化二次型

$$f = x_1^2 + 11 x_2^2 + 6 x_1 x_2$$

成标准形，并求所用的变换矩阵。

解：因

$$f = (x_1 + \boxed{0} x_2)^2 + \boxed{0} x_2^2$$

令
$$\begin{cases} y_1 = x_1 + \boxed{0} x_2 \\ y_2 = \quad x_2 \end{cases}$$

即
$$\begin{cases} x_1 = y_1 - \boxed{0} y_2 \\ x_2 = \quad y_2 \end{cases}$$

就把 f 化成标准形：$f = y_1^2 + \boxed{0} y_2^2$，所用的变换矩阵为

$$C = \begin{bmatrix} \boxed{0} & \boxed{0} \\ \boxed{0} & \boxed{0} \end{bmatrix}$$

即
$$\begin{bmatrix} x_1 \\ x_2 \end{bmatrix} = C \begin{bmatrix} y_1 \\ y_2 \end{bmatrix}$$

记分作业 5 - 22

化二次型

$$f = 22 x_1 x_2$$

成规范形，并求所用的变换矩阵。

解：在 f 中不含平方项，由于含 $x_1 x_2$ 乘积项，故令

$$\begin{cases} x_1 = y_1 + y_2 \\ x_2 = y_1 - y_2 \end{cases}$$

再令
$$\begin{cases} z_1 = \boxed{0} y_1 \\ z_2 = \boxed{0} y_2 \end{cases}$$

就把 f 化成规范形：

$$f = z_1^2 + z_2^2$$

所用的变换矩阵为

$$C = \begin{bmatrix} \boxed{0} & \boxed{0} \\ \boxed{0} & \boxed{0} \end{bmatrix}$$

即
$$\begin{bmatrix} x_1 \\ x_2 \end{bmatrix} = C \begin{bmatrix} z_1 \\ z_2 \end{bmatrix}$$

记分作业 5-23

用配方法化二次型
$$f = x_1^2 + 4x_2^2 + 53x_3^2 + 2x_1x_2 - 14x_1x_3$$
成标准形，并求所用的变换矩阵。

解：

$$f = (x_1 + x_2 - 0\,x_3)^2 - x_2^2 - 0\,x_3^2 + 0\,x_2x_3 + 1\,x_2^2 + 1\,x_3^2$$

$$= (x_1 + x_2 - 0\,x_3)^2 + 0\,(x_2 + x_3)^2 - x_3^2$$

令 $\begin{cases} y_1 = x_1 + x_2 - 0\,x_3 \\ y_2 = \quad\quad x_2 + x_3 \\ y_3 = \quad\quad\quad\quad x_3 \end{cases}$

即 $\begin{cases} x_1 = y_1 - 0\,y_2 + 0\,y_3 \\ x_2 = \quad\quad y_2 - 0\,y_3 \\ x_3 = \quad\quad\quad\quad y_3 \end{cases}$

就把 f 化成标准形：$f = y_1^2 + 0\,y_2^2 - x_3^2$，所用的变换矩阵为

$$C = \begin{bmatrix} 0 & 0 & 0 \\ 0 & 0 & 0 \\ 0 & 0 & 0 \end{bmatrix}$$

记分作业 5-24

接上题

用配方法化二次型
$$f = x_1^2 + 4x_2^2 + 53x_3^2 + 2x_1x_2 - 14x_1x_3$$
成规范形，并求所用的变换矩阵。

解：

令 $\begin{cases} y_1 = x_1 + x_2 - 0\,x_3 \\ y_2 = \quad 0\,x_2 + 0\,x_3 \\ y_3 = \quad\quad\quad\quad x_3 \end{cases}$

即

$$\begin{cases} x_1 = y_1 - 0\ y_2 + 0\ y_3 \\ x_2 = \quad\ \ 0\ y_2 - 0\ y_3 \\ x_3 = \qquad\qquad\quad\ y_3 \end{cases}$$

就把 f 化成规范形：$f = y_1^2 + y_2^2 - x_3^2$，所用的变换矩阵为

$$C = \begin{pmatrix} 0 & 0 & 0 \\ 0 & 0 & 0 \\ 0 & 0 & 0 \end{pmatrix}$$

5.7 正定二次型

设二次型 $f = x^{\mathrm T}Ax$ 的秩为 r，有两个可逆变换：
$$x = Cy \quad 及 \quad x = Pz$$
使 $\qquad\qquad f = k_1 y_1^2 + k_2 y_2^2 + \cdots + k_n y_n^2 \quad (k_i \neq 0)$
及 $\qquad\qquad f = \lambda_1 z_1^2 + \lambda_2 z_2^2 + \cdots + \lambda_n z_n^2 \quad (\lambda_i \neq 0)$
则 $k_1，\cdots，k_r$ 中正数的个数与 $\lambda_1，\cdots，\lambda_r$ 中正数的个数相等。

$f = x^{\mathrm T}Ax$ 为正定二次型 $\Leftrightarrow f$ 的标准形中 $d_i > 0$（$i = 1，2，\cdots，n$）。

设 $A_{n \times n}$ 实对称，则 A 为正定矩阵 $\Leftrightarrow A$ 的特征值全为正数。

设 $A_{n \times n}$ 为实对称正定矩阵，则 $|A| > 0$。

设 $A_{n \times n}$ 实对称，则 A 为正定矩阵 $\Leftrightarrow A$ 的顺序主子式全为正数；A 为负定矩阵 $\Leftrightarrow A$ 的奇数阶顺序主子式全为负数，A 的偶数阶顺序主子式全为正数。

课堂练习 5 - 7

设	A	是	3	阶	对	称	阵	，	A	的	秩	R(A)	=	2	，	且	满	足	条	件

A⁷ - 10 A⁶ = **0**，$A^7 - 10 A^6 = \mathbf{0}$

则 A 的 3 个特征值为 $\lambda_1 = 0$，$\lambda_2 = \lambda_3 = 10$

若 $A^7 + k A^6$ 为正定矩阵，则 $k > 0$。

见 1 游戏 5 - 7

设 $A = \begin{pmatrix} 1 & a & 7 \\ a & 1 & 2 \\ 7 & 2 & 53 \end{pmatrix}$ 为正定矩阵，则 $0 < a < 0.5283$。

记 分 作 业

注：先清空黄色单元格然后填写相应的答案。

记分作业 5 −25

设	二	次	型	的	矩	阵	A	为	三	阶	矩	阵	，	其	特	征	值	为	9	，	3
和	-2	，	则	该	二	次	型	为	0	定	二	次	型	。							

↖ 请填写"正"、"负"或"不"

记分作业 5 −26

判 定 二 次 型 f 的 正 定 性

$$f = -6 x_1^2 - 5 x_2^2 - 3 x_3^2 + 2 x_1 x_2 + 2 x_1 x_3$$

解：

f 的 矩 阵 $A = \begin{pmatrix} 0 & 0 & 0 \\ 0 & 0 & 0 \\ 0 & 0 & 0 \end{pmatrix}$

A 的 一 阶 主 子 式 = 0   0   0

A 的 二 阶 主 子 式 = $\begin{vmatrix} 0 & 0 \\ 0 & 0 \end{vmatrix}$ = 0   0   0

A 的 三 阶 主 子 式 = $\begin{vmatrix} 0 & 0 & 0 \\ 0 & 0 & 0 \\ 0 & 0 & 0 \end{vmatrix}$ = 0   0   0

故 二 次 型 f 为 0 定 。

记分作业 5 −27

判 定 二 次 型 f 的 正 定 性

$$f = 3 x_1^2 + 9 x_2^2 + 5 x_3^2 + 2 x_1 x_2 + 2 x_1 x_3$$

解：

f 的 矩 阵 $A = \begin{pmatrix} 0 & 0 & 0 \\ 0 & 0 & 0 \\ 0 & 0 & 0 \end{pmatrix}$

A 的 一 阶 主 子 式 = 0   0   0

	A	的	二	阶	主	子	式	=	$\begin{vmatrix} 0 & 0 \\ 0 & 0 \end{vmatrix}$	=	0	0	0		
	A	的	三	阶	主	子	式	=	$\begin{vmatrix} 0 & 0 & 0 \\ 0 & 0 & 0 \\ 0 & 0 & 0 \end{vmatrix}$	=	0		0	0	
	故	二	次	型	f	为	0	定	。						

记分作业 5-28

设	二	次	型													
$f(x_1,$	$x_2,$	$x_3)$	=		$30 x_1^2$	+		$30 x_2^2$	+		$29 x_3^2$	+		$2 x_1 x_3$	−	$2 x_2 x_3$
则	二	次	型	f	的	矩	阵	的	所	有	特	征	值	为	0	、 0 和
0	。															

过 5 关记分作业

注：先清空黄色单元格然后填写相应的答案。

5-1   (0.21 分)

设	−17	是	3	阶	矩	阵	A	的	一	个	特	征	值	，	则	A^2	必	有	一	个
特	征	值	为	(	0	)														
(A)	289		(B)	−289		(C)	−578		(D)	578										

5-2   (0.21 分)

	设	A	=	$\begin{pmatrix} 12 & 0 & 0 \\ 0 & 11 & 1 \\ 0 & 1 & 11 \end{pmatrix}$	，			
	则	A	的	特	征	值	为	(0) 。
(A)	12	，	10	，	10		(B) 12 ，	11 ， 10
(C)	12	，	10	，	9		(D) 12 ，	12 ， 10

5-3   (0.21 分)

	二	次	型	$f(x_1, x_2, x_3)$ =	x_1^2	+	x_2^2	+	x_3^2	+	34	x_2	x_3	所	对	应	的	矩
	阵	为	A	=	$\begin{pmatrix} 1 & 0 & 0 \\ 0 & 1 & 17 \\ 0 & 17 & 1 \end{pmatrix}$		，	该	矩	阵	的	最	大	特	征	值	=	(0)
(A)	21						(B) 15											
(C)	14						(D) 18											

5－4 （0.21 分）

设 n 阶矩阵 A 与某对角阵相似，则下列结论中正
确的是（ 0 ）。
(A) A 的秩等于 n
(B) A 有 n 个线性无关的特征向量
(C) A 一定是对称矩阵
(D) A 有 n 个不同特征值

5－5 （0.21 分）

设 A，B 为 n 阶实对称矩阵，且都正定，则 A B	
是（ 0 ）	
(A) 可逆矩阵	(B) 正定矩阵
(C) 实对称矩阵	(D) 正交矩阵

5－6 （0.21 分）

若 a ＝（ 1 -5 t ）与 b ＝（ 1 -7 1 ）正交，则 t	
＝（ 0 ）	
(A) -34	(B) -35
(C) -41	(D) -36

5－7 （0.21 分）

对称矩阵 A ＝ $\begin{pmatrix} 6 & 1 \\ 1 & 3 \end{pmatrix}$ 是（ 0 ）	
(A) 半正定矩阵	(B) 负定矩阵
(C) 正定矩阵	(D) 不定矩阵

5－8 （0.21 分）

设 3 阶矩阵 A 的全部特征值为 1，-2，4，则（	
0 ）为可逆矩阵。	
(A) A － 2 E	(B) A ＋ 2 E
(C) A － 4 E	(D) E － A

5－9 （0.21 分）

若 n 阶矩阵 A，B 有共同的特征值，且各有 n 个
线性无关的特征向量，则（ 0 ）
(A) A ＝ B
(B) A 与 B 相似
(C) A 与 B 不一定相似，但 |A| ＝ |B|
(D) A ≠ B，但 |A － B| ＝ 0

5－10　　（0.21分）

若	二	次	型	f(	x	)=	x^T	A	x	,	则	对	应	系	数	矩	阵	A	的	特
征	值	（	0	）																
(A)	可	能	正	也	可	能	负		(B)	都	大	于	0							
(C)	都	大	于	等	于	0			(D)	都	小	于	0							

5－11　　（0.21分）

设	矩	阵	A	与	B	相	似	,	则	（	0	）	成	立	。
(A)	A	可	以	通	过	相	似	变	换	化	为	对	角	矩	阵
(B)	A	、	B	都	是	可	逆	矩	阵						
(C)	A	与	B	的	特	征	多	项	式	相	同				
(D)	存	在	C	,	使	得	C′	A	C	=	B				

5－12　　（0.21分）

设	P	为	正	交	矩	阵	,	则	P	的	列	向	量	（	0	）
(A)	组	成	单	位	正	交	向	量	组	(B)	有	非	单	位	向	量
(C)	可	能	不	正	交					(D)	必	含	零	向	量	

5－13　　（0.21分）

设	P	为	正	交	矩	阵	,	则	P	的	列	向	量	有	（	0	）
(A)	可	能	不	正	交				(B)	为	单	位	正	交	向	量	组
(C)	有	非	单	位	向	量			(D)	必	含	零	向	量			

5－14　　（0.21分）

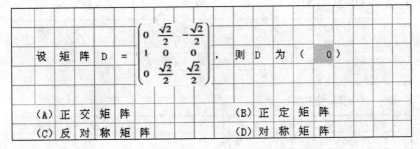

设 矩 阵 D = $\begin{pmatrix} 0 & \dfrac{\sqrt{2}}{2} & -\dfrac{\sqrt{2}}{2} \\ 1 & 0 & 0 \\ 0 & \dfrac{\sqrt{2}}{2} & \dfrac{\sqrt{2}}{2} \end{pmatrix}$, 则 D 为 （ 0 ）

(A) 正 交 矩 阵　　　　　　(B) 正 定 矩 阵

(C) 反 对 称 矩 阵　　　　(D) 对 称 矩 阵

期末考前辅导

一、行列式

1. 设行列式

$$D_1 = \begin{vmatrix} 3a_1 & 0 & \cdots & 0 \\ 0 & 3a_2 & \cdots & 0 \\ \vdots & \vdots & \vdots & \vdots \\ 0 & 0 & \cdots & 3a_n \end{vmatrix}, \quad D_2 = \begin{vmatrix} a_1 & 0 & \cdots & 0 \\ 0 & a_2 & \cdots & 0 \\ \vdots & \vdots & \vdots & \vdots \\ 0 & 0 & \cdots & a_n \end{vmatrix}$$

则（ 0 ）成立。

(A) $D_1 = D_2$ (B) $D_1 = \dfrac{1}{3n} D_2$

(C) $D_1 = 3^n D_2$ (D) $D_1 = -3^n D_2$

2. 设 A 是 3 阶方阵，A^* 为 A 的伴随矩阵，且 $A = 3$ ，则 $A^* = $ 0

3. 设 A 是 3 阶方阵，$A = 10$ ，把 A 按列分块为 (a_1, a_2, a_3) ，其中 a_i 是 A 的第 i 列（ i=1, 2, 3 ）则 $a_1, a_3 - 9 a_1, 3 a_2 = $ 0

4. 设 $A^{-1} = \begin{pmatrix} 7 & 0 & 0 \\ 7 & 4 & 0 \\ 9 & 7 & 3 \end{pmatrix}$ ，则 $A = $ 0

5. 设 a , b 为实数，则当 $a = $ 0 且 $b = $ 0 时，行列式

$$\begin{vmatrix} a - 5 & b - 7 & 0 \\ 7 - b & a - 5 & 0 \\ 4 & -4 & 7 \end{vmatrix} = 0$$

6. 若 $A = \begin{vmatrix} a_{11} & a_{12} \\ a_{21} & a_{22} \end{vmatrix} = 71$, $B = \begin{vmatrix} a_{11} + a_{12} & a_{11} - a_{12} \\ a_{21} + a_{22} & a_{21} - a_{22} \end{vmatrix}$, 则 $B = $ 0

7. 设 A 是 n 阶可逆矩阵，A^* 是 A 的伴随矩阵，则（ 0 ）。

(A) $|A^*|=|A|^{n-1}$ 　　　　　(B) $|A^*|=|A|$

(C) $|A^*|=|A|^n$ 　　　　　(D) $|A^*|=|A^{-1}|$

8. 计算四阶行列式：

$$\begin{vmatrix} 0 & -4 & 3 & 3 \\ 2 & -2 & 10 & 2 \\ 3 & 6 & 6 & 3 \\ 2 & 2 & 4 & 2 \end{vmatrix} = \begin{vmatrix} 0 & 0 & 0 & 0 \\ 0 & 0 & 0 & 0 \\ 0 & 0 & 0 & 0 \\ 0 & 0 & 0 & 0 \end{vmatrix} = 0$$

二、矩阵

1. 设 A，B，C 为 n 阶方阵，且 A B C = E，则（ 0 ）成立。

(A) A C B = E 　　　　　(B) C B A = E

(C) B A C = E 　　　　　(D) B C A = E

2. 设 3×4 矩阵 A 的秩 R（ A ） = 3，则矩阵 A 的标准型为

$$\begin{pmatrix} 0 & 0 & 0 & 0 \\ 0 & 0 & 0 & 0 \\ 0 & 0 & 0 & 0 \end{pmatrix}$$

3. 下列矩阵不是初等矩阵的是（ 0 ）。

(A) $\begin{bmatrix} 1 & 6 \\ 0 & 1 \end{bmatrix}$ 　(B) $\begin{bmatrix} 1 & 0 & 0 \\ 0 & 1 & 0 \\ 5 & 0 & 1 \end{bmatrix}$ 　(C) $\begin{bmatrix} 1 & 0 & 0 \\ 0 & 8 & 0 \\ 0 & 0 & 1 \end{bmatrix}$ 　(D) $\begin{bmatrix} 0 & 0 & 1 \\ 0 & -6 & 0 \\ 1 & 0 & 0 \end{bmatrix}$

4. 已知矩阵 A = $\begin{bmatrix} 1 & 1 & -5 \\ 2 & 5 & k \\ 1 & 2 & -2 \end{bmatrix}$ 的秩为 2，则 k = 0

5. 设 A = $\begin{bmatrix} 1 & 4 & -4 \\ 3 & t & 0 \\ 1 & -6 & 0 \end{bmatrix}$，B 为三阶非零矩阵，且 A B = 0，

则 t = 0

三、线性方程组

1. 求下列非齐次线性方程组的通解。

$$\begin{cases} x_1 - x_2 - 3x_3 = 0 \\ x_2 + 2x_3 = 6 \\ x_1 + x_2 + 1x_3 = 12 \end{cases}$$

解：

先求增广矩阵的行最简形：

$$\begin{pmatrix} 1 & -1 & -3 & 0 \\ 0 & 1 & 2 & 6 \\ 1 & 1 & 1 & 12 \end{pmatrix} \sim \begin{pmatrix} 1 & 0 & 0 & 0 \\ 0 & 0 & 0 & 0 \\ 0 & 0 & 0 & 0 \end{pmatrix} \sim \begin{pmatrix} 1 & 0 & 0 & 0 \\ 0 & 0 & 0 & 0 \\ 0 & 0 & 0 & 0 \end{pmatrix} \sim \begin{pmatrix} 1 & 0 & 0 & 0 \\ 0 & 0 & 0 & 0 \\ 0 & 0 & 0 & 0 \end{pmatrix}$$

齐次方程的基础解系为 $\begin{pmatrix} 0 \\ 0 \\ 0 \end{pmatrix}$，一个特解为 $\begin{pmatrix} 0 \\ 0 \\ 0 \end{pmatrix}$

所以方程组的通解为 $\begin{pmatrix} x_1 \\ x_2 \\ x_1 \end{pmatrix} = c\begin{pmatrix} 0 \\ 0 \\ 0 \end{pmatrix} + \begin{pmatrix} 0 \\ 0 \\ 0 \end{pmatrix}$

2. 已知四元非齐次线性方程组的系数矩阵的秩为2，并且 η_1，η_2，η_3 是它的三个解，且

$$\eta_1 + \eta_2 = \begin{pmatrix} -1 \\ 1 \\ 0 \\ 3 \end{pmatrix} \qquad \eta_2 + \eta_3 = \begin{pmatrix} -1 \\ 0 \\ -2 \\ 0 \end{pmatrix} \qquad \eta_1 + \eta_3 = \begin{pmatrix} -2 \\ -2 \\ 3 \\ -1 \end{pmatrix}$$

求该方程组的通解。

解：设 $\xi_1 = \eta_1 - \eta_3$，$\xi_2 = \eta_2 - \eta_1$，则 ξ_1，ξ_2 是齐次线性方程组的解，且

$$\xi_1 = \begin{pmatrix} 0 \\ 0 \\ 0 \\ 0 \end{pmatrix}, \quad \xi_2 = \begin{pmatrix} 0 \\ 0 \\ 0 \\ 0 \end{pmatrix}$$

则 ξ_1，ξ_2 线性 0 关，由于非齐次线性方程组的系数矩阵的秩为2，则 ξ_1，ξ_2 齐次线性方程组的基础解系，因

$$2\eta_1 + \eta_2 + \eta_3 = \begin{pmatrix} 0 \\ 0 \\ 0 \\ 0 \end{pmatrix}$$

则

$$2 \eta_1 = \begin{pmatrix} 0 \\ 0 \\ 0 \\ 0 \end{pmatrix}$$

即

$$\eta_1 = \begin{pmatrix} 0 \\ 0 \\ 0 \\ 0 \end{pmatrix}$$

方程组的通解为 $c_1 \xi_1 + c_2 \xi_2 + \eta_1$，其中 c_1，c_2 为任意常数。

四、线性相关性

1. 设矩阵

$$A = \begin{pmatrix} -14 & -3 & 20 & 3 & -17 \\ 2 & 1 & -4 & 0 & 4 \\ -5 & -1 & 7 & 1 & -6 \\ 2 & 0 & -2 & 0 & 2 \end{pmatrix}$$

求矩阵 A 的列向量组的一个最大无关组，并把不属于最大无关组的列向量用最大无关组线性表示。

解：

先求A的行最简形：

$$A = \begin{pmatrix} -14 & -3 & 20 & 3 & -17 \\ 2 & 1 & -4 & 0 & 4 \\ -5 & -1 & 7 & 1 & -6 \\ 2 & 0 & -2 & 0 & 2 \end{pmatrix} \sim \begin{pmatrix} 0 & 0 & 0 & 0 & 0 \\ 0 & 0 & 0 & 0 & 0 \\ 0 & 0 & 0 & 0 & 0 \\ 0 & 0 & 0 & 0 & 0 \end{pmatrix} \sim \begin{pmatrix} 1 & 0 & 0 & 0 & 0 \\ 0 & 0 & 0 & 0 & 0 \\ 0 & 0 & 0 & 0 & 0 \\ 0 & 0 & 0 & 0 & 0 \end{pmatrix}$$

$$\sim \begin{pmatrix} 1 & 0 & 0 & 0 & 0 \\ 0 & 1 & 0 & 0 & 0 \\ 0 & 0 & 0 & 1 & 0 \\ 0 & 0 & 0 & 0 & 0 \end{pmatrix} = B \qquad \nwarrow r_1 + (-3) * r_3$$

向量组 a_1，a_2，a_4 为向量组 a_1，a_2，a_3，a_4，a_5 的一个最大无关组。

$$a_3 = 0 \ a_1 - 0 \ a_2$$

$$a_5 = 0 \ a_1 + 0 \ a_2 + 0 \ a_4$$

2. 设 向量组 $b_1=a_1+a_2, b_2=a_2+a_3, b_3=a_3+a_4, b_4=a_4+a_1$ 试证明向量组 b_1, b_2, b_3, b_4 线性相关。

证明: 因

$$\begin{bmatrix} b_1 & b_2 & b_3 & b_4 \end{bmatrix} = \begin{bmatrix} a_1 & a_2 & a_3 & a_4 \end{bmatrix} \begin{pmatrix} 0 & 0 & 0 & 0 \\ 0 & 0 & 0 & 0 \\ 0 & 0 & 0 & 0 \\ 0 & 0 & 0 & 0 \end{pmatrix}$$

令 $C = \begin{pmatrix} 0 & 0 & 0 & 0 \\ 0 & 0 & 0 & 0 \\ 0 & 0 & 0 & 0 \\ 0 & 0 & 0 & 0 \end{pmatrix}$, 则 $|C| = 0$, 则 $R(C) < 0$

又 $R(B) \quad 0 \; R(B)$, 则 $R(B) < 0$。

则

b_1, b_2, b_3, b_4 线性相关。 证毕

五、特征值与特征向量

1. 求矩阵 $A = \begin{pmatrix} 5 & 1 & 0 \\ -36 & -7 & 0 \\ -3 & 0 & -10 \end{pmatrix}$ 的特征值和特征向量。

解: A 的特征多项式为

$$A - \lambda E = \begin{vmatrix} 0-\lambda & 0 & 0 \\ 0 & 0-\lambda & 0 \\ 0 & 0 & 0-\lambda \end{vmatrix}$$

$$= (0-\lambda)(0-\lambda)^2$$

所以 A 的特征值为 $\lambda_1 = 0$, $\lambda_2 = \lambda_3 = 0$

当 $\lambda_1 = 0$ 时, 解方程 $(A - 0E)x = 0$, 由

$$A - 0E = \begin{pmatrix} 0 & 0 & 0 \\ 0 & 0 & 0 \\ 0 & 0 & 0 \end{pmatrix} \sim \begin{pmatrix} 0 & 1 & 0 \\ 1 & 0 & 0 \\ 0 & 0 & 0 \end{pmatrix}$$

得基础解系

$$p_1 = \begin{pmatrix} 0 \\ 0 \\ 0 \end{pmatrix}$$

所以 kp_1 $(k \neq 0)$ 是对应于 $\lambda_1 = 0$ 的全部特征向量。

当 $\lambda_2 = \lambda_3 = 0$ 时，解方程 $(A - 2E)x = 0$，由

$$A - 0E = \begin{pmatrix} 0 & 0 & 0 \\ 0 & 0 & 0 \\ 0 & 0 & 0 \end{pmatrix} \sim \begin{pmatrix} 1 & 0 & 0 \\ 0 & 0 & 0 \\ 0 & 0 & 0 \end{pmatrix} \sim \begin{pmatrix} 1 & 0 & 0 \\ 0 & 0 & 0 \\ 0 & 0 & 0 \end{pmatrix} \sim \begin{pmatrix} 1 & 0 & 0 \\ 0 & 0 & 0 \\ 0 & 1 & 0 \end{pmatrix}$$

$$\sim \begin{pmatrix} 1 & 0 & 0 \\ 0 & 0 & 0 \\ 0 & 1 & 0 \end{pmatrix} \sim \begin{pmatrix} 1 & 0 & 0 \\ 0 & 1 & 0 \\ 0 & 0 & 0 \end{pmatrix}$$

得基础解系

$$p_2 = \begin{pmatrix} 0 \\ 0 \\ 0 \end{pmatrix}$$

所以 kp_2 $(k \neq 0)$ 是对应于 $\lambda_2 = \lambda_3 = 0$ 的全部特征向量。

2. 设 3 阶矩阵 A 的三个特征值为 -1，-1，-10，则 $A^{-1} + A$ 的三个特征值为 $\lambda_1 = \lambda_2 = 0$，$\lambda_3 = 0$ 行列式 $|A^{-1} + A| = 0$，验证上题：

$$A^{-1} = \begin{pmatrix} 0 & 0 & 0 \\ 0 & 0 & 0 \\ 0 & 0 & 0 \end{pmatrix} \qquad A^{-1} + A = \begin{pmatrix} 0 & 0 & 0 \\ 0 & 0 & 0 \\ 0 & 0 & 0 \end{pmatrix} \qquad |A^{-1} + A| = 0$$

二十套计分作业

注：请先清空下面黄色单元格中的0，然后填写相应的答案。

D1 套计分作业

一、解答题（每小题0.24分）

计算行列式 $D = \begin{vmatrix} a & 1 & 0 & 3 \\ 0 & 0 & 5 & 1 \\ c & 2 & 1 & 1 \\ d & 1 & 1 & 1 \end{vmatrix}$ 的值。

解：

$$D = \begin{vmatrix} a & 1 & 0 & 3 \\ 0 & 0 & 5 & 1 \\ c & 2 & 1 & 1 \\ d & 1 & 1 & 1 \end{vmatrix} = 0\,a - 0\,c + 0\,d$$

二、解答题（每小题0.24分）

设 $A=(\alpha, \gamma_1, \gamma_2)$，$B=(\beta, \gamma_1, \gamma_2)$ 均是3阶方阵，α，β，γ_1，γ_2 是三维列向量，若 $A = 6$，$B = 4$，求 $A + 3B$

解：

$$A + 3B = \alpha + 0\,\beta, \quad 0\,\gamma_1, \quad 0\,\gamma_2$$

$$= 0\,A + 0\,B = 0$$

三、解答题（每小题0.3分）

设齐次线性方程组为

$$\begin{cases} x_1 + k\,x_2 + x_3 = 0 \\ k\,x_1 + x_2 - x_3 = 0 \\ 32\,x_1 + 31\,x_2 + x_3 = 0 \end{cases}$$

问 k 取何值时，方程组只有零解？k 取何值时，方程组有非零解？

解：此方程组只有零解的充要条件是系数行列式 $0 \neq 0$，

系数行列式

$$\begin{vmatrix} 1 & k & 1 \\ k & 1 & -1 \\ 32 & 31 & 1 \end{vmatrix} = 0 - 0\,k - 0\,k^2$$

则当 $k \neq 0$ 且 $k \neq 0$ 时，方程组只有零解。

当 $k = 0$ 或 $k = 0$ 时，方程组有非零解。

四、解答题（每小题 0.24 分）

已知 $A = \begin{pmatrix} 6 & -3 & 0 \\ 1 & -1 & 3 \\ -3 & -1 & -2 \end{pmatrix}$，$B = \begin{pmatrix} 1 & 1 \\ -2 & -2 \\ 4 & 3 \end{pmatrix}$，$C = \begin{pmatrix} -3 & -2 \\ -3 & -4 \\ -1 & -1 \end{pmatrix}$，

求 $(2A)(-B)+C$

解：

$(2A)(-B)+C = \begin{pmatrix} 0 & 0 & 0 \\ 0 & 0 & 0 \\ 0 & 0 & 0 \end{pmatrix}\begin{pmatrix} 0 & 0 \\ 0 & 0 \\ 0 & 0 \end{pmatrix} + \begin{pmatrix} 0 & 0 \\ 0 & 0 \\ 0 & 0 \end{pmatrix} = \begin{pmatrix} 0 & 0 \\ 0 & 0 \\ 0 & 0 \end{pmatrix} + \begin{pmatrix} 0 & 0 \\ 0 & 0 \\ 0 & 0 \end{pmatrix}$

$= \begin{pmatrix} 0 & 0 \\ 0 & 0 \\ 0 & 0 \end{pmatrix}$

五、解答题（每小题 0.3 分）

设 $A = \begin{pmatrix} 1 & -4 & -4 \\ -1 & 5 & 5 \\ 1 & -4 & -3 \end{pmatrix}$，求 A^{-1}。

解：

$(A, E) = \begin{pmatrix} 0 & 0 & 0 & 0 & 0 & 0 \\ 0 & 0 & 0 & 0 & 0 & 0 \\ 0 & 0 & 0 & 0 & 0 & 0 \end{pmatrix} \sim \begin{pmatrix} 1 & 0 & 0 & 0 & 0 & 0 \\ 0 & 1 & 0 & 0 & 0 & 0 \\ 0 & 0 & 0 & 0 & 0 & 0 \end{pmatrix}$

$\sim \begin{pmatrix} 1 & 0 & 0 & 0 & 0 & 0 \\ 0 & 1 & 0 & 0 & 0 & 0 \\ 0 & 0 & 0 & 0 & 0 & 0 \end{pmatrix} \sim \begin{pmatrix} 1 & 0 & 0 & 0 & 0 & 0 \\ 0 & 1 & 0 & 0 & 0 & 0 \\ 0 & 0 & 1 & 0 & 0 & 0 \end{pmatrix}$

则 $A^{-1} = \begin{pmatrix} 0 & 0 & 0 \\ 0 & 0 & 0 \\ 0 & 0 & 0 \end{pmatrix}$

六、解答题（每小题 0.24 分）

设 $A = \begin{pmatrix} -1 & -2 & -3 & -1 \\ 1 & 3 & 0 & 4 \\ -2 & -3 & -9 & 1 \end{pmatrix}$，求矩阵 A 的秩和一个最高阶非零子式。

解：A 有一个二阶子式 $\begin{vmatrix} 0 & 0 \\ 0 & 0 \end{vmatrix} = 0 \neq 0$

A 中共有 4 个三阶子式，记 D_i 表示矩阵 A 中去掉第 i 列后的三阶子式，i=1,2,3,4，则

$D_1 = \begin{vmatrix} 0 & 0 & 0 \\ 0 & 0 & 0 \\ 0 & 0 & 0 \end{vmatrix} = 0$，$D_2 = \begin{vmatrix} 0 & 0 & 0 \\ 0 & 0 & 0 \\ 0 & 0 & 0 \end{vmatrix} = 0$，

$D_3 = \begin{vmatrix} 0 & 0 & 0 \\ 0 & 0 & 0 \\ 0 & 0 & 0 \end{vmatrix} = 0$，$D_4 = \begin{vmatrix} 0 & 0 & 0 \\ 0 & 0 & 0 \\ 0 & 0 & 0 \end{vmatrix} = 0$

则矩阵 A 的秩 = 0，$\begin{vmatrix} 0 & 0 \\ 0 & 0 \end{vmatrix}$ 为矩阵 A 的一个最高阶非零子式。

七、解答题（每小题 0.42 分）

求方程组

$$\begin{cases} x_1 - x_2 - x_3 + x_4 = 0 \\ x_1 - x_2 + x_3 - 3x_4 = 14 \\ x_1 - x_2 - 2x_3 + 3x_4 = -7 \end{cases}$$

的通解

解： 求增广矩阵的行最简形矩阵：

$$\begin{pmatrix} 1 & -1 & -1 & 1 & 0 \\ 1 & -1 & 1 & -3 & 14 \\ 1 & -1 & -2 & 3 & -7 \end{pmatrix} \sim \begin{pmatrix} 0 & 0 & 0 & 0 & 0 \\ 0 & 0 & 0 & 0 & 0 \\ 0 & 0 & 0 & 0 & 0 \end{pmatrix} \sim \begin{pmatrix} 0 & 0 & 0 & 0 & 0 \\ 0 & 0 & 0 & 0 & 0 \\ 0 & 0 & 0 & 0 & 0 \end{pmatrix}$$

$$\sim \begin{pmatrix} 0 & 0 & 0 & 0 & 0 \\ 0 & 0 & 0 & 0 & 0 \\ 0 & 0 & 0 & 0 & 0 \end{pmatrix}$$

方程组的通解为：

$$\begin{pmatrix} x_1 \\ x_2 \\ x_3 \\ x_4 \end{pmatrix} = c_1 \begin{pmatrix} 0 \\ 0 \\ 0 \\ 0 \end{pmatrix} + c_2 \begin{pmatrix} 0 \\ 0 \\ 0 \\ 0 \end{pmatrix} + \begin{pmatrix} 0 \\ 0 \\ 0 \\ 0 \end{pmatrix}$$

八、解答题（每小题 0.3 分）

设 $\alpha_1 = \begin{pmatrix} 1 \\ 4 \\ 2 \\ -2 \end{pmatrix}$, $\alpha_2 = \begin{pmatrix} 0 \\ 1 \\ -1 \\ -1 \end{pmatrix}$, $\alpha_3 = \begin{pmatrix} 3 \\ 9 \\ 9 \\ -3 \end{pmatrix}$, $\alpha_4 = \begin{pmatrix} 0 \\ 0 \\ 2 \\ 1 \end{pmatrix}$, $\alpha_5 = \begin{pmatrix} -2 \\ -5 \\ 0 \\ 4 \end{pmatrix}$

(1) 求向量组的秩；
(2) 求向量组的一个极大线性无关组，并用它线性表示其余向量。

解： (1) 求下面矩阵的行最简形矩阵：

$$\begin{pmatrix} 1 & 0 & 3 & 0 & -2 \\ 4 & 1 & 9 & 0 & -5 \\ 2 & -1 & 9 & 2 & 0 \\ -2 & -1 & -3 & 1 & 4 \end{pmatrix} \sim \begin{pmatrix} 1 & 0 & 0 & 0 & 0 \\ 0 & 1 & 0 & 0 & 0 \\ 0 & 0 & 0 & 1 & 0 \\ 0 & 0 & 0 & 0 & 0 \end{pmatrix}$$

即向量组的秩 = 0

(2) 从行最简形矩阵可以看出：0，0，0 为向量组的一个极大线性无关组。且

$$0 = 0 \cdot 0 - 0 \cdot 0, \quad 0 = 0 \cdot 0 + 0 \cdot 0 + 0 \cdot 0$$

九、解答题（每小题 0.36 分）

设 $A = \begin{pmatrix} 18 & 0 & 0 \\ 0 & 17 & 1 \\ 0 & 1 & 17 \end{pmatrix}$,

求 A 的特征值和特征向量。

解：

A 的特征多项式

$$\Phi(\lambda) = |A - \lambda E| = \begin{vmatrix} 18-\lambda & 0 & 0 \\ 0 & 17-\lambda & 1 \\ 0 & 1 & 17-\lambda \end{vmatrix}$$

$= (0-\lambda)^2 (0-\lambda)$

即特征值 $\lambda_1 = \lambda_2 = 0$，$\lambda_3 = 0$

当 $\lambda_1 = \lambda_2 = 0$ 时，矩阵

$$A - \lambda E = \begin{pmatrix} 0 & 0 & 0 \\ 0 & 0 & 0 \\ 0 & 0 & 0 \end{pmatrix} \sim \begin{pmatrix} 0 & 0 & 0 \\ 0 & 0 & 0 \\ 0 & 0 & 0 \end{pmatrix}$$

则 $\lambda_1 = \lambda_2 = 0$ 有两个线性无关的特征向量：

$$\xi_1 = \begin{pmatrix} 0 \\ 0 \\ 0 \end{pmatrix}, \quad \xi_2 = \begin{pmatrix} 0 \\ 0 \\ 0 \end{pmatrix}$$

$\lambda_1 = \lambda_2 = 0$ 的全部特征向量为：

$$c_1 \begin{pmatrix} 0 \\ 0 \\ 0 \end{pmatrix} + c_2 \begin{pmatrix} 0 \\ 0 \\ 0 \end{pmatrix}$$

式中，c_1，c_2 为任意常数。（c_1，c_2 不同时为 0）

当 $\lambda_3 = 0$ 时，矩阵

$$A - \lambda E = \begin{pmatrix} 0 & 0 & 0 \\ 0 & 0 & 0 \\ 0 & 0 & 0 \end{pmatrix} \sim \begin{pmatrix} 1 & 0 & 0 \\ 0 & 1 & 0 \\ 0 & 0 & 0 \end{pmatrix}$$

则 $\lambda_3 = 0$ 有一个特征向量：

$$\xi_3 = \begin{pmatrix} 0 \\ 0 \\ 0 \end{pmatrix}$$

$\lambda_3 = 0$ 的全部特征向量为：

$$c \begin{pmatrix} 0 \\ 0 \\ 0 \end{pmatrix}$$

式中，c 为任意常数（$c \neq 0$）。

十、解答题（每小题0.24分）

试判定矩阵 $A = \begin{pmatrix} 2 & -3 & -2 \\ 4 & -4 & -3 \\ -4 & 6 & 7 \end{pmatrix}$ 是否为正定矩阵？

解：1 阶主子式 $= 0 > 0$

2 阶主子式 $= \begin{vmatrix} 0 & 0 \\ 0 & 0 \end{vmatrix} = 0 > 0$

3 阶主子式 $= \begin{vmatrix} 0 & 0 & 0 \\ 0 & 0 & 0 \\ 0 & 0 & 0 \end{vmatrix} = 0 > 0$

故矩阵 A 为 0 0 矩阵。

十一、证明题（每小题0.12分）

证明：若 A 是 n 阶对称的可逆矩阵，证明 A^{-1} 也是对称矩阵。

证明：

因 $(A^{-1})^T = (0)^{-1} = 0$

所以 A^{-1} 是对称矩阵。

D2 套计分作业

一、填空题（共 1.8 分，每空 0.09 分）

1. 行列式：$\begin{vmatrix} 2 & 4 & 3 \\ 3 & 4 & 3 \\ 4 & 2 & 2 \end{vmatrix} = $ __0__ ，它的第 2 行第 3 列元素的代数余子式 $A_{23} = $ __0__ 。

2. 若 A，B 为 5 阶方阵，且 $A = -2$，$B = 6$，则 $-8A = $ __0__ ，$(AB)^T = $ __0__ ，$A^{-1} = $ __0__ 。

3. 设 $A = \begin{pmatrix} 1 & 0 & 0 \\ 0 & 1 & 2 \\ 0 & 1 & 3 \end{pmatrix}$，$B = \begin{pmatrix} 1 & -1 & 2 \\ 1 & 1 & -2 \\ -2 & 0 & -1 \end{pmatrix}$，则 $AB = \begin{pmatrix} 0 & 0 & 0 \\ 0 & 0 & 0 \\ 0 & 0 & 0 \end{pmatrix}$

   $A^{-1} = \begin{pmatrix} 0 & 0 & 0 \\ 0 & 0 & 0 \\ 0 & 0 & 0 \end{pmatrix}$

4. 设 A 是 3 阶方阵，$A = -17$，则 $a_{11}A_{11} + a_{12}A_{12} + a_{13}A_{13} = $ __0__ ，$a_{11}A_{21} + a_{12}A_{22} + a_{13}A_{23} = $ __0__ 。

5. 向量 $\alpha = \begin{pmatrix} -1 \\ 1 \\ 1 \end{pmatrix}$ 与向量 $\beta = \begin{pmatrix} 1 \\ -1 \\ 1 \end{pmatrix}$，则 α 与 β 的夹角 = __0__ 度。

6. 向量 $\alpha_1 = \begin{pmatrix} 2 \\ 3 \\ 2 \end{pmatrix}$，$\alpha_2 = \begin{pmatrix} -4 \\ -5 \\ -4 \end{pmatrix}$，$\alpha_3 = \begin{pmatrix} 4 \\ 8 \\ 5 \end{pmatrix}$，则向量组的秩 = __0__ ，该向量组线性 __0__ 关。

7. 设 $A = \begin{pmatrix} \lambda & 22 & 0 \\ 1 & 1 & 0 \\ 0 & 0 & 14 \end{pmatrix}$，$B = \begin{pmatrix} 1 \\ 0 \\ 0 \end{pmatrix}$，$X = \begin{pmatrix} x_1 \\ x_2 \\ x_3 \end{pmatrix}$，则当 $\lambda \neq $ __0__ 时，线性方程组 $AX = B$ 有唯一解；当 $\lambda = 21$ 时，线性方程组 $AX = B$ 的解 = $\begin{pmatrix} 0 \\ 0 \\ 0 \end{pmatrix}$

8. 设 $Ax = 0$，A 是 4×5 阶矩阵，基础解系中含有 1 个解向量，则 $R(A) = $ __0__ 。

9. 设 16，30 是对称矩阵 A 的两个特征值，p_1，p_2 是对应的特征向量，则 p_1 与 p_2 的内积 = __0__ 。

10. 设 3 阶实对称矩阵 A 的三个特征值分别为 5，8，10，则矩阵 A 为 __0__ 定矩阵，A 的行列式 $A = $ __0__ 。

11. 二次型 $f(x_1, x_2, x_3) = x_1^2 + x_2^2 + x_3^2 + 24 x_2 x_3$ 所对应的矩阵为 $A = \begin{pmatrix} 1 & 0 & 0 \\ 0 & 1 & 12 \\ 0 & 12 & 1 \end{pmatrix}$，该矩阵的最大特征值是 __0__ ，该特征值对应的特征向量是 $c\begin{pmatrix} 0 \\ 0 \\ 0 \end{pmatrix}$，$c \neq 0$ 。

二、选择题（共0.6分，前6小题0.09分，第7小题0.06分）

1. 设 n 元线性方程组 A X = b，且 R（A, b）=n+1，则该方程组（ 0 ）
   (A) 有唯一解；　　　　(B) 有无穷多解；
   (C) 无解；　　　　　　(D) 不确定。

2. 设 n 元线性方程组 A X = 0，且 R（A）=k，则该方程组的基础解系由（ 0 ）个向量构成。
   (A) 有无穷多个；　　　(B) 有唯一个；
   (C) n-k；　　　　　　　(D) 不确定。

3. 设矩阵 A，B，C 为 n 阶方阵，满足等式 A B = C，则下列关于矩阵秩的论述错误的是（ 0 ）
   (A) 矩阵 C 的行向量组由矩阵 A 的行向量组线性表示；
   (B) 矩阵 C 的列向量组由矩阵 A 的列向量组线性表示；
   (C) B A = C；
   (D) 矩阵 C 的行向量组由矩阵 B 的行向量组线性表示。

4. 设矩阵 A，B，C 为 n 阶方阵，满足等式 A B = C，则下列关于矩阵秩的论述正确的是（ 0 ）
   (A) R（A）<R（C）；　　(B) R（B）<R（C）；
   (C) R（A）+R（B）=n；　(D) R（A）≥R（C）。

5. 设 P 为正交矩阵，则 P 的列向量（ 0 ）
   (A) 可能不正交；　　　　　　(B) 有非单位向量；
   (C) 组成单位正交向量组；　　(D) 必含零向量。

6. n 阶方阵 A，B 的乘积的行列式 A B = 5，则 A 的列向量（ 0 ）
   (A) A 的列向量线性相关；
   (B) A 的列向量线性无关；
   (C) R（A）= 5；
   (D) R（A）<n。

7. n 阶方阵 A 的行列式 A = 0 是齐次线性方程组 A X = 0 有非零解的（ 0 ）
   (A) 充分条件；　　　　　(B) 必要条件；
   (C) 充要条件；　　　　　(D) 无关条件。

三、计算题（共0.2分）

向量 $\alpha_1 = \begin{pmatrix} 1 \\ 2 \\ -1 \end{pmatrix}$，$\alpha_2 = \begin{pmatrix} -2 \\ -3 \\ 2 \end{pmatrix}$，$\alpha_3 = \begin{pmatrix} -2 \\ -5 \\ 3 \end{pmatrix}$，请把向量 $\beta = \begin{pmatrix} 1 \\ 0 \\ 0 \end{pmatrix}$ 表示成向量 α_1，α_2，α_3 的线性组合。

解：解方程组 $\alpha_1 \alpha_2 \alpha_3 X = \beta$

令 A = $\alpha_1 \alpha_2 \alpha_3$，由 A X = β

知 $X = A^{-1}\beta = \begin{bmatrix} 0 & 0 & 0 & 1 \\ 0 & 0 & 0 & 0 \\ 0 & 0 & 0 & 0 \end{bmatrix} = \begin{bmatrix} 0 \\ 0 \\ 0 \end{bmatrix}$

即　$\beta = 0\alpha_1 - 0\alpha_2 + 0\alpha_3$

四、计算题（共0.2分）

求非齐次线性方程组

$$\begin{cases} x_1 - 2x_2 - x_3 + x_4 = -1 \\ 2x_1 - 4x_2 + x_3 - x_4 = 2 \end{cases}$$

的通解。

解：$B = \begin{bmatrix} 0 & 0 & 0 & 0 & 0 \\ 0 & 0 & 0 & 0 & 0 \end{bmatrix} \sim \begin{bmatrix} 0 & 0 & 0 & 0 & 0 \\ 0 & 0 & 0 & 0 & 0 \end{bmatrix} \sim \begin{bmatrix} 0 & 0 & 0 & 0 & 0 \\ 0 & 0 & 0 & 0 & 0 \end{bmatrix}$

$\sim \begin{bmatrix} 0 & 0 & 0 & 0 & 0 \\ 0 & 0 & 0 & 0 & 0 \end{bmatrix}$

则通解为

$$\begin{bmatrix} x_1 \\ x_2 \\ x_3 \\ x_4 \end{bmatrix} = C_1 \begin{bmatrix} 0 \\ 1 \\ 0 \\ 0 \end{bmatrix} + C_2 \begin{bmatrix} 0 \\ 0 \\ 0 \\ 1 \end{bmatrix} + \begin{bmatrix} 0 \\ 0 \\ 0 \\ 0 \end{bmatrix}$$

式中，C_1，C_2 为任意实数。

五、计算题（共0.2分）

用配方法将二次型 $f(x_1, x_2, x_3) = x_1^2 + 2x_2^2 + 6x_3^2 + 2x_1x_2 - 6x_2x_3$ 化为标准形，并求可逆的线性变换。

解：

$f(x_1, x_2, x_3) = (x_1 + x_2)^2 + (x_2 - 0x_3)^2 - 0x_3^2$

令 $\begin{cases} y_1 = x_1 + x_2 \\ y_2 = x_2 - 0x_3 \\ y_3 = x_3 \end{cases}$

得可逆的线性变换：

$$\begin{bmatrix} x_1 \\ x_2 \\ x_3 \end{bmatrix} = \begin{bmatrix} 0 & 0 & 0 \\ 0 & 0 & 0 \\ 0 & 0 & 0 \end{bmatrix} \begin{bmatrix} y_1 \\ y_2 \\ y_3 \end{bmatrix}$$

把二次型 $f(x_1, x_2, x_3)$ 化为标准形 $f(y_1, y_2, y_3) = y_1^2 + y_2^2 - 0y_3^2$

D3 套计分作业

一、填空题（本大题共 5 个小题，每小题 0.09 分，共 0.45 分）

1. 设 $A = \begin{bmatrix} -1 & -7 \\ 6 & 43 \end{bmatrix}$，则 $A^{-1} = \begin{bmatrix} 0 & 0 \\ 0 & 0 \end{bmatrix}$。

2. 设二次型 $f(x_1, x_2) = 16x_1^2 + 16x_2^2 + 4kx_1x_2$ 为正定二次型，则 k 的取值范围是 $0 < k < 0$。

3. 设 $\alpha = \begin{bmatrix} -4 \\ 2 \\ -2 \end{bmatrix}$，$\beta = \begin{bmatrix} -3 \\ -3 \\ -4 \end{bmatrix}$，$\gamma = \begin{bmatrix} -2 \\ 2 \\ -4 \end{bmatrix}$，则 $2\alpha - \beta + 3\gamma = \begin{bmatrix} 0 \\ 0 \\ 0 \end{bmatrix}$。

4. 设 n 阶方阵 A 的秩小于 n，则此矩阵的行列式等于 0。

5. 设 A 是秩为 r 的 $m \times n$ 阶矩阵，则齐次线性方程组 $Ax = 0$ 的任一基础解系中所含解的个数均为 0。

二、单项选择题（本大题共 5 个小题，每小题 0.09 分，共 0.45 分）

1. 设方阵 A 满足 $A^2 - 2A - 3E = 0$，则 $A^{-1} = (\ 0\ )$
   - （A）$A - 2E$
   - （B）$2E - A$
   - （C）$\frac{1}{3}(A - 2E)$
   - （D）$\frac{1}{3}(2E - A)$

2. 设 $\lambda = 2$ 是非退化矩阵 A 的一个特征值，则矩阵 $(\frac{1}{5}A^2)^{-1}$ 有一个特征值等于 $(\ 0\ )$
   - （A）$\frac{4}{5}$
   - （B）$\frac{5}{4}$
   - （C）$\frac{1}{2}$
   - （D）$\frac{1}{4}$

3. 设 α_0 是非齐次线性方程组 $AX = B$ 的一个解，$\alpha_1, \alpha_2, \cdots, \alpha_r$ 是 $AX = 0$ 的基础解系，则有 $(\ 0\ )$
   - （A）$\alpha_0, \alpha_1, \alpha_2, \cdots, \alpha_r$ 线性相关
   - （B）$\alpha_0, \alpha_1, \alpha_2, \cdots, \alpha_r$ 线性无关
   - （C）$\alpha_0, \alpha_1, \alpha_2, \cdots, \alpha_r$ 的线性组合都是 $AX = B$ 的解
   - （D）$\alpha_0, \alpha_1, \alpha_2, \cdots, \alpha_r$ 的线性组合都是 $AX = 0$ 的解

4. 设 A，B 均为 n 阶方阵，则下列正确的是 $(\ 0\ )$
   - （A）$(A+B)^2 = A^2 + 2AB + B^2$
   - （B）$(A-B)^2 = A^2 - 2AB + B^2$
   - （C）$(A+B)(A-B) = A^2 - B^2$
   - （D）$(A+B)^2 = A^2 + AB + BA + B^2$

5. 下列矩阵中为正交矩阵的是 $(\ 0\ )$
   - （A）$\begin{bmatrix} 1 & 0 & 0 \\ 0 & 1 & 1 \\ 0 & 1 & -1 \end{bmatrix}$
   - （B）$(1/9)\begin{bmatrix} 1 & -8 & -4 \\ -8 & 1 & -4 \\ -4 & -4 & 7 \end{bmatrix}$
   - （C）$\begin{bmatrix} 1 & 0 & 1 \\ 0 & 1 & 0 \\ 0 & 0 & 1 \end{bmatrix}$
   - （D）$\begin{bmatrix} 1 & -1 \\ -1 & 1 \end{bmatrix}$

三、计算题（一）（本大题共3个小题，每小题0.24分，共0.72分）

1. 计算行列式

$$\begin{vmatrix} 1 & 2 & 3 & 4 \\ 1 & -1 & 1 & -2 \\ 3 & -3 & -2 & -3 \\ 1 & 3 & -2 & -1 \end{vmatrix}$$

解：

$$\begin{vmatrix} 1 & 2 & 3 & 4 \\ 1 & -1 & 1 & -2 \\ 3 & -3 & -2 & -3 \\ 1 & 3 & -2 & -1 \end{vmatrix} = \begin{vmatrix} 1 & 0 & 0 & 0 \\ 0 & 0 & 0 & 0 \\ 0 & 0 & 0 & 0 \\ 0 & 0 & 0 & 0 \end{vmatrix} = \begin{vmatrix} 0 & 0 & 0 \\ 0 & 0 & 0 \\ 0 & 0 & 0 \end{vmatrix} = 0$$

2. 若 $A = \begin{pmatrix} 1 & -3 & -1 \\ 6 & -17 & -3 \\ 2 & -6 & -1 \end{pmatrix}$，求 A^{-1}。

解：

因 $[A, E] = \begin{pmatrix} 0 & 0 & 0 & 0 & 0 & 0 \\ 0 & 0 & 0 & 0 & 0 & 0 \\ 0 & 0 & 0 & 0 & 0 & 0 \end{pmatrix} \sim \begin{pmatrix} 0 & 0 & 0 & 0 & 0 & 0 \\ 0 & 0 & 0 & 0 & 0 & 0 \\ 0 & 0 & 0 & 0 & 0 & 0 \end{pmatrix}$

$\sim \begin{pmatrix} 1 & 0 & 0 & 0 & 0 & 0 \\ 0 & 1 & 0 & 0 & 0 & 0 \\ 0 & 0 & 1 & 0 & 0 & 0 \end{pmatrix}$

则 $A^{-1} = \begin{pmatrix} 0 & 0 & 0 \\ 0 & 0 & 0 \\ 0 & 0 & 0 \end{pmatrix}$

3. 求向量组 $\alpha_1 = \begin{pmatrix} 1 \\ 0 \\ 2 \\ 2 \end{pmatrix}$，$\alpha_2 = \begin{pmatrix} 0 \\ 1 \\ \frac{1}{2} \\ 2 \end{pmatrix}$，$\alpha_3 = \begin{pmatrix} -1 \\ 7 \\ 12 \\ 12 \end{pmatrix}$ 的一个最大无关组，并把其余向量用最大无关组表示。

解：

先求下面矩阵的行最简形矩阵：

$$\begin{pmatrix} 1 & 0 & -1 \\ 0 & 1 & 7 \\ 2 & 2 & 12 \\ 2 & 2 & 12 \end{pmatrix} \sim \begin{pmatrix} 1 & 0 & 0 \\ 0 & 0 & 0 \\ 0 & 0 & 0 \\ 0 & 0 & 0 \end{pmatrix} \sim \begin{pmatrix} 1 & 0 & 0 \\ 0 & 0 & 0 \\ 0 & 0 & 0 \\ 0 & 0 & 0 \end{pmatrix}$$

即：$R(\alpha_1, \alpha_2, \alpha_3) = 0$，故最大无关组为 0，0。

并且 $0 = 0 \cdot 0 + 0 \cdot 0$。

四、计算题（二）（本大题共2个小题，每小题0.36分，共0.72分）

1. 确定当 k 取何值时，方程组

$$\begin{cases} x_1 + 2x_2 - x_3 - 2x_4 = 0 \\ 2x_1 - x_2 - x_3 + x_4 = -15 \\ 3x_1 + x_2 - 2x_3 - x_4 = k \end{cases}$$

(1) 无解；(2) 有解，并求出其解。

解：

先求增广矩阵 B 的行阶梯形矩阵：

$B = \begin{pmatrix} 0 & 0 & 0 & 0 & 0 \\ 0 & 0 & 0 & 0 & 0 \\ 0 & 0 & 0 & 0 & 0 \end{pmatrix} \sim \begin{pmatrix} 0 & 0 & 0 & 0 & 0 \\ 0 & 0 & 0 & 0 & 0 \\ 0 & 0 & 0 & 0 & 0 \end{pmatrix} \sim \begin{pmatrix} 0 & 0 & 0 & 0 & 0 \\ 0 & 0 & 0 & 0 & 0 \\ 0 & 0 & 0 & 0 & 0+0 \end{pmatrix}$

（1）当 $k \neq 0$ 时，方程组无解。
（2）当 $k = 0$ 时，
　　　B 的行阶梯形矩阵

$$\begin{pmatrix} 0 & 0 & 0 & 0 \\ 0 & 0 & 0 & 0 \\ 0 & 0 & 0 & 0 \end{pmatrix} \sim \begin{pmatrix} 0 & 0 & 0 & 0 \\ 0 & 0 & 0 & 0 \\ 0 & 0 & 0 & 0 \end{pmatrix}$$

故通解为：

$$\begin{matrix} x_1 \\ x_2 \\ x_3 \\ x_4 \end{matrix} = c_1 \begin{matrix} 0 \\ 0 \\ 0 \\ 0 \end{matrix} + c_2 \begin{matrix} 0 \\ 0 \\ 0 \\ 0 \end{matrix} + \begin{matrix} 0 \\ 0 \\ 0 \\ 0 \end{matrix}$$

式中，c_1，c_2 为任意实数。

2. 求矩阵 $A = \begin{pmatrix} 10 & 1 \\ 1 & 10 \end{pmatrix}$ 的特征值与特征向量。

解：A 的特征多项式

$$\phi(\lambda) = A - \lambda E = \begin{vmatrix} 10-\lambda & 1 \\ 1 & 10-\lambda \end{vmatrix}$$
$$= (0-\lambda)(0-\lambda)$$

即 A 的特征值为 $\lambda_1 = 0$ 和 $\lambda_2 = 0$

对于 $\lambda_1 = 0$，矩阵

$$A - \lambda E = \begin{pmatrix} 0 & 0 \\ 0 & 0 \end{pmatrix} \sim \begin{pmatrix} 0 & 0 \\ 0 & 0 \end{pmatrix}$$

$\lambda_1 = 0$ 对应的特征向量为：

$$\xi_1 = \begin{pmatrix} 0 \\ 0 \end{pmatrix}$$

对于 $\lambda_2 = 0$，矩阵

$$A - \lambda E = \begin{pmatrix} 0 & 0 \\ 0 & 0 \end{pmatrix} \sim \begin{pmatrix} 0 & 0 \\ 0 & 0 \end{pmatrix}$$

$\lambda_2 = 0$ 对应的特征向量为：

$$\xi_2 = \begin{pmatrix} 0 \\ 0 \end{pmatrix}$$

五、应用题（本大题共1个小题，共0.5分）

某公司向三个商店发送四种产品，其数量、产品单位价格及单位质量如下：

商店 ＼ 产品（数量）	空调	冰箱	29寸彩电	25寸彩电
1	30	30	20	40
2	5	9	5	6
3	40	10	50	30
单位价格/百元	30	16	22	18
单位质量/kg	40	30	30	20

用矩阵的运算求出该公司向每个商店售出产品的总售价及总质量。

解：设 $C = \begin{pmatrix} c_{11} & c_{12} \\ c_{21} & c_{22} \\ c_{31} & c_{32} \end{pmatrix}$

式中，c_{i1} 表示向第 i 个商店售出产品的总售价，c_{i2} 表示向第 i 个商店售出产品的总质量。

记 $A=\begin{bmatrix}30&30&20&40\\5&9&5&6\end{bmatrix}$,

$B=\begin{bmatrix}40&10&50&30\\30&16&22&18\\40&30&30&20\end{bmatrix}$

则 $C=A\quad B^{\mathrm{T}}$

$=\begin{bmatrix}0&0&0&0\\0&0&0&0\\0&0&0&0\end{bmatrix}\begin{bmatrix}0&0\\0&0\\0&0\\0&0\end{bmatrix}=\begin{bmatrix}0&0\\0&0\\0&0\end{bmatrix}$

六、证明题（本大题共 1 个小题，共 0.5 分）

证明：若矩阵 A 可逆，则 A^{T} 亦可逆，且 $(A^{\mathrm{T}})^{-1}=(A^{-1})^{\mathrm{T}}$

证明：

因 A 可逆，则 $A\quad 0\quad 0$，又因 $A^{\mathrm{T}}=0$，

所以 $A^{\mathrm{T}}\quad 0\quad 0$，即 $A^{\mathrm{T}}\quad 0\quad 0$

因

$(A^{\mathrm{T}})(A^{-1})^{\mathrm{T}}=(\quad 0\quad 0\quad)^{\mathrm{T}}=0$

所以

$(A^{\mathrm{T}})^{-1}=(A^{-1})^{\mathrm{T}}$

证毕

D4 套计分作业

一、填空题（每小题 0.12 分，共 1.2 分）

1. 行列式 $\begin{vmatrix} -6 & 7 & 2 & 6 \\ -5 & -9 & x & -3 \\ 6 & 8 & -1 & 4 \\ 1 & 7 & -2 & 8 \end{vmatrix}$ 中 x 的代数余子式是 ___0___ ；

2. 设矩阵 $A = \begin{pmatrix} 4 & -13 \\ 1 & -3 \end{pmatrix}$，则 $A^{-1} = \begin{pmatrix} 0 & 0 \\ 0 & 0 \end{pmatrix}$ ；

3. 四阶行列式中含有因子 $a_{11} a_{23}$ 有 ___0___ 项 ；

4. 设 A 为 4 阶行列式，$A = -2$，则 $A^3 = $ ___0___ ，$-7A = $ ___0___ ；

5. 若三阶方阵 A 为可逆方阵，则 $R(A) = $ ___0___ ；

6. $(\begin{array}{ccc} 6 & 3 & -8 \end{array}) \begin{pmatrix} -2 \\ 0 \\ -5 \end{pmatrix} = $ ___0___ ；

7. 若 n 元线性方程组 $AX = b$ 有解，$R(A) = r$，则当 r ___0___ n 时，有唯一解；当 r ___0___ n 时，有无穷解；

8. 当 $a = $ ___0___ 时，向量组 $a_1 = \begin{pmatrix} a \\ -1 \\ 4 \end{pmatrix}$，$a_2 = \begin{pmatrix} 3 \\ 1 \\ 1 \end{pmatrix}$，$a_3 = \begin{pmatrix} -1 \\ -1 \\ 1 \end{pmatrix}$ 线性相关；

9. $m \times n$ 的矩阵 A 的秩为 $R(A) = r$，则 n 元齐次线性方程组 $AX = 0$ 解集 S 的秩 $R_S = $ ___0___ ；

10. 已知 3 阶方阵 A 的 3 个特征值为 1，-2，3，则行列式 $A = $ ___0___ 。

二、选择题（每小题 0.12 分，共 0.36 分）

1. 下列等式中正确的是（ 0 ）；
   - （A） $(A+B)^2 = A^2 + AB + BA + B^2$
   - （B） $(AB)^T = A^T B^T$
   - （C） $(A-B)(A+B) = A^2 - B^5$
   - （D） $A^2 - 3A = (A-3)A$

2. 下列关于向量内积和长度的性质错误的是（ 0 ）其中 x，y，z 都为 n 维向量，k 为实数；
   - （A） $[x+y,z] = [x,z] + [y,z]$
   - （B） 当 $x \neq 0$ 时，$[x,x] > 0$
   - （C） $k \| x \| = | kx \|$
   - （D） $\| x+y \| \leqslant \| x \| + \| y \|$

3. 设 n 阶行列式 $D = |a_{ij}|_{n \times n}$，$A_{ij}$ 是 D 中元素 a_{ij} 的代数余子式，则下列各式中正确的是（ 0 ）。

| (A) $\sum\limits_{i=1}^{n} a_{ij} A_{ij} = 0$ | | (B) $\sum\limits_{j=1}^{n} a_{ij} A_{ij} = 0$ | |
| (C) $\sum\limits_{i=1}^{n} a_{ij} A_{ij} = D$ | | (D) $\sum\limits_{i=1}^{n} a_{i1} A_{i2} = D$ | |

三、(0.24 分)

计算行列式 $D = \begin{vmatrix} 9 & 1 & 1 & 1 \\ 1 & 9 & 1 & 1 \\ 1 & 1 & 9 & 1 \\ 1 & 1 & 1 & 9 \end{vmatrix}$

解：

$$D = \begin{vmatrix} 9 & 1 & 1 & 1 \\ 1 & 9 & 1 & 1 \\ 1 & 1 & 9 & 1 \\ 1 & 1 & 1 & 9 \end{vmatrix} = \begin{vmatrix} 1 & 1 & 1 & 1 \\ 0 & 9 & 1 & 1 \\ 1 & 9 & 1 & 1 \\ 1 & 1 & 1 & 9 \end{vmatrix} = \begin{vmatrix} 1 & 1 & 1 & 1 \\ 0 & 0 & 0 & 0 \\ 0 & 0 & 0 & 0 \\ 0 & 0 & 0 & 0 \end{vmatrix}$$

$$= 0$$

四、(0.24 分)

设 $A = \begin{pmatrix} 6 & 2 & 1 \\ 2 & 10 & 1 \\ 2 & 4 & 8 \end{pmatrix}$, $AX = 5X + A$, 求 X。

解：由 $AX = 5X + A$，知 $(A - 5 0)X = A$

即 $X = (A - 5 0)^{-1}A$

$$= \begin{pmatrix} 0 & 0 & 0 \\ 0 & 0 & 0 \\ 0 & 0 & 0 \end{pmatrix}^{-1} \begin{pmatrix} 0 & 0 & 0 \\ 0 & 0 & 0 \\ 0 & 0 & 0 \end{pmatrix} = \begin{pmatrix} 0 & 0 & 0 \\ 0 & 0 & 0 \\ 0 & 0 & 0 \end{pmatrix} \begin{pmatrix} 0 & 0 & 0 \\ 0 & 0 & 0 \\ 0 & 0 & 0 \end{pmatrix} = \begin{pmatrix} 0 & 0 & 0 \\ 0 & 0 & 0 \\ 0 & 0 & 0 \end{pmatrix}$$

五、(0.24 分)

求下面向量组的秩及一个最大线性无关组

$$\alpha_1 = \begin{pmatrix} 1 \\ 0 \\ -4 \\ 2 \end{pmatrix}, \quad \alpha_2 = \begin{pmatrix} 4 \\ 1 \\ -3 \\ 1 \end{pmatrix}, \quad \alpha_3 = \begin{pmatrix} 6 \\ 1 \\ -11 \\ 5 \end{pmatrix}$$

解：因

$$\begin{pmatrix} 1 & 4 & 6 \\ 0 & 1 & 1 \\ -4 & -3 & -11 \\ 2 & 1 & 5 \end{pmatrix} \sim \begin{pmatrix} 1 & 0 & 0 \\ 0 & 0 & 0 \\ 0 & 0 & 0 \\ 0 & 0 & 0 \end{pmatrix} \sim \begin{pmatrix} 1 & 0 & 0 \\ 0 & 0 & 0 \\ 0 & 0 & 0 \\ 0 & 0 & 0 \end{pmatrix}$$

则向量组的秩 = 0, 0, 0为一个最大线性无关组。

六、（0.24 分）

| 求 | 矩 | 阵 | A | = | $\begin{matrix}5 & -1 \\ -1 & 5\end{matrix}$ | 的 | 特 | 征 | 值 | 与 | 特 | 征 | 向 | 量 | 。 |

解：A 的特征多项式

$$\Phi(\lambda) = A - \lambda E = \begin{vmatrix} 5-\lambda & -1 \\ -1 & 5-\lambda \end{vmatrix}$$

$$= (0 - \lambda)(0 - \lambda)$$

即 A 的特征值为 $\lambda_1 = 0$ 和 $\lambda_2 = 0$

对于 $\lambda_1 = 0$，矩阵

$$A - \lambda E = \begin{pmatrix} 0 & 0 \\ 0 & 0 \end{pmatrix} \sim \begin{pmatrix} 0 & 0 \\ 0 & 0 \end{pmatrix}$$

$\lambda_1 = 0$ 对应的特征向量为：

$$\xi_1 = \begin{pmatrix} 0 \\ 0 \end{pmatrix}$$

对于 $\lambda_2 = 0$，矩阵

$$A - \lambda E = \begin{pmatrix} 0 & 0 \\ 0 & 0 \end{pmatrix} \sim \begin{pmatrix} 0 & 0 \\ 0 & 0 \end{pmatrix}$$

$\lambda_2 = 0$ 对应的特征向量为：

$$\xi_2 = \begin{pmatrix} 0 \\ 0 \end{pmatrix}$$

七、（0.5 分）

λ 取何值时，线性方程组

$$(2\lambda+1)x_1 - 1\lambda x_2 + (\lambda+1)x_3 = \lambda - 28$$
$$(\lambda-2)x_1 + (\lambda-1)x_2 + (\lambda-2)x_3 = \lambda$$
$$(2\lambda-1)x_1 + (\lambda-1)x_2 + (2\lambda-1)x_3 = \lambda$$

无解，有唯一解？有无数解，并在有无数解时求出其通解？

解：设 A 表示系数矩阵，B 表示增广矩阵。先制作 D 及 D_3 的自动求解公式（试探法）：

λ = -1 ← 变换 λ 的值，可以得到以下 4 个三阶行列式的值。

	-1	1	0			-29	1	0			-1	-29	0		-1	1	-29
D=	-3	-2	-3	= 0	D_1=	-1	-2	-3	= 0	D_2=	-3	-1	-3	= 0	D_3=	-3	-2	-1	= 0
	-3	-2	-3			-1	-2	-3			-3	-1	-3			-3	-2	-1

变换 λ 的值，当 λ = 0 时或 λ = 0 时，D = 0，但 $D_1 \neq 0$，这说明 R（A）0 R（B），线性方程组无解。

另外

当 λ = 0 时，D = 0，，$D_i = 0$，且 R（A）= R（B）= 0，即线性方组有无数多个解。此时，增广矩阵

$$B = \begin{pmatrix} 0 & 0 & 0 & 0 \\ 0 & 0 & 0 & 0 \\ 0 & 0 & 0 & 0 \end{pmatrix} \sim \begin{pmatrix} 0 & 0 & 0 & 0 \\ 0 & 0 & 0 & 0 \\ 0 & 0 & 0 & 0 \end{pmatrix} \sim \begin{pmatrix} 0 & 0 & 0 & 0 \\ 0 & 0 & 0 & 0 \\ 0 & 0 & 0 & 0 \end{pmatrix} \begin{pmatrix} 0 & 0 & 0 & 0 \\ 0 & 0 & 0 & 0 \\ 0 & 0 & 0 & 0 \end{pmatrix}$$

$$\sim \begin{pmatrix} 0 & 0 & 0 & 0 \\ 0 & 0 & 0 & 0 \\ 0 & 0 & 0 & 0 \end{pmatrix} \sim \begin{pmatrix} 0 & 0 & 0 & 0 \\ 0 & 0 & 0 & 0 \\ 0 & 0 & 0 & 0 \end{pmatrix}$$

则线性方程组的通解为

$$\begin{pmatrix} x_1 \\ x_2 \\ x_3 \end{pmatrix} = c \begin{pmatrix} 0 \\ 0 \\ 0 \end{pmatrix} + \begin{pmatrix} 0 \\ 0 \\ 0 \end{pmatrix}$$

式中，c 为任意常数。

最后	，	由于	当	λ	=	0	或	λ	=	0	或	λ	=	0	时	D	=	0	，
而	D	的	展开	式	是	λ	的	三	次	多	项	式	，	最	多	有	三	个	零	点
则	当	$\lambda(\lambda-1)(\lambda+1)$			$\neq$	0	时	，	D	$\neq$	0	，	此	时	R（A）	=	R（B）	
=	0	，	即	线	性	方	组	有	唯	一	解	。								

八、(0.18分)

证明	：	如果	向	量	组	α	，	β	，	γ	线	性	无	关	，	则	向	量
组	α	，	β	−	6	α	，	γ	−	3	β	−	7	α	也	线	性	无	关	。
证	明	：																		
	因	（	α	，	β	−	6	α	，	γ	−	3	β	−	7	α	）			
										0	0	0								
	=	（	α	，	β	，	γ	）		0	0	0								
										0	0	0								
记	上	式	最	右	边	的	矩	阵	为	K	，	则	行	列	式	K	=	0	$\neq$	0
即	矩	阵	K	0	0	。														
则	向	量	组	α	，	β	−	6	α	，	γ	−	3	β	−	7	α	与	向	量
组	α	，	β	，	γ	0	0	。	故	向	量	组	α	，	β	−	6	α	，	γ
−	3	β	−	7	α	线	性	0	关	。										

D5 套计分作业

一、填空题（每小题 0.09 分，共 0.72 分）

1. 若矩阵 A 对任意的 3 阶列向量 $X = \begin{pmatrix} x_1 \\ x_2 \\ x_3 \end{pmatrix}$，有

   $AX = \begin{pmatrix} 6x_1 + 9x_2 \\ 4x_1 - 9x_3 \end{pmatrix}$，则 $A = \begin{pmatrix} 0 & 0 & 0 \\ 0 & 0 & 0 \end{pmatrix}$。

2. 设 α_1，α_2，α_3，β，γ 均为 4 维向量，若 $A = \begin{pmatrix} \beta & \alpha_1 & \alpha_2 & \alpha_3 \end{pmatrix}$，$B = \begin{pmatrix} \gamma & \alpha_1 & \alpha_2 & \alpha_3 \end{pmatrix}$，且 $A = 2$，$B = 9$，则行列式 $A + B = \underline{0}$。

3. 已知矩阵 A 满足 $A^2 + 6A - 2E = 0$，则 $A^{-1} = \dfrac{1}{0}(\ 0\ +\ 0\,0\ )$。

4. 已知向量组 $\alpha_1 = \begin{pmatrix} 2 \\ 2 \\ 6 \end{pmatrix}$，$\alpha_2 = \begin{pmatrix} -3 \\ -2 \\ -9 \end{pmatrix}$，$\alpha_3 = \begin{pmatrix} a \\ -3 \\ 6 \end{pmatrix}$，当参数 a = $\underline{0}$ 时，向量组 α_1，α_2，α_3 线性相关。

5. 齐次线性方程组 $\begin{cases} x_1 + x_2 + x_3 = 0 \\ 3x_1 + 5x_2 + cx_3 = 0 \\ 9x_1 + 25x_2 + c^2x_3 = 0 \end{cases}$ 有非零解的充要条件是 c = $\underline{0}$ 或 c = $\underline{0}$。

6. 若矩阵 $A = \begin{pmatrix} 0.4472 & t \\ 0.8944 & 0.44721 \end{pmatrix}$ 是正交矩阵，则 t = $\underline{0}$。

7. 与向量组 $\alpha_1 = \begin{pmatrix} 0 \\ -1 \\ -1 \end{pmatrix}$，$\alpha_2 = \begin{pmatrix} -1 \\ -1 \\ 1 \end{pmatrix}$ 等价的一个标准正交向量组为 $\begin{pmatrix} 0 \\ 0 \\ 0 \end{pmatrix}$，$\begin{pmatrix} 0 \\ 0 \\ 0 \end{pmatrix}$。

8. 设 4 阶方阵 A 的秩为 3，η_1，η_2，η_3 是线性方程组 $Ax = b$ 的解，且 $\eta_1 = \begin{pmatrix} 2 \\ 3 \\ 2 \\ 3 \end{pmatrix}$，$\eta_2 + \eta_3 = \begin{pmatrix} 1 \\ 2 \\ 2 \\ -4 \end{pmatrix}$，则

   $Ax = b$ 的通解为 $c\begin{pmatrix} 0 \\ 0 \\ 0 \\ 0 \end{pmatrix} + \begin{pmatrix} 0 \\ 0 \\ 0 \\ 0 \end{pmatrix}$。其中 c 为任意实数。

二、计算题（第1题0.3分，第2、3题0.48分，第4题0.6分，共1.86分）

1. 计算 $D = \begin{vmatrix} 6 & -4 & 3 & 3 \\ -6 & 3 & -4 & 3 \\ 6 & -4 & 3 & -1 \\ 1 & -2 & -4 & -4 \end{vmatrix}$

解：将第1行与第4行互换，则

$$D = \begin{vmatrix} 6 & -4 & 3 & 3 \\ -6 & 3 & -4 & 3 \\ 6 & -4 & 3 & -1 \\ 1 & -2 & -4 & -4 \end{vmatrix} = \boxed{0} \begin{vmatrix} 0 & 0 & 0 & 0 \\ 0 & 0 & 0 & 0 \\ 0 & 0 & 0 & 0 \\ 0 & 0 & 0 & 0 \end{vmatrix}$$

$$= \boxed{0} \begin{vmatrix} 0 & 0 & 0 & 0 \\ 0 & 0 & 0 & 0 \\ 0 & 0 & 0 & 0 \\ 0 & 0 & 0 & 0 \end{vmatrix}$$

$$= \boxed{0} \begin{vmatrix} 0 & 0 & 0 \\ 0 & 0 & 0 \\ 0 & 0 & 0 \end{vmatrix} = \boxed{0}$$

2. 设 $A = \begin{pmatrix} 6 & -1 & 4 \\ 3 & 1 & 11 \\ 2 & -2 & 14 \end{pmatrix}$，$B = \begin{pmatrix} 1 & 0 \\ 0 & 1 \\ 1 & 0 \end{pmatrix}$，

(1) 判断 $A - 5E$ 是否可逆，若可逆，求其逆；

(2) 若矩阵 X 满足 $AX - B = 5X$，求 X。

解：

(1) 因 $A - 5E = \begin{pmatrix} 0 & 0 & 0 \\ 0 & 0 & 0 \\ 0 & 0 & 0 \end{pmatrix} = \boxed{0} \neq 0$，

则 $A - 5E \boxed{0} \boxed{0}$，且

$$(A - 5E)^{-1} = \begin{pmatrix} 0 & 0 & 0 \\ 0 & 0 & 0 \\ 0 & 0 & 0 \end{pmatrix}$$

(2) 由 $AX - B = 5X$，则 $(A - 5\boxed{0})X = \boxed{0}$

则

$$X = (A - 5\boxed{0})^{-1}\boxed{0} = \begin{pmatrix} 0 & 0 \\ 0 & 0 \\ 0 & 0 \end{pmatrix}。$$

3. 已知向量组 A：

$\alpha_1 = \begin{pmatrix} 1 \\ 1 \\ 2 \\ 1 \end{pmatrix}$，$\alpha_2 = \begin{pmatrix} -3 \\ -2 \\ -6 \\ -3 \end{pmatrix}$，$\alpha_3 = \begin{pmatrix} 2 \\ 4 \\ 5 \\ 2 \end{pmatrix}$，$\alpha_4 = \begin{pmatrix} 2 \\ -1 \\ 0 \\ 2 \end{pmatrix}$，$\alpha_5 = \begin{pmatrix} 1 \\ 5 \\ -1 \\ 1 \end{pmatrix}$

(1) 判断向量组 A 的线性相关性，说明理由；

(2) 求向量组 A 的一个极大无关组，并将其余向量用极大无关组来线性表示。

解：

(1) 因向量组 A 的向量个数大于向量组 A 的维数，则向量组 A 线性 $\boxed{0}$ 关。

又 $A = (a_1, a_2, a_3, a_4, a_5)$

下面求 A 的行最简形矩阵：

$$A = \begin{bmatrix} 1 & -3 & 2 & 2 & 1 \\ 1 & -2 & 4 & -1 & 5 \\ 2 & -6 & 5 & 0 & -1 \\ 1 & -3 & 2 & 2 & 1 \end{bmatrix} \sim \begin{bmatrix} 1 & 0 & 0 & 0 & 0 \\ 0 & 0 & 0 & 0 & 0 \\ 0 & 0 & 0 & 0 & 0 \\ 0 & 0 & 0 & 0 & 0 \end{bmatrix} \sim \begin{bmatrix} 1 & 0 & 0 & 0 & 0 \\ 0 & 1 & 0 & 0 & 0 \\ 0 & 0 & 0 & 0 & 0 \\ 0 & 0 & 0 & 0 & 0 \end{bmatrix}$$

$$\sim \begin{bmatrix} 1 & 0 & 0 & 0 & 0 \\ 0 & 1 & 0 & 0 & 0 \\ 0 & 0 & 1 & 0 & 0 \\ 0 & 0 & 0 & 0 & 0 \end{bmatrix}$$

(2) 则 a_1, a_2, a_3 为 A 的列向量组的一个极大无关组

且 $a_4 = 0\, a_1 + 0\, a_2 - 0\, a_3$,

$a_5 = 0\, a_1 + 0\, a_2 - 0\, a_3$。

4. 设线性方程组

$$\begin{cases} (8+\lambda)x_1 + 8x_2 + 8x_3 = 0 \\ 8x_1 + (8+\lambda)x_2 + 8x_3 = 24 \\ 8x_1 + 8x_2 + (8+\lambda)x_3 = \lambda \end{cases}$$

问当 λ 取什么数时,此方程组

(1) 无解;

(2) 有唯一解;

(3) 有无穷多解,此时求出方程组的通解。

解:记系数行列式为 D,

则 $D = (\lambda + 0)\lambda^2$

当 $\lambda \neq 0$ 且 $\lambda \neq 0$ 时,$D \neq 0$,此时系数矩阵的秩 = 增广矩阵的秩 = 0,方程组有唯一解。

当 $\lambda = 0$ 时,增广矩阵的行最简形为

$$\begin{bmatrix} 0 & 0 & 0 & 0 \\ 0 & 0 & 0 & 0 \\ 0 & 0 & 0 & 0 \end{bmatrix} \sim \begin{bmatrix} 0 & 0 & 0 & 0 \\ 0 & 0 & 0 & 0 \\ 0 & 0 & 0 & 0 \end{bmatrix}$$

(1) 即系数矩阵的秩 = 0,而增广矩阵的秩 = 0,方程组有无解。

(2) 当 $\lambda \neq 0$ 时且 $\lambda \neq 0$,$D \neq 0$,此时系数矩阵的秩 = 增广矩阵的秩 = 0,方程组有唯一解。

(3) 当 $\lambda = 0$ 时,增广矩阵为

$$\begin{bmatrix} 0 & 0 & 0 & 0 \\ 0 & 0 & 0 & 0 \\ 0 & 0 & 0 & 0 \end{bmatrix} \sim \begin{bmatrix} 1 & 0 & 0 & 0 \\ 0 & 0 & 0 & 0 \\ 0 & 0 & 0 & 0 \end{bmatrix}$$

$$\sim \begin{bmatrix} 1 & 0 & 0 & 0 \\ 0 & 0 & 0 & 0 \\ 0 & 0 & 0 & 0 \end{bmatrix} \sim \begin{bmatrix} 1 & 0 & 0 & 0 \\ 0 & 0 & 0 & 0 \\ 0 & 0 & 0 & 0 \end{bmatrix}$$

$$\sim \begin{bmatrix} 1 & 0 & 0 & 0 \\ 0 & 0 & 0 & 0 \\ 0 & 0 & 0 & 0 \end{bmatrix} \sim \begin{bmatrix} 1 & 0 & 0 & 0 \\ 0 & 0 & 0 & 0 \\ 0 & 0 & 0 & 0 \end{bmatrix}$$

方程组有无穷多解,通解为

$$\begin{bmatrix} x_1 \\ x_2 \\ x_3 \end{bmatrix} = c \begin{bmatrix} 0 \\ 0 \\ 0 \end{bmatrix} + \begin{bmatrix} 0 \\ 0 \\ 0 \end{bmatrix}$$

式中,c 为任意实数。

三、证明题（每小题 0.21 分，共 0.42 分）

1. 设 A，B 分别是 $s \times n$，$n \times t$ 矩阵，且满足 $AB = 0$，证明 $r(A) + r(B) \leqslant n$。

2. 设向量组 α_1，α_2，α_3，α_4 线性无关，若
$\beta_1 = 7\alpha_1 + 7\alpha_2$，$\beta_2 = 4\alpha_2 + 4\alpha_3$，
$\beta_3 = 3\alpha_3 + 3\alpha_4$，$\beta_4 = \alpha_4 - \alpha_1$，
证明向量组 β_1，β_2，β_3，β_4 线性无关。

证明：

(1) 因 B 是 $n \times t$ 矩阵，将 B 按列分块可得
$B = (b_1, b_2, \cdots, b_t)$
则 b_i（$i=1,2,\cdots,t$）是齐次线性方程组 $Ax = 0$ 的解，设 $r(A) = r$，则 $Ax = 0$ 的解空间的维数 $= $ 0，
即 $r(B) \leqslant$ 0
故 $r(A) + r(B) \leqslant$ 0

(2) 因

$$(\beta_1 \ \beta_2 \ \beta_3 \ \beta_4) = (\alpha_1 \ \alpha_2 \ \alpha_3 \ \alpha_4)\begin{pmatrix} 0 & 0 & 0 & 0 \\ 0 & 0 & 0 & 0 \\ 0 & 0 & 0 & 0 \\ 0 & 0 & 0 & 0 \end{pmatrix}$$

记上式右边矩阵为 C，则 C 的行列式 $|C| = $ 0 $\neq$ 0，即 C 0 0，所以向量组 β_1，β_2，β_3，β_4 与向量组 α_1，α_2，α_3，α_4 0 0，故 β_1，β_2，β_3，β_4 线性 0 关。

证毕

D6 套计分作业

一、填空题（共4个小题，每小题0.16分，共0.64分）

1. 若3阶行列式 $D_3 = |a_{ij}| = 7$，则3阶行列式 $D_3 = |-2a_{ij}| = $ ___

2. 若向量组含有零向量，则此向量组线性 ___ 关。

3. 已知 $\alpha_1 = \begin{pmatrix} -2 \\ -3 \\ -2 \end{pmatrix}$，$\alpha_2 = \begin{pmatrix} 0 \\ -3 \\ 2 \end{pmatrix}$，则 $\alpha_1 + 4\alpha_2 = \begin{pmatrix} \\ \\ \end{pmatrix}$。

4. 若向量 $\alpha_1 = \begin{pmatrix} -3 \\ 2 \\ 4 \end{pmatrix}$，$\alpha_2 = \begin{pmatrix} 3 \\ x \\ 6 \end{pmatrix}$ 正交，则 $x = $ ___。

二、选择题（共4个小题，每小题0.16分，共0.64分）

1. 四行列式 $\begin{vmatrix} c & 0 & 0 & d \\ 0 & c & d & 0 \\ 0 & a & b & 0 \\ a & 0 & 0 & b \end{vmatrix} = (\quad)$
   - (A) $a^2d^2-b^2c^2$
   - (B) $a^2d^2+b^2c^2$
   - (C) $(a^2-d^2)(b^2-c^2)$
   - (D) $(ad-bc)^2$

2. 设 n 阶方阵 B 经过初等变换后所得方阵记为 A，则（　）（注，$\det B$ 表示 B 的行列式）
   - (A) $\det A > \det B$
   - (B) 若 $\det B = 0$，则 $\det A = 0$
   - (C) $\det A \det B > 0$
   - (D) $\det A = \det B$

3. 行列式中，结果不等于零的是（　）
   - (A) $\begin{vmatrix} 1 & -9 \\ 1 & -8 \end{vmatrix}$
   - (B) $\begin{vmatrix} 5 & -3 \\ 10 & -6 \end{vmatrix}$
   - (C) $\begin{vmatrix} 4 & 0 \\ 4 & 0 \end{vmatrix}$
   - (D) $\begin{vmatrix} 0 & 0 \\ 1 & -2 \end{vmatrix}$

4. 矩阵 $A = \begin{pmatrix} 3 & -4 & 3 \\ 0 & 7 & 6 \\ 0 & 14 & 12 \end{pmatrix}$ 的秩是（　）
   - (A) 0
   - (B) 1
   - (C) 2
   - (D) 3

三、计算题（共6个小题，每小题0.3分，共1.8分）

1. 计算行列式 $\begin{vmatrix} 1 & 1 & -1 \\ 1 & 9 & 8 \\ 1 & -9 & 23 \end{vmatrix}$

解：$\begin{vmatrix} 1 & 1 & -1 \\ 1 & 9 & 8 \\ 1 & -9 & 23 \end{vmatrix} = $ ___

2. 已 知 $A = \begin{pmatrix} 1 & 1 & -3 \\ 1 & 0 & -2 \\ 3 & 3 & -10 \end{pmatrix}$, 求 矩 阵 A 的 逆 。

解 ：

$[A, E] = \begin{pmatrix} 0 & 0 & 0 & 0 & 0 & 0 \\ 0 & 0 & 0 & 0 & 0 & 0 \\ 0 & 0 & 0 & 0 & 0 & 0 \end{pmatrix} \sim \begin{pmatrix} 0 & 0 & 0 & 0 & 0 & 0 \\ 0 & 0 & 0 & 0 & 0 & 0 \\ 0 & 0 & 0 & 0 & 0 & 0 \end{pmatrix}$

$\sim \begin{pmatrix} 0 & 0 & 0 & 0 & 0 & 0 \\ 0 & 0 & 0 & 0 & 0 & 0 \\ 0 & 0 & 0 & 0 & 0 & 0 \end{pmatrix} \sim \begin{pmatrix} 0 & 0 & 0 & 0 & 0 & 0 \\ 0 & 0 & 0 & 0 & 0 & 0 \\ 0 & 0 & 0 & 0 & 0 & 0 \end{pmatrix}$

$\sim \begin{pmatrix} 0 & 0 & 0 & 0 & 0 & 0 \\ 0 & 0 & 0 & 0 & 0 & 0 \\ 0 & 0 & 0 & 0 & 0 & 0 \end{pmatrix}$

则 $A^{-1} = \begin{pmatrix} 0 & 0 & 0 \\ 0 & 0 & 0 \\ 0 & 0 & 0 \end{pmatrix}$

3. 判 定 下 列 向 量 组 是 线 性 相 关 还 是 线 性 无 关 ：

$b_1 = \begin{pmatrix} -2 \\ 0 \\ -2 \end{pmatrix}$, $b_2 = \begin{pmatrix} -4 \\ -1 \\ -2 \end{pmatrix}$, $b_3 = \begin{pmatrix} 0 \\ 1 \\ -4 \end{pmatrix}$

解 ： 设 $B = \begin{pmatrix} b_1 & b_2 & b_3 \end{pmatrix}$, $B = 0$,

则 $R (B) = 0$

即 向 量 组 b_1 , b_2 , b_3 线 性 0 关 。

4. 求 下 列 向 量 组 的 一 个 最 大 无 关 组 ：

$a_1 = \begin{pmatrix} 1 \\ 2 \\ 2 \\ 1 \end{pmatrix}$, $a_2 = \begin{pmatrix} -3 \\ -5 \\ -6 \\ -3 \end{pmatrix}$, $a_3 = \begin{pmatrix} 3 \\ 6 \\ 7 \\ 3 \end{pmatrix}$, $a_4 = \begin{pmatrix} 0 \\ 3 \\ -1 \\ 0 \end{pmatrix}$, $a_5 = \begin{pmatrix} -1 \\ -3 \\ -2 \\ -1 \end{pmatrix}$

解 ： 先 求 下 面 矩 阵 的 行 最 简 形 矩 阵 ：

$\begin{pmatrix} 1 & -3 & 3 & 0 & -1 \\ 2 & -5 & 6 & 3 & -3 \\ 2 & -6 & 7 & -1 & -2 \\ 1 & -3 & 3 & 0 & -1 \end{pmatrix} \sim \begin{pmatrix} 0 & 0 & 0 & 0 & 0 \\ 0 & 0 & 0 & 0 & 0 \\ 0 & 0 & 0 & 0 & 0 \\ 0 & 0 & 0 & 0 & 0 \end{pmatrix}$

即 ： $R (a_1, a_2, a_3, a_4, a_5) = 0$, 故 最 大 无 关 组 为 0 , 0 , 0 。

5. 求 下 列 非 齐 次 线 性 方 程 组 的 通 解 及 对 应 的 齐 次 线 性 方 程 组 的 基 础 解 系 ：

$$\begin{cases} x_1 - 1 x_2 - 1 x_3 - 4 x_4 = 2 \\ -1 x_1 + 1 x_2 + 2 x_3 + 2 x_4 = 1 \\ -2 x_1 + 2 x_2 + 2 x_3 + 8 x_4 = -4 \end{cases}$$

解 ： 先 求 增 广 矩 阵 B 的 行 最 简 形 矩 阵 ：

$\begin{pmatrix} 1 & -1 & -1 & -4 & 2 \\ -1 & 1 & 2 & 2 & 1 \\ -2 & 2 & 2 & 8 & -4 \end{pmatrix} \sim \begin{pmatrix} 0 & 0 & 0 & 0 & 0 \\ 0 & 0 & 0 & 0 & 0 \\ 0 & 0 & 0 & 0 & 0 \end{pmatrix} \sim \begin{pmatrix} 0 & 0 & 0 & 0 & 0 \\ 0 & 0 & 0 & 0 & 0 \\ 0 & 0 & 0 & 0 & 0 \end{pmatrix}$

故 通 解 为 ：

$\begin{pmatrix} x_1 \\ x_2 \\ x_3 \\ x_4 \end{pmatrix} = c_1 \begin{pmatrix} 0 \\ 0 \\ 0 \\ 0 \end{pmatrix} + c_2 \begin{pmatrix} 0 \\ 0 \\ 0 \\ 0 \end{pmatrix} + \begin{pmatrix} 0 \\ 0 \\ 0 \\ 0 \end{pmatrix}$

式中，c_1，c_2 为任意实数。

对应的齐次线性方程组的基础解系为：

$$\begin{bmatrix} 0 \\ 0 \\ 0 \\ 0 \end{bmatrix} \text{和} \begin{bmatrix} 0 \\ 0 \\ 0 \\ 0 \end{bmatrix}$$

6. 求矩阵 $A = \begin{bmatrix} 2 & -1 \\ -1 & 2 \end{bmatrix}$ 的特征值与特征向量。

解：A 的特征多项式

$$\phi(\lambda) = A - \lambda E = \begin{vmatrix} 2-\lambda & -1 \\ -1 & 2-\lambda \end{vmatrix}$$

$$= (0-\lambda)(0-\lambda)$$

即 A 的特征值为 $\lambda_1 = 0$ 和 $\lambda_2 = 0$

对于 $\lambda_1 = 0$，矩阵

$$A - \lambda E = \begin{bmatrix} 0 & 0 \\ 0 & 0 \end{bmatrix} \sim \begin{bmatrix} 0 & 0 \\ 0 & 0 \end{bmatrix}$$

$\lambda_1 = 0$ 对应的特征向量为：

$$\xi_1 = \begin{bmatrix} 0 \\ 0 \end{bmatrix}$$

对于 $\lambda_2 = 0$，矩阵

$$A - \lambda E = \begin{bmatrix} 0 & 0 \\ 0 & 0 \end{bmatrix} \sim \begin{bmatrix} 0 & 0 \\ 0 & 0 \end{bmatrix}$$

$\lambda_2 = 0$ 对应的特征向量为：

$$\xi_2 = \begin{bmatrix} 0 \\ 0 \end{bmatrix}$$

D7 套计分作业

一、选择题（每小题 0.09 分，共 0.45 分）

1. 下列运算错误的是（ ）
   - (A) $(A+B)^{-1}=B^{-1}+A^{-1}$
   - (B) $(kB)^T=kB^T$
   - (C) $(A+B)^T=B^T+A^T$
   - (D) $(AB)^{-1}=B^{-1}A^{-1}$

   式中，A、B 为 n 阶可逆方阵，k 为实数。

2. 设 A^*，A^{-1} 分别为 n 阶方阵 A 的伴随矩阵、逆矩阵，则 $A^* A^{-1}$ 等于（ ）
   - (A) A^n
   - (B) A^{n-1}
   - (C) A^{n-2}
   - (D) A^{n-3}

3. 设 $m < n$，则矩阵 $A_{m \times n}$ 行向量组线性无关，b 为非零向量，则（ ）
   - (A) $Ax=b$ 有唯一解
   - (B) $Ax=b$ 无解
   - (C) $Ax=0$ 仅有零解
   - (D) $Ax=0$ 有无穷多解

4. 下列不能相似于对角阵的矩阵是（ ）
   - (A) $\begin{pmatrix} 1 & 2 & 1 \\ 2 & 0 & 3 \\ 1 & 3 & 1 \end{pmatrix}$
   - (B) $\begin{pmatrix} 1 & 2 & 1 \\ 0 & 1 & 3 \\ 0 & 0 & 5 \end{pmatrix}$
   - (C) $\begin{pmatrix} 1 & 0 & 0 \\ 2 & 2 & 0 \\ 3 & 3 & 3 \end{pmatrix}$
   - (D) $\begin{pmatrix} -1 & 0 & 0 \\ 0 & 2 & 2 \\ 0 & 3 & 1 \end{pmatrix}$

5. 已知 A 是 4 阶矩阵，A^* 是 A 的伴随矩阵，若 A^* 的特征值是 1，-1，2，4，则不可逆的矩阵是（ ）
   - (A) $A-E$
   - (B) $A+2E$
   - (C) $2A-E$
   - (D) $A-4E$

二、填空题（每小题 0.09 分，共 0.45 分）

1. $\begin{vmatrix} 11 & 1 & 1 & 1 \\ 1 & 11 & 1 & 1 \\ 1 & 1 & 11 & 1 \\ 1 & 1 & 1 & 11 \end{vmatrix} =$ ___

2. 在五阶行列式中，项 $a_{32} a_{55} a_{14} a_{21} a_{43}$ 的符号取 ___。

3. 方程组 $\begin{cases} \lambda x_1 + 36 x_2 = 0 \\ 16 x_1 + \lambda x_2 = 0 \end{cases}$ 有非零解，则 $\lambda =$ ___

4. 已知向量组 $\alpha_1 = \begin{pmatrix} 1 \\ 2 \\ 3 \\ 3 \end{pmatrix}$，$\alpha_2 = \begin{pmatrix} -4 \\ -6 \\ t \\ -12 \end{pmatrix}$，$\alpha_3 = \begin{pmatrix} 3 \\ 2 \\ 9 \\ 9 \end{pmatrix}$ 的秩为 2，则 $t =$ ___。

5. 二次型 $f(x,y,z) = 3x^2 + 2xy + 3y^2 + 4yz + 6z^2$ 中的二次型矩阵 $= \begin{pmatrix} 0 & 0 & 0 \\ 0 & 0 & 0 \\ 0 & 0 & 0 \end{pmatrix}$。

三、(0.3 分)

设 $A = \begin{pmatrix} -1 & -1 & -1 \\ 0 & -3 & 1 \\ 0 & -1 & -3 \end{pmatrix}$，$B = \begin{pmatrix} 0 & 1 & 1 \\ 1 & 0 & 1 \\ 1 & 1 & 0 \end{pmatrix}$，矩阵 X 满足 $AXA + BXB = AXB + BXA + E$，求矩阵 X。

解：由 $AXA + BXB = AXB + BXA + E$，则

$$(A - 0) X (A - 0) = E$$

即

$$X = (A - 0)^{-1} (A - 0)^{-1}$$

$$= \begin{pmatrix} 0 & 0 & 0 \\ 0 & 0 & 0 \\ 0 & 0 & 0 \end{pmatrix}^{-1} \begin{pmatrix} 0 & 0 & 0 \\ 0 & 0 & 0 \\ 0 & 0 & 0 \end{pmatrix}^{-1} = \begin{pmatrix} 0 & 0 & 0 \\ 0 & 0 & 0 \\ 0 & 0 & 0 \end{pmatrix} \begin{pmatrix} 0 & 0 & 0 \\ 0 & 0 & 0 \\ 0 & 0 & 0 \end{pmatrix}$$

$$= \begin{pmatrix} 0 & 0 & 0 \\ 0 & 0 & 0 \\ 0 & 0 & 0 \end{pmatrix}$$

四、(0.56 分)

求下列向量组的一个极大无关组和秩：

$\alpha_1 = \begin{pmatrix} 1 \\ 1 \\ 1 \\ 2 \end{pmatrix}$，$\alpha_2 = \begin{pmatrix} -4 \\ -3 \\ -4 \\ -8 \end{pmatrix}$，$\alpha_3 = \begin{pmatrix} 1 \\ 1 \\ 2 \\ 2 \end{pmatrix}$，$\alpha_4 = \begin{pmatrix} -4 \\ -7 \\ -5 \\ -8 \end{pmatrix}$，$\alpha_5 = \begin{pmatrix} -4 \\ -8 \\ -7 \\ -8 \end{pmatrix}$

解：设 $A = (a_1, a_2, a_3, a_4, a_5)$

下面求 A 的行最简形矩阵：

$$A = \begin{pmatrix} 1 & -4 & 1 & -4 & -4 \\ 1 & -3 & 1 & -7 & -8 \\ 1 & -4 & 2 & -5 & -7 \\ 2 & -8 & 2 & -8 & -8 \end{pmatrix} \sim \begin{pmatrix} 1 & 0 & 0 & 0 & 0 \\ 0 & 0 & 0 & 0 & 0 \\ 0 & 0 & 0 & 0 & 0 \\ 0 & 0 & 0 & 0 & 0 \end{pmatrix} \sim \begin{pmatrix} 1 & 0 & 0 & 0 & 0 \\ 0 & 1 & 0 & 0 & 0 \\ 0 & 0 & 0 & 0 & 0 \\ 0 & 0 & 0 & 0 & 0 \end{pmatrix}$$

$$\sim \begin{pmatrix} 1 & 0 & 0 & 0 & 0 \\ 0 & 1 & 0 & 0 & 0 \\ 0 & 0 & 1 & 0 & 0 \\ 0 & 0 & 0 & 0 & 0 \end{pmatrix}$$

则 a_1, a_2, a_3 为 A 的列向量组的一个极大无关组，向量组的秩 $= 0$。

五、(0.46 分)

当 λ 为何值时，方程组

$$\begin{cases} \lambda x_1 + 1 x_2 + 1 = 1 \\ 1 x_1 + \lambda x_2 + 1 = \lambda \\ 1 x_1 + 1 x_2 + \lambda = \lambda^2 \end{cases}$$

无解，有唯一解和无穷多解。并求出无穷多解时的全部解。

解：记系数行列式为 D，

则 $D = (\lambda + \boxed{\ })(\lambda - \boxed{\ })^2$

记 D_1 表示将方程组的常数列替换 D 的第 1 列后的行列式，用试探法可得：当 $\lambda = \boxed{\ }$ 时，$D_1 = \boxed{\ } \neq 0$，当 $\lambda = \boxed{\ }$ 时，$D_1 = 0$，则当 $\lambda = \boxed{\ }$ 时系数矩阵的秩 $< \boxed{\ }$，而增广矩阵的秩 $\boxed{\ }$，方程组无解。

当 $\lambda \neq \boxed{\ }$ 或 $\lambda \neq \boxed{\ }$ 时，$D \neq 0$，此时系数矩阵的秩 $=$ 增广矩阵的秩 $\boxed{\ }$，方程组有唯一解。

当 $\lambda = \boxed{\ }$ 时，增广矩阵为

$$\begin{pmatrix} 0 & 0 & 0 & 0 \\ 0 & 0 & 0 & 0 \\ 0 & 0 & 0 & 0 \end{pmatrix} \sim \begin{pmatrix} 0 & 0 & 0 & 0 \\ 0 & 0 & 0 & 0 \\ 0 & 0 & 0 & 0 \end{pmatrix}$$

方程组有无穷多解，通解为

$$\begin{pmatrix} x_1 \\ x_2 \\ x_3 \end{pmatrix} = c_1 \begin{pmatrix} 0 \\ 0 \\ 0 \end{pmatrix} + c_1 \begin{pmatrix} 0 \\ 0 \\ 1 \end{pmatrix} + \begin{pmatrix} 0 \\ 1 \\ 0 \end{pmatrix}$$

式中，c_1，c_2 为任意实数。

六、(0.56 分)

在 R4 中，求由基 α_1，α_2，α_3，α_4 到基 β_1，β_2，β_3，β_4 的过渡矩阵 P，并求向量 α 在基 β_1，β_2，β_3，β_4 下的坐标。

设 $\alpha_1 = \begin{pmatrix} -1 \\ -2 \\ -1 \\ -1 \end{pmatrix}$，$\alpha_2 = \begin{pmatrix} 1 \\ 1 \\ 1 \\ 1 \end{pmatrix}$，$\alpha_3 = \begin{pmatrix} -2 \\ -5 \\ -3 \\ -2 \end{pmatrix}$，$\alpha_4 = \begin{pmatrix} 0 \\ 2 \\ 0 \\ 1 \end{pmatrix}$

$\beta_1 = \begin{pmatrix} 1 \\ 1 \\ 1 \\ 2 \end{pmatrix}$，$\beta_2 = \begin{pmatrix} 1 \\ 0 \\ 1 \\ 2 \end{pmatrix}$，$\beta_3 = \begin{pmatrix} 1 \\ 0 \\ 2 \\ 2 \end{pmatrix}$，$\beta_4 = \begin{pmatrix} 1 \\ 3 \\ 1 \\ 1 \end{pmatrix}$，$\alpha = \begin{pmatrix} 1 \\ 1 \\ 1 \\ 1 \end{pmatrix}$

解：设 $A = (\alpha_1, \alpha_2, \alpha_3, \alpha_4)$，$B = (\beta_1, \beta_2, \beta_3, \beta_4)$，

则由基 α_1，α_2，α_3，α_4 到基 β_1，β_2，β_3，β_4 的过渡矩阵 $P = A^{-1}$

$$= \begin{pmatrix} 0 & 0 & 0 & 0 \\ 0 & 0 & 0 & 0 \\ 0 & 0 & 0 & 0 \\ 0 & 0 & 0 & 0 \end{pmatrix}^{-1} \begin{pmatrix} 0 & 0 & 0 & 0 \\ 0 & 0 & 0 & 0 \\ 0 & 0 & 0 & 0 \\ 0 & 0 & 0 & 0 \end{pmatrix}$$

$$= \begin{pmatrix} 0 & 0 & 0 & 0 \\ 0 & 0 & 0 & 0 \\ 0 & 0 & 0 & 0 \\ 0 & 0 & 0 & 0 \end{pmatrix} \begin{pmatrix} 0 & 0 & 0 & 0 \\ 0 & 0 & 0 & 0 \\ 0 & 0 & 0 & 0 \\ 0 & 0 & 0 & 0 \end{pmatrix}$$

$$= \begin{pmatrix} 0 & 0 & 0 & 0 \\ 0 & 0 & 0 & 0 \\ 0 & 0 & 0 & 0 \\ 0 & 0 & 0 & 0 \end{pmatrix}$$

向量 α 在基 β_1，β_2，β_3，β_4 下的坐标为 $\boxed{\ }$，$\boxed{\ }$，$\boxed{\ }$，$\boxed{\ }$（注：$\alpha = B B^{-1} \alpha$）。

七、(0.46 分)

设 $A = \begin{pmatrix} 32 & 0 & 0 \\ 0 & 31 & 1 \\ 0 & 1 & 31 \end{pmatrix}$，求 A 的特征值和特征向量，求正交矩阵 P，使得 $P^{-1}AP$ 为对角矩阵。

解：

A 的特征多项式

$$\Phi(\lambda) = |A - \lambda E| = \begin{vmatrix} 32-\lambda & 0 & 0 \\ 0 & 31-\lambda & 1 \\ 0 & 1 & 31-\lambda \end{vmatrix}$$

$$= (0-\lambda)^2(0-\lambda)$$

即特征值 $\lambda_1 = \lambda_2 = 0$，$\lambda_3 = 0$

当 $\lambda_1 = \lambda_2 = 0$ 时，矩阵

$$A - \lambda E = \begin{pmatrix} 0 & 0 & 0 \\ 0 & 0 & 0 \\ 0 & 0 & 0 \end{pmatrix} \sim \begin{pmatrix} 0 & 0 & 0 \\ 0 & 0 & 0 \\ 0 & 0 & 0 \end{pmatrix}$$

则 $\lambda_1 = \lambda_2 = 0$ 有两个线性无关的特征向量：

$$\xi_1 = \begin{pmatrix} 0 \\ 0 \\ 0 \end{pmatrix}, \quad \xi_2 = \begin{pmatrix} 0 \\ 0 \\ 0 \end{pmatrix}$$

将 ξ_1，ξ_2 单位化得：

$$\alpha_1 = \xi_1, \quad \alpha_2 = \begin{pmatrix} 0 \\ 0 \\ 0 \end{pmatrix}$$

当 $\lambda_3 = 0$ 时，矩阵

$$A - \lambda E = \begin{pmatrix} 0 & 0 & 0 \\ 0 & 0 & 0 \\ 0 & 0 & 0 \end{pmatrix} \sim \begin{pmatrix} 1 & 0 & 0 \\ 0 & 1 & 0 \\ 0 & 0 & 0 \end{pmatrix}$$

则 $\lambda_3 = 0$ 有一个特征向量：

$$\xi_3 = \begin{pmatrix} 0 \\ 0 \\ 0 \end{pmatrix}$$

将 ξ_3 单位化得：

$$\alpha_3 = \begin{pmatrix} 0 \\ 0 \\ 0 \end{pmatrix}$$

令 $T = (\alpha_1 \ \alpha_2 \ \alpha_3)$，则 T 为正交矩阵，且

$$T^{-1}AT = \begin{pmatrix} 0 & 0 & 0 \\ 0 & 0 & 0 \\ 0 & 0 & 0 \end{pmatrix}$$

八、证明题（0.18 分）

设 A、B 均为 n 阶方阵，满足 $ABA = B^{-1}$，证明 $R(E+AB) + R(E-AB) = n$

证明：因 $ABA = B^{-1}$，则 $(AB)^{-1} = \begin{pmatrix} 0 & 0 \end{pmatrix}$

即 $(AB)^2 = 0$

则 $(E+AB)(E-AB) = 0$

则 $R(E+AB) + R(E-AB) \leq 0$

又因 $(E+AB) + (E-AB) = 2E$

则 $R(2E) \leq R(E+AB) + R(E-AB)$

即 $0 \leq R(E+AB) + R(E-AB)$

综上所述，可得 $R(E+AB) + R(E-AB) = 0$

证毕

D8 套计分作业

一、填空题（每小题 0.09 分，共 0.9 分）

1. 排列 4 2 5 1 3 的逆序数为 0 。

2. 行列式 $\begin{vmatrix} 1 & 5 & 7 \\ -6 & -3 & 6 \\ 0 & 1 & 2 \end{vmatrix}$ = 0 。

3. 设 A 为 4 阶方阵，则 $|8A|$ = 0 $|A|$ 。

4. 若矩阵 A 可逆，则 $(10A)^{-1}$ = 0 A^{-1} 。

5. 若矩阵 A 为 2 阶方阵，且 $|A|$ = 4 ，则 $|A^*|$ = 0 。

6. 若 30 阶方阵 A 为满秩矩阵，则 $r(A)$ = 0 。

7. 21 元齐次线性方程组 $Ax = 0$ 仅有零解的充要条件是系数矩阵的秩 $r(A)$ = 0 。

8. 线性无关的向量组 A 有 s 个向量，线性无关的向量组 B 有 t 个向量，若向量组 B 能由向量组 A 线性表示，则 s 0 t 。

9. R^3 的一个旧基 $\alpha_1 = \begin{bmatrix} -1 \\ -2 \\ -4 \end{bmatrix}$ ，$\alpha_2 = \begin{bmatrix} -3 \\ -7 \\ -12 \end{bmatrix}$ ，$\alpha_3 = \begin{bmatrix} -1 \\ -4 \\ -5 \end{bmatrix}$ ，新基

$\beta_1 = \begin{bmatrix} 1 \\ 2 \\ 4 \end{bmatrix}$ ，$\beta_2 = \begin{bmatrix} 1 \\ 3 \\ 4 \end{bmatrix}$ ，$\beta_3 = \begin{bmatrix} -2 \\ -7 \\ -7 \end{bmatrix}$ ，则从新基到旧基的

过渡矩阵为 $\begin{bmatrix} 0 & 0 & 0 \\ 0 & 0 & 0 \\ 0 & 0 & 0 \end{bmatrix}$ 。

10. 设 A 为 21 阶单位矩阵，则 $tr(A)$ = 0 。

二、选择题（每小题 0.09 分，共 0.45 分）

1. 已知 $\begin{vmatrix} a_1 & b_1 & c_1 \\ a_2 & b_2 & c_2 \\ a_3 & b_3 & c_3 \end{vmatrix}$ = m ≠ 0 ，则 $\begin{vmatrix} 7a_1 & b_1+c_1 & c_1 \\ 7a_2 & b_2+c_2 & c_2 \\ 7a_3 & b_3+c_3 & c_3 \end{vmatrix}$ = (0)
   (A) 4 m ； (B) 5 m ； (C) 6 m ； (D) 7 m

2. 设 A 为三阶矩阵，且 $|A|$ = 2 ；B 为二阶矩阵，且 $|B|$ = 8 ，则 $\begin{vmatrix} 4A & 0 \\ C & B \end{vmatrix}$ = (0)
   (A) 1024 ； (B) -1024 ； (C) 256 ； (D) -256

3. 设 A ，B 为 n 阶矩阵，$A ≠ 0$ ，且 $AB = 0$ ，则 (0) 成立。
   (A) $B = 0$ ；   (B) $B = 0$ 或 $A = 0$
   (C) $BA = 0$ ；   (D) $(A-B)^2 = A^2 + B^2$

4. 设向量组 $\alpha_1 = \begin{bmatrix} 2 \\ 2 \\ 4 \\ 2 \end{bmatrix}$, $\alpha_2 = \begin{bmatrix} 2 \\ 8 \\ 4 \\ 3 \end{bmatrix}$, $\alpha_3 = \begin{bmatrix} 4 \\ 10 \\ 8 \\ 6 \end{bmatrix}$, $\alpha_4 = \begin{bmatrix} 4 \\ 10 \\ 8 \\ 7 \end{bmatrix}$,

$\alpha_5 = \begin{bmatrix} 2 \\ 5 \\ 4 \\ 3 \end{bmatrix}$, 则向量组 α_1 , α_2 , α_3 , α_4 , α_5 的极大无

关组是（ 0 ）

（A） α_1 , α_2 , α_3 （B） α_1 , α_2 , α_4

（C） α_1 , α_2 （D） α_1 , α_2 , α_3 , α_4

5. 四阶矩阵 A 的元素均为 29 , 则 A 的特征值为（ 0 ）

（A） 1 , 1 , 1 , 1   （B） 1 , 0 , 0 , 0

（C） 116 , 116 , 116 , 116   （D） 116 , 0 , 0 , 0

三、计算题（每小题 0.24 分，共 0.96 分）

1. 计算 $D = \begin{vmatrix} 4 & 2 & 1 & -2 \\ -4 & 4 & -3 & 3 \\ 2 & 4 & 1 & -3 \\ 1 & 1 & 3 & -3 \end{vmatrix}$

解：将第 1 行与第 4 行互换，则

$D = \begin{vmatrix} 4 & 2 & 1 & -2 \\ -4 & 4 & -3 & 3 \\ 2 & 4 & 1 & -3 \\ 1 & 1 & 3 & -3 \end{vmatrix} = 0 \begin{vmatrix} 0 & 0 & 0 & 0 \\ 0 & 0 & 0 & 0 \\ 0 & 0 & 0 & 0 \\ 0 & 0 & 0 & 0 \end{vmatrix}$

$= 0 \begin{vmatrix} 0 & 0 & 0 & 0 \\ 0 & 0 & 0 & 0 \\ 0 & 0 & 0 & 0 \\ 0 & 0 & 0 & 0 \end{vmatrix}$

$= 0 \begin{vmatrix} 0 & 0 & 0 \\ 0 & 0 & 0 \\ 0 & 0 & 0 \end{vmatrix} = 0$

2. 用初等行变换求矩阵 $A = \begin{bmatrix} 1 & 0 & -2 \\ 2 & 1 & -5 \\ 4 & 1 & -8 \end{bmatrix}$ 的逆矩阵。

解：

$[A , E] = \begin{bmatrix} 0 & 0 & 0 & 0 & 0 & 0 \\ 0 & 0 & 0 & 0 & 0 & 0 \\ 0 & 0 & 0 & 0 & 0 & 0 \end{bmatrix} \sim \begin{bmatrix} 0 & 0 & 0 & 0 & 0 & 0 \\ 0 & 0 & 0 & 0 & 0 & 0 \\ 0 & 0 & 0 & 0 & 0 & 0 \end{bmatrix}$

$\sim \begin{bmatrix} 0 & 0 & 0 & 0 & 0 & 0 \\ 0 & 0 & 0 & 0 & 0 & 0 \\ 0 & 0 & 0 & 0 & 0 & 0 \end{bmatrix} \sim \begin{bmatrix} 0 & 0 & 0 & 0 & 0 & 0 \\ 0 & 0 & 0 & 0 & 0 & 0 \\ 0 & 0 & 0 & 0 & 0 & 0 \end{bmatrix}$

$\sim \begin{bmatrix} 0 & 0 & 0 & 0 & 0 & 0 \\ 0 & 0 & 0 & 0 & 0 & 0 \\ 0 & 0 & 0 & 0 & 0 & 0 \end{bmatrix}$

所以 $A^{-1} = \begin{bmatrix} 0 & 0 & 0 \\ 0 & 0 & 0 \\ 0 & 0 & 0 \end{bmatrix}$

3. 设矩阵 $A = \begin{pmatrix} 1 & 2 & 3 & 3 & 2 \\ 1 & 3 & 0 & -1 & 3 \\ 1 & 2 & 4 & 5 & 3 \\ 1 & 2 & 3 & 3 & 2 \end{pmatrix}$，求矩阵 A 的列向量组的一个极大无关组，并把不属于极大无关组的列向量用极大无关组线性表示。

解：设 $A = (a_1, a_2, a_3, a_4, a_5)$

下面求 A 的行最简形矩阵：

$A = \begin{pmatrix} 1 & 2 & 3 & 3 & 2 \\ 1 & 3 & 0 & -1 & 3 \\ 1 & 2 & 4 & 5 & 3 \\ 1 & 2 & 3 & 3 & 2 \end{pmatrix} \sim \begin{pmatrix} 1 & 0 & 0 & 0 & 0 \\ 0 & 0 & 0 & 0 & 0 \\ 0 & 0 & 0 & 0 & 0 \\ 0 & 0 & 0 & 0 & 0 \end{pmatrix} \sim \begin{pmatrix} 1 & 0 & 0 & 0 & 0 \\ 0 & 1 & 0 & 0 & 0 \\ 0 & 0 & 0 & 0 & 0 \\ 0 & 0 & 0 & 0 & 0 \end{pmatrix}$

$\sim \begin{pmatrix} 1 & 0 & 0 & 0 & 0 \\ 0 & 1 & 0 & 0 & 0 \\ 0 & 0 & 1 & 0 & 0 \\ 0 & 0 & 0 & 0 & 0 \end{pmatrix}$

则 a_1, a_2, a_3 为 A 的列向量组的一个极大无关组。

且 $a_4 = 0\,a_1 + 0\,a_2 + 0\,a_3$，$a_4 = 0\,a_1 + 0\,a_2 + 0\,a_3$

4. 求矩阵 $A = \begin{pmatrix} 14 & -1 \\ -1 & 14 \end{pmatrix}$ 的特征值和特征向量。

解：A 的特征多项式

$\varphi(\lambda) = A - \lambda E = \begin{vmatrix} 14-\lambda & -1 \\ -1 & 14-\lambda \end{vmatrix}$

$= (0 - \lambda)(0 - \lambda)$

即 A 的特征值为 $\lambda_1 = 0$ 和 $\lambda_2 = 0$

对于 $\lambda_1 = 0$，矩阵

$A - \lambda E = \begin{pmatrix} 0 & 0 \\ 0 & 0 \end{pmatrix} \sim \begin{pmatrix} 0 & 0 \\ 0 & 0 \end{pmatrix}$

$\lambda_1 = 0$ 对应的特征向量为：

$\xi_1 = \begin{pmatrix} 0 \\ 0 \end{pmatrix}$

对于 $\lambda_2 = 0$，矩阵

$A - \lambda E = \begin{pmatrix} 0 & 0 \\ 0 & 0 \end{pmatrix} \sim \begin{pmatrix} 0 & 0 \\ 0 & 0 \end{pmatrix}$

$\lambda_2 = 0$ 对应的特征向量为：

$\xi_2 = \begin{pmatrix} 0 \\ 0 \end{pmatrix}$

四、讨论题（每小题 0.27 分，共 0.54 分）

1 λ 取何值时，齐次线性方程组

$$\begin{cases} (-5-\lambda)x_1 & - & 1x_2 & + & 1x_3 & = & 0 \\ 1x_1 & + & (2-\lambda)x_2 & + & 2x_3 & = & 0 \\ 1x_1 & + & 1x_2 & + & (3-\lambda)x_3 & = & 0 \end{cases}$$

有非零解？

解：因匹配齐次线性方程组有非零解的充要条件是系数行列式为 0。

用试探法确定 λ：

当 λ = 0 时，系数行列式 = $\begin{vmatrix} -5 & -1 & 1 \\ 1 & 2 & 2 \\ 1 & 1 & 3 \end{vmatrix}$ = -20

则 λ = 0，或 λ = 0，或 λ = 0 时齐次线性方程组有非零解。

2. 设实对称矩阵 A = $\begin{pmatrix} 7 & 0 & 0 \\ 0 & 6 & 1 \\ 0 & 1 & 6 \end{pmatrix}$，求正交矩阵 P，使得 $P^{-1}AP$ 为对角矩阵。

解：

A 的特征多项式

$\Phi(\lambda) = A - \lambda E = \begin{vmatrix} 7-\lambda & 0 & 0 \\ 0 & 6-\lambda & 1 \\ 0 & 1 & 6-\lambda \end{vmatrix}$

= $(0-\lambda)^2(0-\lambda)$

即特征值 $\lambda_1 = \lambda_2 = 0$，$\lambda_3 = 0$

当 $\lambda_1 = \lambda_2 = 0$ 时，矩阵

$A - \lambda E = \begin{pmatrix} 0 & 0 & 0 \\ 0 & 0 & 0 \\ 0 & 0 & 0 \end{pmatrix} \sim \begin{pmatrix} 0 & 0 & 0 \\ 0 & 0 & 0 \\ 0 & 0 & 0 \end{pmatrix}$

则 $\lambda_1 = \lambda_2 = 0$ 有两个线性无关的特征向量：

$\xi_1 = \begin{pmatrix} 0 \\ 0 \\ 0 \end{pmatrix}$，$\xi_2 = \begin{pmatrix} 0 \\ 0 \\ 0 \end{pmatrix}$

将 ξ_1，ξ_2 单位化得：

$\alpha_1 = \xi_1$，$\alpha_2 = \begin{pmatrix} 0 \\ 0 \\ 0 \end{pmatrix}$

当 $\lambda_3 = 0$ 时，矩阵

$A - \lambda E = \begin{pmatrix} 0 & 0 & 0 \\ 0 & 0 & 0 \\ 0 & 0 & 0 \end{pmatrix} \sim \begin{pmatrix} 1 & 0 & 0 \\ 0 & 1 & 0 \\ 0 & 0 & 0 \end{pmatrix}$

则 $\lambda_3 = 0$ 有一个特征向量：

$\xi_3 = \begin{pmatrix} 0 \\ 0 \\ 0 \end{pmatrix}$

将 ξ_3 单位化得：

$\alpha_3 = \begin{pmatrix} 0 \\ 0 \\ 0 \end{pmatrix}$

令 T = $\begin{pmatrix} \alpha_1 & \alpha_2 & \alpha_3 \end{pmatrix}$，则 T 为正交矩阵，且

$T^{-1}AT = \begin{pmatrix} 0 & 0 & 0 \\ 0 & 0 & 0 \\ 0 & 0 & 0 \end{pmatrix}$

五、证明题（0.15 分）

设 n 阶矩阵 A 满足 $A^3 = 0$（$A^2 \neq 0$），证明 E - A 可逆。

证明：

因 $(E - A)(E + A + A^2) = E - 0 = 0$

所以 E - A 0 0。

C1 套计分作业

一、单项选择题（每小题 0.09 分，共 0.72 分）

1. 若行列式 $\begin{vmatrix} \lambda-1 & 2 \\ 4 & \lambda-3 \end{vmatrix} = 0$，则 $\lambda =$ （ 0 ）
   - (A) -1
   - (B) 5
   - (C) -1 且 5
   - (D) -1 或 5

2. 若 A 为 n 阶矩阵，且 $A^3 = 0$，则矩阵 $(E-A)^{-1} =$ （ 0 ）
   - (A) $E-A+A^2$
   - (B) $E+A+A^2$
   - (C) $E+A-A^2$
   - (D) $E-A-A^2$

3. 若 A 为 n 阶矩阵，且 $A^2 = A$，则（ 0 ）成立。
   - (A) A = 0
   - (B) 若 A 不可逆，则 A = 0
   - (C) A = E
   - (D) 若 A 可逆，则 A = E

4. 矩阵 A 在（ 0 ）时，其秩改变。
   - (A) 转置
   - (B) 初等变换
   - (C) 乘以奇异矩阵
   - (D) 乘以非奇异矩阵

5. 若向量组 α_1，α_2，…，α_m 线性相关，则向量组内（ 0 ）可由向量组其余向量线性表示。
   - (A) 至少有一个向量
   - (B) 没有一个向量
   - (C) 至多有一个向量
   - (D) 任何一个向量

6. 设矩阵 $A = \begin{pmatrix} 1 & 2 & 3 & 4 \\ 1 & -2 & 4 & 5 \\ 1 & 10 & 1 \end{pmatrix}$，其秩 R(A) = （ 0 ）
   - (A) 1
   - (B) 2
   - (C) 3
   - (D) 4

7. 在线性方程组 AX = b 中，方程的个数小于未知数的个数，则有（ 0 ）
   - (A) AX = b 有无穷多解
   - (B) AX = b 有唯一解
   - (C) AX = 0 有非零解
   - (D) AX = 0 只有零解

8. n 阶矩阵 A 有 n 个不同的特征值是 A 与对角相似的（ 0 ）
   - (A) 充分但非必要条件
   - (B) 必要但非充分条件
   - (C) 充分必要条件
   - (D) 既非充分也非必要条件

二、填空题（每空 0.09 分，共 0.72 分）

1. $\begin{vmatrix} 1 & 299 & 1 \\ 2 & 389 & 2 \\ 3 & 208 & 2 \end{vmatrix} = 0$

2. 设 $A = \begin{pmatrix} 0 & 5 & 0 \\ 0 & 0 & -4 \\ 2 & 0 & 0 \end{pmatrix}$，则 $A^{-1} = \begin{pmatrix} 0 & 0 & 0 \\ 0 & 0 & 0 \\ 0 & 0 & 0 \end{pmatrix}$

3. 设 A 为 n 阶正交阵，且 A > 0，则 A = 0

4. 设向量组 $\alpha_1 = \begin{bmatrix} 1 \\ -1 \\ 2 \end{bmatrix}$, $\alpha_2 = \begin{bmatrix} 1 \\ k \\ -4 \end{bmatrix}$, $\alpha_3 = \begin{bmatrix} 1 \\ 2 \\ 1 \end{bmatrix}$ 线性相关, 则 $k = 0$。

5. 设三元非齐次线性方程组 $AX = b$, $R(A) = 2$, 且 $\eta_1 = \begin{bmatrix} 1 \\ -1 \\ 0 \end{bmatrix}$, $\eta_2 = \begin{bmatrix} -1 \\ -1 \\ 2 \end{bmatrix}$ 是其两个不同的解, 则该方程组的通解是 $X = c\begin{bmatrix} 0 \\ 0 \\ 0 \end{bmatrix} + \begin{bmatrix} 0 \\ 0 \\ 0 \end{bmatrix}$, 其中 c 为任意实数。

6. 设三阶方阵 A 有特征值 1, 2, 3, 且 A 与 B 相似, 则 $|B| = 0$。

7. 设向量 $\alpha_1 = \begin{bmatrix} -8 \\ -1 \\ 1 \end{bmatrix}$ 与 $\alpha_2 = \begin{bmatrix} -3 \\ -4 \\ t \end{bmatrix}$ 正交, 则 $t = 0$

8. 二次型 $f(x_1, x_2, x_3) = x_1^2 + x_2^2 + x_3^2 + 2x_1x_2 + 6x_1x_3 + 4x_2x_3$ 的矩阵的秩是 0。

三、计算题 (0.18 分 + 0.18 分 + 0.3 分 + 0.24 分 + 0.21 分 + 0.15 分 = 1.26 分)

1. 设 A, B 为三阶方阵, 已知 $AB = 2A + B$, 且 $B = \begin{bmatrix} 3 & 4 & -4 \\ 1 & 7 & -3 \\ 3 & 12 & -9 \end{bmatrix}$, 求 $A - E$。

解: 由 $AB = 2A + B$, 得

$A - E = 0(0 - 0E)^{-1} = \begin{bmatrix} 0 & 0 & 0 \\ 0 & 0 & 0 \\ 0 & 0 & 0 \end{bmatrix}$

2. 设 $A = \begin{bmatrix} 0 & -1 \\ 1 & 0 \end{bmatrix}$, $B = P^{-1}AP$, 求 $B^{2008} - 9A^2$

解:

$A^2 = \begin{bmatrix} 0 & 0 \\ 0 & 0 \end{bmatrix}$, $A^4 = \begin{bmatrix} 0 & 0 \\ 0 & 0 \end{bmatrix}$, $B^2 = P^{-1}\begin{bmatrix} 0 \\ \end{bmatrix}P$, $B^4 = 0$

$B^{2008} - 9A^2 = 0 - 9A^2 = \begin{bmatrix} 0 & 0 \\ 0 & 0 \end{bmatrix}$

3. 设向量组 $\alpha_1 = \begin{bmatrix} 1 \\ 2 \\ 1 \end{bmatrix}$, $\alpha_2 = \begin{bmatrix} 6 \\ 13 \\ 9 \\ 30 \end{bmatrix}$, $\alpha_3 = \begin{bmatrix} -9 \\ -16 \\ -9 \\ -45 \end{bmatrix}$, $\alpha_4 = \begin{bmatrix} -7 \\ -16 \\ -2 \\ -34 \end{bmatrix}$, 求该向量组的秩和一个极大线性无关组, 并用它线性表示其余向量。

解: 求下面矩阵的行最简形矩阵。

$$
\begin{pmatrix} 1 & 6 & -9 & -7 \\ 2 & 13 & -16 & -16 \\ 1 & 6 & -9 & -2 \\ 5 & 30 & -45 & -34 \end{pmatrix} \sim \begin{pmatrix} 1 & 0 & 0 & 0 \\ 0 & 0 & 0 & 0 \\ 0 & 0 & 0 & 0 \\ 0 & 0 & 0 & 0 \end{pmatrix} \sim \begin{pmatrix} 1 & 0 & 0 & 0 \\ 0 & 0 & 0 & 0 \\ 0 & 0 & 0 & 1 \\ 0 & 0 & 0 & 0 \end{pmatrix}
$$

即向量组的秩 = 0

从行最简形矩阵可以看出：0，0，0 为向量组的一个极大线性无关组。且

$$0 = 0\,\alpha_1 + 0\,\alpha_2$$

4. 当 λ 取何值时，非齐次线性方程组

$$
\begin{cases} x_1 + x_2 + \lambda x_3 = 2 \\ 3x_1 + 4x_2 + 2x_3 = \lambda \\ 2x_1 + 3x_2 + 17x_3 = -17 \end{cases}
$$

有无穷多解，并求出此时线性方程组的通解。

解：求增广矩阵的行阶梯形矩阵：

$$
\begin{pmatrix} 1 & 1 & \lambda & 2 \\ 3 & 4 & 2 & \lambda \\ 2 & 3 & 17 & -17 \end{pmatrix} \sim \begin{pmatrix} 1 & 0 & \lambda & 0 \\ 0 & 0 & 0 & -3\lambda & \lambda & -0 \\ 0 & 0 & -2\lambda \end{pmatrix}
$$

$$
\sim \begin{pmatrix} 1 & 0 & \lambda & 0 \\ 0 & 0 & +3\lambda & \lambda & -0 \\ 0 & 0 & 0 \end{pmatrix}
$$

即当 $\lambda = 0$ 时，线性方程组有无穷多解，此时需将行阶梯形矩阵变成行最简形矩阵：

$$
\begin{pmatrix} 0 & 0 & 0 & 0 \\ 0 & 0 & 0 & 0 \\ 0 & 0 & 0 & 0 \end{pmatrix} \sim \begin{pmatrix} 0 & 0 & 0 & 0 \\ 0 & 0 & 0 & 0 \\ 0 & 0 & 0 & 0 \end{pmatrix}
$$

则线性方程组的通解为：

$$
\begin{pmatrix} x_1 \\ x_2 \\ x_3 \end{pmatrix} = c \begin{pmatrix} 0 \\ 0 \\ 0 \end{pmatrix} + \begin{pmatrix} 0 \\ 0 \\ 0 \end{pmatrix}
$$

，其中 c 为任意实数。

5. 设 $A = \begin{pmatrix} 1 & 7 \\ 7 & 1 \end{pmatrix}$，求一个正交矩阵 U，使得

$U^{-1} A U = \Lambda$，其中 Λ 为对角矩阵。

解：A 的特征多项式

$$\varphi(\lambda) = A - \lambda E = \begin{vmatrix} 1-\lambda & 7 \\ 7 & 1-\lambda \end{vmatrix} = (0-\lambda)(0-\lambda)$$

即 $\lambda_1 = -0$，$\lambda_2 = 0$

对于 $\lambda_1 = -0$，矩阵

$$A - \lambda E = \begin{pmatrix} 0 & 0 \\ 0 & 0 \end{pmatrix} \sim \begin{pmatrix} 1 & 0 \\ 0 & 0 \end{pmatrix}$$

$\lambda_1 = -0$ 对应的特征向量为：

$$\xi_1 = \begin{pmatrix} 0 \\ 0 \end{pmatrix}$$

单位化后

$$u_1 = \begin{pmatrix} 0 \\ 0 \end{pmatrix}$$

对于 $\lambda_2 = 0$，矩阵

$$A - \lambda E = \begin{pmatrix} 0 & 0 \\ 0 & 0 \end{pmatrix} \sim \begin{pmatrix} 1 & 0 \\ 0 & 0 \end{pmatrix}$$

$\lambda_2 = 0$ 对应的特征向量为：

$$\xi_2 = \begin{pmatrix} 0 \\ 0 \end{pmatrix}$$

单位化后

$$u_2 = \begin{pmatrix} 0 \\ 0 \end{pmatrix}$$

正交矩阵 $U = (u_1, u_2)$，使得 $U^{-1} A U = \Lambda$，其中

$$\Lambda = \begin{pmatrix} 0 & 0 \\ 0 & 0 \end{pmatrix}。$$

6. 实二次型 $f(x_1, x_2, x_3) = x_1^2 + 29 x_2^2 + t x_3^2 + 2 x_2 x_3$ 为正定二次型，求常数 t。

解：二次型矩阵 $A = \begin{pmatrix} 1 & 0 & 0 \\ 0 & 29 & 1 \\ 0 & 1 & t \end{pmatrix}$

则 A 为正定矩阵，有

1 阶主子式 $= 0 > 0$

2 阶主子式 $= 0 > 0$

3 阶主子式 $= 0 t - 0 > 0$

即 $t > 0$

四、证明题 (0.3分)

证明向量组 α_1，α_2，α_3 与向量组 $\beta_1 = 5\alpha_1 + 5\alpha_2$，$\beta_2 = 5\alpha_1 + 5\alpha_2$，$\beta_3 = 5\alpha_1 + 5\alpha_2$ 有相同的线性相关性。

证明：因

$$(\beta_1 \ \beta_2 \ \beta_3) = (\alpha_1 \ \alpha_2 \ \alpha_3) \begin{pmatrix} 0 & 0 & 0 \\ 0 & 0 & 0 \\ 0 & 0 & 0 \end{pmatrix}$$

而

$$\begin{vmatrix} 0 & 0 & 0 \\ 0 & 0 & 0 \\ 0 & 0 & 0 \end{vmatrix} = 0 \neq 0$$

故向量组 α_1，α_2，α_3 与 β_1，β_2，β_3 等价，所以它们有相同的线性相关性。

证毕

C2 套计分作业

一、填空题（共 1 分）

1. 已知 3 维向量 α_1，α_2，α_3，满足行列式 $(\alpha_1, \alpha_2, \alpha_3) = 7$，则行列式 $(\alpha_1, \alpha_2, \alpha_1 - \alpha_3) = \underline{0}$，方程组 $x\alpha_1 + y\alpha_2 + z\alpha_3 = 0$ 必 $\underline{0}$（有，无）非零解。

2. 设矩阵 $A = \begin{pmatrix} 1 & -3 & 4 \\ 2 & -5 & 11 \\ 2 & -6 & 7 \end{pmatrix}$，则 $A^{-1} = \begin{pmatrix} 0 & 0 & 0 \\ 0 & 0 & 0 \\ 0 & 0 & 0 \end{pmatrix}$。

3. 已知 $A = \begin{pmatrix} 0.8165 & 0 & x \\ 0.4082 & y & -0.577 \\ -0.408 & 0.70711 & 0.5774 \end{pmatrix}$ 是正交阵，则 $x = \underline{0}$，$y = \underline{0}$。

4. 设 A 为三阶矩阵，A^* 为 A 的伴随矩阵，$A = 1$，则 $|A^* + 6A^{-1}| = \underline{0}$。

5. 设 v_1，v_2，$\cdots$，v_r 是 $Ax = 0$ 的基础解系，η 为 $Ax = \beta$（$\beta \neq 0$）的一个解向量，则向量组 $\{v_1, 2v_2, \cdots, kv_k, \cdots, rv_r\}$ 必线性 $\underline{0}$ 关，向量组 $\{v_1, v_2, \cdots, v_r, \eta\}$ 必线性 $\underline{0}$ 关。

6. 三阶矩阵 A 有特征值 10，-6，6，则 A^2 的特征值有 $\underline{0}$，$\underline{0}$，$\underline{0}$，$3A^2 + (0.5A)^{-1} - A^* - E = \underline{0}$。

二、计算题（0.4 分）

已知矩阵 $A = \begin{pmatrix} -1 & 1 & 1 & 1 \\ 1 & -3 & 1 & 1 \\ 1 & 1 & -3 & 1 \\ 1 & 1 & 1 & -1 \end{pmatrix}$，$B = \begin{pmatrix} 1 & 2 & 4 \\ 1 & 5 & 25 \\ 1 & 7 & 49 \end{pmatrix}$，

计算 $A + B$。

解：因 $A = \underline{0}$，$B = \underline{0}$，所以 $A + B = \underline{0}$

三、计算题（0.3 分）

设 $\alpha_1 = \begin{pmatrix} 1 \\ 1 \\ -2 \\ 2 \end{pmatrix}$，$\alpha_2 = \begin{pmatrix} -2 \\ -2 \\ 4 \\ -4 \end{pmatrix}$，$\alpha_3 = \begin{pmatrix} 5 \\ 6 \\ -10 \\ 10 \end{pmatrix}$，$\alpha_4 = \begin{pmatrix} 8 \\ 3 \\ -16 \\ 16 \end{pmatrix}$，$\alpha_5 = \begin{pmatrix} 4 \\ 1 \\ -8 \\ 8 \end{pmatrix}$

(1) 计算向量组的秩；
(2) 计算向量组的一个极大线性无关组；
(3) 极大线性无关组最多有几个。

解：(1) 求下面矩阵的行最简形矩阵：

$$\begin{pmatrix} 1 & -2 & 5 & 8 & 4 \\ 1 & -2 & 6 & 3 & 1 \\ -2 & 4 & -10 & -16 & -8 \\ 2 & -4 & 10 & 16 & 8 \end{pmatrix} \sim \begin{pmatrix} 0 & 0 & 0 & 0 & 0 \\ 0 & 0 & 0 & 0 & 0 \\ 0 & 0 & 0 & 0 & 0 \\ 0 & 0 & 0 & 0 & 0 \end{pmatrix}$$

即向量组的秩 = 0

(2)从行最简形矩阵可以看出：0，0为向量组的一个极大线性无关组。

(3)极大线性无关组最多有0个。

四、计算题（0.3分）

已知矩阵 A 满足等式 $A^2 + 6A - 17E = 0$，试证：$(A - 2E)$ 可逆，并且计算 $(A - 2E)^{-1}$，A^{-1}

解：由 $A^2 + 6A - 17E = 0$，则

$(A - 2E)(A + 0E) - 0E = 0$

即 $(A - 2E)(A + 0E) = E$

故 $(A - 2E) \ 0 \ 0$。且

$(A - 2E)^{-1} = A + 0E$

又 $A(A + 6 \ 0) = \ 0 \ E$

则 $A^{-1} = \ 0 \ (A + 6 \ 0)$

五、计算题（0.3分）

已知 3 阶方阵 A，B 有 $A = \begin{pmatrix} 0 & -1 & 4 \\ 5 & -7 & 24 \\ 5 & -5 & 20 \end{pmatrix}$，

$BA = A - B$，求矩阵 B。

解：由 $BA = A - B$，则

$B(A + 0) = 0$

即

$B = 0 (A + 0)^{-1}$

$= \begin{pmatrix} 0 & 0 & 0 \\ 0 & 0 & 0 \\ 0 & 0 & 0 \end{pmatrix}\begin{pmatrix} 0 & 0 & 0 \\ 0 & 0 & 0 \\ 0 & 0 & 0 \end{pmatrix}^{-1}$

$= \begin{pmatrix} 0 & 0 & 0 \\ 0 & 0 & 0 \\ 0 & 0 & 0 \end{pmatrix}\begin{pmatrix} 0 & 0 & 0 \\ 0 & 0 & 0 \\ 0 & 0 & 0 \end{pmatrix}$

$= \begin{pmatrix} 0 & 0 & 0 \\ 0 & 0 & 0 \\ 0 & 0 & 0 \end{pmatrix}$

六、计算题 (0.4 分)

设方程组

$$\begin{cases} x_1 - x_2 - x_3 + x_4 = 0 \\ x_1 - x_2 + x_3 - 3x_4 = 2 \\ x_1 - x_2 - 2x_3 + 3x_4 = a - 4 \end{cases}$$

问 a 为何值时，方程组：(1)无解；(2)有解，并在有解时，求出方程组的通解。

解：

先求增广矩阵 B 的行阶梯形矩阵：

$$B = \begin{pmatrix} 0 & 0 & 0 & 0 & 0 \\ 0 & 0 & 0 & 0 & 2 \\ 0 & 0 & 0 & 0 & a-4 \end{pmatrix} \sim \begin{pmatrix} 1 & 0 & 0 & 0 & 0 \\ 0 & 0 & 0 & 0 & 2 \\ 0 & 0 & 0 & 0 & a-4 \end{pmatrix}$$

$$\sim \begin{pmatrix} 1 & 0 & 0 & 0 & 0 \\ 0 & 0 & 0 & 0 & 0 \\ 0 & 0 & 0 & 0 & a \end{pmatrix}$$

(1)当 $a \neq 0$ 时，方程组无解；

(2)当 $a = 0$ 时，方程组有解，此时增广矩阵 B 的行最简形矩阵为：

$$\begin{pmatrix} 0 & 0 & 0 & 0 & 0 \\ 0 & 0 & 0 & 0 & 0 \\ 0 & 0 & 0 & 0 & 0 \end{pmatrix}$$

即方程组的通解为：

$$\begin{pmatrix} x_1 \\ x_2 \\ x_3 \\ x_4 \end{pmatrix} = c_1 \begin{pmatrix} 0 \\ 0 \\ 0 \\ 0 \end{pmatrix} + c_2 \begin{pmatrix} 0 \\ 0 \\ 0 \\ 0 \end{pmatrix} + \begin{pmatrix} 0 \\ 0 \\ 0 \\ 0 \end{pmatrix}$$

式中，c_1，c_2 为任意实数。

七、计算题 (0.3 分)

已知二次型 $f(x_1, x_2, x_3) = 3x_1^2 - 2x_1 x_2 + 3x_2^2 + 2x_3^2$

(1)将 $f(x_1, x_2, x_3)$ 写成 $X^T A X$ 的形式；

(2)试求一个正交变换，将二次型化为标准型。

解：

(1)设 $A = \begin{pmatrix} 0 & 0 & 0 \\ 0 & 0 & 0 \\ 0 & 0 & 0 \end{pmatrix}$，$X = \begin{pmatrix} x_1 \\ x_2 \\ x_3 \end{pmatrix}$

则 $f(x_1, x_2, x_3)$ 可以写成 $X^T A X$ 的形式；

(2)A 的特征多项式：

$$\Phi(\lambda) = A - \lambda E = \begin{vmatrix} 0 & -\lambda & 0 & 0 \\ 0 & 0 & -\lambda & 0 \\ 0 & 0 & 0 & -\lambda \end{vmatrix}$$

$$= (0 - \lambda)^2 (0 - \lambda)$$

即特征值 $\lambda_1 = \lambda_2 = 0$，$\lambda_3 = 0$

当 $\lambda_1 = \lambda_2 = 0$ 时，矩阵

$$A - \lambda E = \begin{pmatrix} 0 & 0 & 0 \\ 0 & 0 & 0 \\ 0 & 0 & 0 \end{pmatrix} \sim \begin{pmatrix} 0 & 0 & 0 \\ 0 & 0 & 0 \\ 0 & 0 & 0 \end{pmatrix}$$

则 $\lambda_1 = \lambda_2 = 0$ 有两个线性无关的特征向量：

$$\xi_1 = \begin{bmatrix} 0 \\ 0 \\ 0 \end{bmatrix}, \quad \xi_2 = \begin{bmatrix} 0 \\ 0 \\ 0 \end{bmatrix}$$

将 ξ_1，ξ_2 单位化得：

$$\alpha_1 = \begin{bmatrix} 0 \\ 0 \\ 0 \end{bmatrix}, \quad \alpha_2 = \xi_2$$

当 $\lambda_3 = 0$ 时，矩阵

$$A - \lambda E = \begin{bmatrix} 0 & 0 & 0 \\ 0 & 0 & 0 \\ 0 & 0 & 0 \end{bmatrix} \sim \begin{bmatrix} 1 & -1 & 0 \\ 0 & 0 & 0 \\ 0 & 0 & 0 \end{bmatrix}$$

则 $\lambda_3 = 0$ 有一个特征向量：

$$\xi_3 = \begin{bmatrix} 0 \\ 0 \\ 0 \end{bmatrix}$$

将 ξ_3 单位化得：

$$\alpha_3 = \begin{bmatrix} 0 \\ 0 \\ 0 \end{bmatrix}$$

令 $T = [\alpha_1 \ \alpha_2 \ \alpha_3]$，则 T 为正交矩阵，且

$$T^{-1} A T = \begin{bmatrix} 0 & 0 & 0 \\ 0 & 0 & 0 \\ 0 & 0 & 0 \end{bmatrix}$$

八、计算题（0.2分）

（1）已知 3 阶方阵 A 的各个元素和为30，且 $AX = 0$ 有两个解 $\alpha_1 = \begin{bmatrix} 4 \\ 0 \\ -1 \end{bmatrix}$，$\alpha_2 = \begin{bmatrix} 0 \\ 9 \\ 1 \end{bmatrix}$，请计算 A 的特征值及其对应的特征向量；

（2）已知 n 阶方阵 $A^2 = A$，$B^2 = B$，且 E - A - B 可逆，证明 R（A）=R（B）。

解：

（1）因 A 的各个元素和为30，则 $A \begin{bmatrix} 1 \\ 1 \\ 1 \end{bmatrix} = 0 \begin{bmatrix} 1 \\ 1 \\ 1 \end{bmatrix}$

所以 $\lambda_1 = 0$ 为方阵 A 的一个特征值，其对应的特征向量 $\xi_1 = k \begin{bmatrix} 0 \\ 0 \\ 0 \end{bmatrix}$，其中 $k \neq 0$。

又 $AX = 0$ 有两个解 α_1，α_2

则 $A \alpha_i = 0$，$i = 1, 2$

即 $A \alpha_i = 0 \alpha_i$，$i = 1, 2$

所以 $\lambda_2 = 0$ 为方阵 A 的一个特征值，其对应的特征向量 $\xi_2 = c_1 \alpha_1 + c_2 \alpha_2$，其中 c_1，c_2 不同时为 0。

（2）因 E - A - B 可逆，$A^2 = A$，$B^2 = B$，则

R（A）0 R（A（E-A-B））= R（- 0 0 ）

R（B）0 R（（E-A-B）B）= R（- 0 0 ）

所以 R（A）=R（B）。

C3 套计分作业

一、填空题（每空 0.12 分，共 0.6 分）

1. 函数 $f(x) = \begin{vmatrix} 2x & 6 & -4 \\ x & -x & -6 \\ -5 & 8 & 5x \end{vmatrix}$ 中，x^3 的系数为 ____0____。

2. 设 $A_1 = \begin{bmatrix} -1 & 0 \\ 0 & 2 \end{bmatrix}$，$A_2 = \begin{bmatrix} -2 & -1 \\ -1 & 0 \end{bmatrix}$，$A = \begin{bmatrix} A_1 & 0 \\ 0 & A_2 \end{bmatrix}$，

   则 $A^{-1} = \begin{bmatrix} 0 & 0 & 0 & 0 \\ 0 & 0 & 0 & 0 \\ 0 & 0 & 0 & 0 \\ 0 & 0 & 0 & 0 \end{bmatrix}$

3. 设 A 是 4×3 矩阵，且 $R(A) = 2$，而 $B = \begin{bmatrix} 1 & 0 & 4 \\ 0 & 2 & 0 \\ -1 & 0 & 6 \end{bmatrix}$，

   则 $R(AB) = $ ____0____。

4. 设矩阵 A 与 $B = \begin{bmatrix} -2 & 0 & 0 \\ 0 & 6 & 0 \\ 0 & 0 & 6 \end{bmatrix}$ 相似，则 $A^* + E = $ ____0____。

5. 若 $\lambda = 4$ 为可逆阵 A 的特征值，则 $(0.2A^2)^{-1}$ 的一个特征值为 $=$ ____0____。

二、选择题（每小题 0.12 分，共 0.6 分）

1. 下列命题正确的是（ 0 ）
   - (A) 若 $AB = E$，则 A 可逆
   - (B) 方阵 AB 的行列式 $|AB| = |BA|$
   - (C) 若方阵 AB 不可逆，则 A，B 都不可逆
   - (D) 若 n 阶方阵 A 或 B 不可逆，则 AB 必不可逆

2. 设 A 为 n 阶矩阵，A^* 为其伴随矩阵，则 $|kA^*| = $（ 0 ）
   - (A) $k^n|A|$
   - (B) $k|A|$
   - (C) $k^n|A|^{n-1}$
   - (D) $k^{n-1}|A|$

3. 若非齐次线性方程组 $Ax = b$ 中方程个数少于未知数个数，那么（ 0 ）
   - (A) $Ax = b$ 必有无穷多解；
   - (B) $Ax = 0$ 必有非零解；
   - (C) $Ax = 0$ 仅有零解；
   - (D) $Ax = 0$ 一定无解。

4. 设有向量组 $\alpha_1 = \begin{bmatrix} 1 \\ -1 \\ 2 \\ 4 \end{bmatrix}$，$\alpha_2 = \begin{bmatrix} 0 \\ 3 \\ 1 \\ 2 \end{bmatrix}$，$\alpha_3 = \begin{bmatrix} 3 \\ 0 \\ 7 \\ 14 \end{bmatrix}$，$\alpha_4 = \begin{bmatrix} 1 \\ -2 \\ 2 \\ 0 \end{bmatrix}$ 与

   $\alpha_5 = \begin{bmatrix} 2 \\ 1 \\ 5 \\ 10 \end{bmatrix}$，则向量组的极大线性无关组是（ 0 ）

(A) α_1, α_2, α_3,			(B) α_1, α_2, α_4		
(C) α_1, α_2, α_5			(D) α_1, α_2, α_4, α_5		

5. 设 A、B 为 n 阶实对称可逆矩阵，则下面命题错误的是（ D ）
(A) 有可逆矩阵 P、Q 使得 P B Q = A
(B) 有可逆矩阵 P 使得 P^{-1} A B P = B A
(C) A B 与 B A 有相同的特征值
(D) 有正交矩阵 P 使得 P^{-1} A P = P^{T} A P = B

三、计算行列式 (0.18 分)

设 $A = \begin{pmatrix} -1 & 0 & 1 & -1 \\ -3 & -4 & -4 & 3 \\ 0 & 2 & 1 & 1 \\ 3 & 0 & -1 & 0 \end{pmatrix}$，计算 $A_{41} + A_{42} + A_{43} + A_{44}$ 的值，其中 A_{4i} (i=1,2,3,4) 是代数余子式。

解法 1 ：

$A_{41} = 0 \cdot M_{41} = 0 \cdot \begin{vmatrix} 0 & 0 & 0 \\ 0 & 0 & 0 \\ 0 & 0 & 0 \end{vmatrix} = 0$ 。

$A_{42} = 0 \cdot M_{42} = 0 \cdot \begin{vmatrix} 0 & 0 & 0 \\ 0 & 0 & 0 \\ 0 & 0 & 0 \end{vmatrix} = 0$ 。

$A_{43} = 0 \cdot M_{43} = 0 \cdot \begin{vmatrix} 0 & 0 & 0 \\ 0 & 0 & 0 \\ 0 & 0 & 0 \end{vmatrix} = 0$ 。

$A_{44} = 0 \cdot M_{44} = 0 \cdot \begin{vmatrix} 0 & 0 & 0 \\ 0 & 0 & 0 \\ 0 & 0 & 0 \end{vmatrix} = 0$ 。

$A_{41} + A_{42} + A_{43} + A_{44} = 0$ 。

解法 2 ：

$A_{41} + A_{42} + A_{43} + A_{44} = \begin{vmatrix} -1 & 0 & 1 & -1 \\ -3 & -4 & -4 & 3 \\ 0 & 2 & 1 & 1 \\ 0 & 0 & 0 & 0 \end{vmatrix} = 0$ 。

四、(0.3 分)

设矩阵 X 满足关系 A X = A + 2 X，其中 $A = \begin{pmatrix} 3 & 0 & 2 \\ 2 & 3 & 7 \\ 1 & 0 & 5 \end{pmatrix}$，求 X 。

解 ：
因 A X = A + 2 X，
则 X = (A − 0 E)$^{-1}$ 0

$$= \begin{pmatrix} 0 & 0 & 0 \\ 0 & 0 & 0 \\ 0 & 0 & 0 \end{pmatrix}^{-1} \begin{pmatrix} 0 & 0 & 0 \\ 0 & 0 & 0 \\ 0 & 0 & 0 \end{pmatrix} = \begin{pmatrix} 0 & 0 & 0 \\ 0 & 0 & 0 \\ 0 & 0 & 0 \end{pmatrix} \begin{pmatrix} 0 & 0 & 0 \\ 0 & 0 & 0 \\ 0 & 0 & 0 \end{pmatrix}$$

$$= \begin{pmatrix} 0 & 0 & 0 \\ 0 & 0 & 0 \\ 0 & 0 & 0 \end{pmatrix}$$

五、(0.3 分)

设线性方程组为

$$\begin{cases} x_1 - 4x_2 - 2x_3 = 0 \\ x_1 - 5x_2 + ax_3 = b+1 \\ 2x_1 - 4x_2 - 0x_3 = 4 \end{cases}$$

问 a 为何值时，方程组无解、有唯一解？在有无穷解时求出其通解。

解：先求增广矩阵 B 的行阶梯形矩阵：

$$B = \begin{pmatrix} 0 & 0 & 0 & 0 \\ 0 & 0 & a & b+0 \\ 0 & 0 & 0 & 0 \end{pmatrix} \xrightarrow{r_2 \leftarrow r_3} \begin{pmatrix} 0 & 0 & 0 & 0 \\ 0 & 0 & 0 & 0 \\ 0 & 0 & a & b+0 \end{pmatrix}$$

$$\sim \begin{pmatrix} 0 & 0 & 0 & 0 \\ 0 & 0 & 0 & 0 \\ 0 & 0 & a+0 & b+0 \end{pmatrix} \sim \begin{pmatrix} 0 & 0 & 0 & 0 \\ 0 & 1 & 1 & 1 \\ 0 & 0 & a+0 & b+0 \end{pmatrix}$$

$$\sim \begin{pmatrix} 0 & 0 & 0 & 0 \\ 0 & 1 & 1 & 1 \\ 0 & 0 & a+0 & b+0 \end{pmatrix}$$

则当 a = 0 并且 b ≠ 0 时方程组无解，当 a ≠ 0 时方程组有唯一解。当 a = 0 并且 b = 0 时方程组有无穷解，此时将 B 的行阶梯形矩阵化成行最简形矩阵：

$$B \sim \begin{pmatrix} 1 & 0 & 0 & 0 \\ 0 & 1 & 0 & 0 \\ 0 & 0 & 0 & 0 \end{pmatrix} \sim \begin{pmatrix} 1 & 4 & 0 & 0 \\ 0 & 1 & 0 & 0 \\ 0 & 0 & 0 & 0 \end{pmatrix}$$

即方程组的通解为：

$$\begin{pmatrix} x_1 \\ x_2 \\ x_3 \end{pmatrix} = c \begin{pmatrix} 0 \\ 0 \\ 0 \end{pmatrix} + \begin{pmatrix} 0 \\ 0 \\ 0 \end{pmatrix}$$

式中，c 为任意实数。

六、(0.3 分)

设 $\alpha_1, \alpha_2, \cdots, \alpha_k$ 是 Ax = 0 的一个基础解系，β 不是 Ax = 0 的解，即 Aβ ≠ 0，试讨论向量组 $\beta + \alpha_1, \beta + \alpha_2, \cdots, \beta + \alpha_k$ 线性相关还是线性无关？

解：因 $\alpha_1, \alpha_2, \cdots, \alpha_k$ 是 Ax = 0 的一个基础解系则 $\alpha_1, \alpha_2, \cdots, \alpha_k$ 线性 0 关，又因 β 不是 Ax =

0 的解，则 β，α_1，α_2，$\cdots$，α_k 线性 0 关。

因 β，$\beta+\alpha_1$，$\beta+\alpha_2$，$\cdots$，$\beta+\alpha_k$

$$= \begin{bmatrix}\beta, & \alpha_1, & \alpha_2, & \cdots, & \alpha_k\end{bmatrix}\begin{bmatrix} 0 & 0 & 0 & \cdots & 0 \\ & 0 & & \cdots & \\ & & 0 & \cdots & \\ & & & \cdots & \\ & & & & 0 \end{bmatrix}$$

记上式最右端的矩阵为 C，则行列式 $C = $ 0 $\neq$ 0

则矩阵 C 0 0，即向量组 β，α_1，α_2，$\cdots$，α_k 与

向量组 β，$\beta+\alpha_1$，$\beta+\alpha_2$，$\cdots$，$\beta+\alpha_k$ 0 0，

故 β，$\beta+\alpha_1$，$\beta+\alpha_2$，$\cdots$，$\beta+\alpha_k$ 线性 0 关。

七、(0.3 分)

设 $A = \begin{bmatrix} 23 & 1 & 0 \\ 1 & 23 & 0 \\ 0 & 0 & 24 \end{bmatrix}$，问 A 能否对角化？若能对角化

则求出可逆矩阵 P，使得 $P^{-1} A P$ 为对角阵。

解：　　A 的特征多项式

$$\Phi(\lambda) = A - \lambda E = \begin{vmatrix} 23-\lambda & 1 & 0 \\ 1 & 23-\lambda & 0 \\ 0 & 0 & 24-\lambda \end{vmatrix}$$

$$= (0-\lambda)^2 (0-\lambda)$$

即特征值 $\lambda_1 = \lambda_2 = 0$，$\lambda_3 = 0$

当 $\lambda_1 = \lambda_2 = 0$ 时，矩阵

$$A - \lambda E = \begin{bmatrix} 0 & 0 & 0 \\ 0 & 0 & 0 \\ 0 & 0 & 0 \end{bmatrix} \sim \begin{bmatrix} 0 & 0 & 0 \\ 0 & 0 & 0 \\ 0 & 0 & 0 \end{bmatrix}$$

则 $\lambda_1 = \lambda_2 = 0$ 有两个线性无关的特征向量：

$$\xi_1 = \begin{bmatrix} 0 \\ 0 \\ 0 \end{bmatrix}, \quad \xi_2 = \begin{bmatrix} 0 \\ 0 \\ 0 \end{bmatrix}$$

将 ξ_1，ξ_2 单位化得：

$$\alpha_1 = \begin{bmatrix} 0 \\ 0 \\ 0 \end{bmatrix}, \quad \alpha_2 = \xi_2$$

当 $\lambda_3 = 0$ 时，矩阵

$$A - \lambda E = \begin{bmatrix} 0 & 0 & 0 \\ 0 & 0 & 0 \\ 0 & 0 & 0 \end{bmatrix} \sim \begin{bmatrix} 1 & 0 & 0 \\ 0 & 0 & 0 \\ 0 & 0 & 0 \end{bmatrix}$$

则 $\lambda_3 = 0$ 有一个特征向量：

$$\xi_3 = \begin{bmatrix} 0 \\ 0 \\ 0 \end{bmatrix}$$

将 ξ_3 单位化得：

$$\alpha_3 = \begin{pmatrix} 0 \\ 0 \\ 0 \end{pmatrix}$$

令 $P = \begin{pmatrix} \alpha_1 & \alpha_2 & \alpha_3 \end{pmatrix}$，则 P 为正交矩阵，且

$$P^{-1} A P = \begin{pmatrix} 0 & 0 & 0 \\ 0 & 0 & 0 \\ 0 & 0 & 0 \end{pmatrix}$$

八、证明题 (0.4分)

1. (6分) 若 A 为 n 阶幂等阵 $(A^2=A)$，求证 $R(A)+R(A-E)=n$
2. (8分) 设 A 是 $m \times n$ 实矩阵，$\beta \neq 0$ 是 m 维实列向量，证明：(1)秩 $R(A)=R(A^T A)$；(2)非齐次线性方程组 $A^T A x = A^T \beta$ 有解。

解：

1. 因 $A^2 = A$，则 $A(A - 0) = 0$
即 $R(A) + R(A - 0) \leqslant 0$
又 $E = -A + E - A$,
则 $0 \leqslant R(-A) + R(E - A) = R(A) + R(A - E)$
所以 $R(A)+R(A-E)=n$

2. 证明：(1)若 $A x = 0$，则 $A^T A x = 0$
而当 $A^T A x = 0$ 时，则 $x^T A^T A x = 0$
即 $(0 \ 0)^T A x = 0$，得 $A x = 0$
因此齐次线性方程组 $A x = 0$ 与 $A^T A x = 0$ 同解，故 $R(A) \ 0 \ R(A^T A)$
(2)因
$R(A^T A) \leqslant R(A^T A, A^T \beta) = R(A^T(A, \beta)) \ 0 \ R(A^T) = R(A)$
$0 \ R(A^T A)$
因此 $R(A^T A, A^T \beta) \ 0 \ R(A^T A)$，故非齐次线性方程组 $A^T A x = A^T \beta$ 有解。

C4 套计分作业

一、填空题（每空 0.09 分，共 0.45 分）

1. 设矩阵 $A = \begin{pmatrix} a_1 & b_1 & c_1 \\ a_2 & b_2 & c_2 \\ a_3 & b_3 & c_3 \end{pmatrix}$，$B = \begin{pmatrix} a_1 & b_1 & d_1 \\ a_2 & b_2 & d_2 \\ a_3 & b_3 & d_3 \end{pmatrix}$，且 $A = 1$，$B = 5$，则 $A + B = \underline{0}$。

2. 二次型 $f(x_1, x_2, x_3) = x_1^2 + x_2^2 - t x_2 x_3 + 29 x_3^2$ 是正定的，则 t 的取值范围是 $\underline{0} < t < \underline{0}$。

3. 设 A 为 3 阶方阵，且 $A = 0.5$，则 $(2A)^{-1} - 3A^* = \underline{0}$。

4. 设 5 阶矩阵 A 的元素全为 3，则 A 的 5 个特征值之和 $= \underline{0}$，A 的 5 个特征值之积 $= \underline{0}$。

5. 设 A 为 9 阶方阵，β_1，β_2，β_3，…β_9 为 A 的 9 列向量，若方程组 $AX = 0$ 只有零解，则向量组 β_1，β_2，β_3，…β_9 的秩为 $\underline{0}$。

二、选择题（每空 0.09 分，共 0.45 分）

1. 设线性方程组 $\begin{cases} b x_1 - a x_2 = -2ab \\ -2c x_2 + 3b x_3 = bc \\ c x_1 \qquad\quad x_3 = 0 \end{cases}$，则下列结论正确的是（ $\underline{0}$ ）

   (A) 当 a，b，c 取任意实数时，方程组均有解
   (B) 当 $a = 0$ 时，方程组无解
   (C) 当 $b = 0$ 时，方程组无解
   (D) 当 $c = 0$ 时，方程组无解

2. A，B 同为 n 阶矩阵，则（ $\underline{0}$ ）成立
   (A) $A + B = A + B$ (B) $AB = BA$
   (C) $AB = BA$ (D) $(A + B)^{-1} = A^{-1} + B^{-1}$

3. 设 $A = \begin{pmatrix} a_{11} & a_{12} & a_{13} \\ a_{21} & a_{22} & a_{23} \\ a_{31} & a_{32} & a_{33} \end{pmatrix}$，$B = \begin{pmatrix} a_{21} & a_{22} & a_{23} \\ a_{11} & a_{12} & a_{13} \\ a_{11}+a_{31} & a_{12}+a_{32} & a_{13}+a_{33} \end{pmatrix}$，

   $P_1 = \begin{pmatrix} 0 & 1 & 0 \\ 1 & 0 & 0 \\ 0 & 0 & 1 \end{pmatrix}$，$P_2 = \begin{pmatrix} 1 & 0 & 0 \\ 0 & 1 & 0 \\ 1 & 0 & 1 \end{pmatrix}$，则 $B = $（ $\underline{0}$ ）

   (A) $A P_1 P_2$ (B) $A P_2 P_1$
   (C) $P_1 P_2 A$ (D) $P_2 P_1 A$

4. A，B 均为 n 阶可逆方阵，则 AB 的伴随矩阵 $(AB)^* = $（ $\underline{0}$ ）
   (A) $A^* B^*$ (B) $AB A^{-1} B^{-1}$ (C) $B^{-1} A^{-1}$ (D) $B^* A^*$

5. 设 A 为 n×n 矩阵, r(A)=r<n, 那么 A 的 n 个向量中 (0) 成立
(A) 任意 r 个列向量线性无关
(B) 必有某 r 个列向量线性无关
(C) 任意 r 个列向量均构成极大线性无关组
(D) 任意 1 个列向量均可由其余 n-1 个列向量线性表示

三、计算题（每题0.21分，共0.63分）

1. 设 $A = \begin{pmatrix} 1 & 0 & 0 \\ 3 & 3 & 0 \\ 2 & 1 & 1 \end{pmatrix}$。求 $(A-2E)^{-1}$

解:

$$(A-2E)^{-1} = \begin{pmatrix} 0 & 0 & 0 \\ 0 & 0 & 0 \\ 0 & 0 & 0 \end{pmatrix}^{-1} = \begin{pmatrix} 0 & 0 & 0 \\ 0 & 0 & 0 \\ 0 & 0 & 0 \end{pmatrix}$$

2. 计算行列式 $\begin{vmatrix} 7 & -7 & 7 & x-7 \\ 7 & -7 & x+7 & -7 \\ 7 & x-7 & 7 & -7 \\ x+7 & -7 & 7 & -7 \end{vmatrix}$

解: 将第 2 至 4 列加到第 1 列

$$\begin{vmatrix} 7 & -7 & 7 & x-7 \\ 7 & -7 & x+7 & -7 \\ 7 & x-7 & 7 & -7 \\ x+7 & -7 & 7 & -7 \end{vmatrix}$$

$$= \begin{vmatrix} 0 & -7 & 7 & x-7 \\ 0 & -7 & x+7 & -7 \\ 0 & x-7 & 7 & -7 \\ 0 & -7 & 7 & -7 \end{vmatrix}$$

$$= 0 \begin{vmatrix} 0 & -7 & 7 & x-7 \\ 0 & -7 & x+7 & -7 \\ 0 & x-7 & 7 & -7 \\ 0 & -7 & 7 & -7 \end{vmatrix}$$

$$= 0 \begin{vmatrix} 0 & 0 & 0 & 0 \\ 0 & 0 & 0 & 0 \\ 0 & 0 & 0 & 0 \\ 0 & 0 & 0 & 0 \end{vmatrix} = 0$$

3. 已知矩阵 $A = \begin{pmatrix} -4 & 0 & 0 \\ 5 & a & -4 \\ 3 & -4 & 15 \end{pmatrix}$ 与 $\begin{pmatrix} -1 & 0 & 0 \\ 0 & 16 & 0 \\ 0 & 0 & b \end{pmatrix}$ 相似, 求 a 和 b 的值。

解: 由于相似矩阵有相同的特征值, 又由于 A 的第 1 行有两个 0, 容易看出矩阵 A 有特征值 = 0, 则 b = 0, 由于相似矩阵有相同的迹, 则 a = 0。

四、计算题（每题0.21分，共0.42分）

1. 设方阵 $A = \begin{pmatrix} 23 & 1 & 1 \\ 1 & 23 & 1 \\ 1 & 1 & 23 \end{pmatrix}$ 的逆矩阵 A^{-1} 的特征向量为 $\begin{pmatrix} 1 \\ k \\ 1 \end{pmatrix}$，求 k 的值。

解：

设 $\lambda \neq 0$ 满足： $\lambda \begin{pmatrix} 1 \\ k \\ 1 \end{pmatrix} = A^{-1} \begin{pmatrix} 1 \\ k \\ 1 \end{pmatrix}$，则 $\begin{pmatrix} 0 \\ 0 \\ 0 \end{pmatrix} \lambda \begin{pmatrix} 1 \\ k \\ 1 \end{pmatrix} = \begin{pmatrix} 1 \\ k \\ 1 \end{pmatrix}$

即 $(0 + k + 1) \lambda = 1$ (1)

$(0 + 0k + 1) \lambda = k$ (2)

$(0 + k + 0) \lambda = 1$ (3)

由式 (1) 得： $\lambda = \dfrac{1}{0 + k + 1}$

将上式代入式 (2) 得：

$\dfrac{0 + 0k + 1}{0 + k + 1} = k$

解之得 $k = 0$ 或 $k = 0$。

2. 设 $\alpha_1 = \begin{pmatrix} -10 \\ \lambda \\ -10 \end{pmatrix}$，$\alpha_2 = \begin{pmatrix} 0 \\ 3 \\ 3 \end{pmatrix}$，$\alpha_3 = \begin{pmatrix} -10 \\ -10 \\ 3 \end{pmatrix}$，$\beta = \begin{pmatrix} 13 \\ 1 \\ -6 \end{pmatrix}$。（1）问 λ 为何值时，α_1，α_2，α_3 线性无关；（2）当 α_1，α_2，α_3 线性无关时，将 β 表示成它们的线性组合。

解：（1）

设 $A = \begin{pmatrix} \alpha_1 & \alpha_2 & \alpha_3 \end{pmatrix}$，记 $D = |A|$，将 D 的第 1 列乘以 -1 加到第 3 列得：

$D = \begin{vmatrix} -10 & 0 & -10 \\ \lambda & 3 & -10 \\ -10 & 3 & \lambda \end{vmatrix} = \begin{vmatrix} -10 & 0 & 0 \\ \lambda & 3 & 0 - 0 \\ -10 & 3 & 0 - 0 \end{vmatrix}$

即当 $\lambda \neq 0$ 时，$D \neq 0$，即此时 α_1，α_2，α_3 线性无关。

（2）

设 D_i 表示将 β 替换 D 的第 i 列后的行列式，（$i = 1, 2, 3$），记

$x_i = \dfrac{D_i}{D}$ （ $i = 1, 2, 3$ ）

则 $\beta = 0 \alpha_1 + 0 \alpha_2 + 0 \alpha_3$

五、证明题（每题0.21分，共0.42分）

1. 设 3 阶方阵 $B \neq \mathbf{0}$，B 的每一列都是方程组

$\begin{cases} x_1 + 2x_2 - 12x_3 = 0 \\ 2x_1 - x_2 + \lambda x_3 = 0 \\ 3x_1 + x_2 - 7x_3 = 0 \end{cases}$

的解，（1）求 λ 的值；（2）证明 $B = 0$。

解：

（1）由已知条件可知方程组有非零解，则系数行列式 $0 0$，即 $\lambda = 0$。

（2）设方程组的系数矩阵为 A，$B = \begin{pmatrix} b_1 & b_2 & b_3 \end{pmatrix}$，则 b_1，b_2，b_3 都是方程组 $Ax = \mathbf{0}$ 的解，则

$Ab_i = \mathbf{0}$，$i = 1, 2, 3$

即 $A\,0 = 0$, 若 $B \neq 0$, 则矩阵 $0\,0$, 从而可得 $0 = 0$, 矛盾 , 所以 $B = 0$ 。　　　　证毕

2. 已知 α_1 , α_2 , α_3 , α_4 为 n 维线性无关向量 , 设 $\beta_1 = \dfrac{\alpha_1}{6}$, $\beta_2 = \dfrac{\alpha_2}{8}$, $\beta_3 = \dfrac{\alpha_3}{1}$, $\beta_4 = \dfrac{\alpha_4}{-7}$, 证明 β_1 , β_2 , β_3 , β_4 线性无关。

证明:

设 $x_1\beta_1 + x_2\beta_2 + x_3\beta_3 + x_4\beta_4 = 0$

则 $x_1\,0 + x_2\,0 + x_3\,0 + x_4\,0 = 0$

因 α_1 , α_2 , α_3 , α_4 线性无关 , 则

$0 = 0 = 0 = 0 = 0$

故 β_1 , β_2 , β_3 , β_4 线性无关。　　　　证毕

六、解答题 (0.3分)

设线性方程组

$$\begin{cases}(20+\lambda)x_1 + 20x_2 + 20x_3 = 0 \\ 20x_1 + (20+\lambda)x_2 + 20x_3 = 60 \\ 20x_1 + 20x_2 + (20+\lambda)x_3 = \lambda\end{cases}$$

问当 λ 取什么数时 , 此方程组

(1) 无解;

(2) 有唯一解;

(3) 有无穷多解 , 此时求出方程组的通解。

解: 记系数行列式为 D ,

则 $D = \lambda^2$

当 $\lambda \neq 0$ 且 $\lambda \neq 0$ 时 , $D \neq 0$, 此时系数矩阵的秩 = 增广矩阵的秩 = 0 , 方程组有唯一解

当 $\lambda = 0$ 时 , 增广矩阵的行最简形为

$$\begin{pmatrix}0 & 0 & 0 & 0 \\ 0 & 0 & 0 & 0 \\ 0 & 0 & 0 & 0\end{pmatrix} \sim \begin{pmatrix}0 & 0 & 0 & 0 \\ 0 & 0 & 0 & 0 \\ 0 & 0 & 0 & 0\end{pmatrix}$$

(1) 即系数矩阵的秩 = 0 , 而增广矩阵的秩 = 0 , 方程组有无解。

(2) 当 $\lambda \neq 0$ 时且 $\lambda \neq 0$, $D \neq 0$, 此时系数矩阵的秩 = 增广矩阵的秩 = 0 , 方程组有唯一解。

(3) 当 $\lambda = 0$ 时 , 增广矩阵为

$$\begin{pmatrix}0 & 0 & 0 & 0 \\ 0 & 0 & 0 & 0 \\ 0 & 0 & 0 & 0\end{pmatrix} \sim \begin{pmatrix}1 & 0 & 0 & 0 \\ 0 & 0 & 0 & 0 \\ 0 & 0 & 0 & 0\end{pmatrix}$$

$$\sim \begin{pmatrix}1 & 0 & 0 & 0 \\ 0 & 0 & 0 & 0 \\ 0 & 0 & 0 & 0\end{pmatrix} \sim \begin{pmatrix}1 & 0 & 0 & 0 \\ 0 & 0 & 0 & 0 \\ 0 & 0 & 0 & 0\end{pmatrix}$$

$$\sim \begin{pmatrix}1 & 0 & 0 & 0 \\ 0 & 0 & 0 & 0 \\ 0 & 0 & 0 & 0\end{pmatrix} \sim \begin{pmatrix}1 & 0 & 0 & 0 \\ 0 & 0 & 0 & 0 \\ 0 & 0 & 0 & 0\end{pmatrix}$$

方	程	组	有	无	穷	多	解	,	通	解	为
	x_1		0		0						
	x_2	$=$	c 0	$+$	0						
	x_3		0		0						
式	中	,	c	为	任	意	实	数	。		

七、解答题 (0.33 分)

已知二次型 $f(x_1, x_2, x_3) = 17x_1^2 + 17x_2^2 + 16x_3^2 - 2x_1x_2$，试写出二次型矩阵，并用正交变换将二次型化为标准型。

解：

设 $A = \begin{bmatrix} 0 & 0 & 0 \\ 0 & 0 & 0 \\ 0 & 0 & 0 \end{bmatrix}$，$X = \begin{bmatrix} x_1 \\ x_2 \\ x_3 \end{bmatrix}$

则 $f(x_1, x_2, x_3)$ 可以写成 $X^T A X$ 的形式；

A 的特征多项式：

$$\Phi(\lambda) = A - \lambda E = \begin{vmatrix} 0-\lambda & 0 & 0 \\ 0 & 0-\lambda & 0 \\ 0 & 0 & 0-\lambda \end{vmatrix}$$

$$= (0-\lambda)^2 (0-\lambda)$$

即特征值 $\lambda_1 = \lambda_2 = 0$，$\lambda_3 = 0$

当 $\lambda_1 = \lambda_2 = 0$ 时，矩阵

$$A - \lambda E = \begin{bmatrix} 0 & 0 & 0 \\ 0 & 0 & 0 \\ 0 & 0 & 0 \end{bmatrix} \sim \begin{bmatrix} 0 & 0 & 0 \\ 0 & 0 & 0 \\ 0 & 0 & 0 \end{bmatrix}$$

则 $\lambda_1 = \lambda_2 = 0$ 有两个线性无关的特征向量：

$$\xi_1 = \begin{bmatrix} 0 \\ 0 \\ 0 \end{bmatrix}, \quad \xi_2 = \begin{bmatrix} 0 \\ 0 \\ 0 \end{bmatrix}$$

将 ξ_1，ξ_2 单位化得：

$$\alpha_1 = \begin{bmatrix} 0 \\ 0 \\ 0 \end{bmatrix}, \quad \alpha_2 = \xi_2$$

当 $\lambda_3 = 0$ 时，矩阵

$$A - \lambda E = \begin{bmatrix} 0 & 0 & 0 \\ 0 & 0 & 0 \\ 0 & 0 & 0 \end{bmatrix} \sim \begin{bmatrix} 1 & -1 & 0 \\ 0 & 0 & 0 \\ 0 & 0 & 0 \end{bmatrix}$$

则 $\lambda_3 = 0$ 有一个特征向量：

$$\xi_3 = \begin{bmatrix} 0 \\ 0 \\ 0 \end{bmatrix}$$

将 ξ_3 单位化得：

$$\alpha_3 = \begin{bmatrix} 0 \\ 0 \\ 0 \end{bmatrix}$$

令 $T = [\alpha_1\ \alpha_2\ \alpha_3]$，则 T 为正交矩阵，且

$$T^{-1} A T = \begin{bmatrix} 0 & 0 & 0 \\ 0 & 0 & 0 \\ 0 & 0 & 0 \end{bmatrix}$$

C5 套计分作业

一、填空题（每小题 0.03 分，共 0.9 分）

1. 已知 $A^* = \begin{pmatrix} -1 & 21 \\ 0 & 1 \end{pmatrix}$ ，则 $A = \begin{pmatrix} 0 & 0 \\ 0 & 0 \end{pmatrix}$ 。

2. A ， B ， C 是同阶矩阵， A 可逆，若 $AB = AC$ 则 $B = $ 0 。

3. 若 $A^2 = E$ ，则 $A^{-1} = $ 0 。

4. 设 $A = 18$ ， $9A = 810$ ，则 A 为 0 阶矩阵。

5. 行列式 $D = \begin{pmatrix} 8 & -6 & 1 \\ 0 & -2 & 6 \\ -8 & -7 & -1 \end{pmatrix}$ 中，元素 6 的代数余子式 = 0

6. A ， B ， C 是同阶矩阵， $A \neq 0$ ， $BA = C$ ，则 $B = $ 0 0 。

7. 逆序数 $T(2\ 1\ 3\ 4\ 5) = $ 0 。

8. 9 个 4 维向量的相关无关性为 0 0 。（填"相关""无关"或"不定"）

9. 向量组的 0 0 0 0 0 0 0 所含量组的个数称为向量组的秩。

10. 若 n 阶实矩阵 A 满足： $A^{-1} = $ 0 ，则称 A 为正交矩阵。

二、单项选择题（每小题 0.09 分，共 0.5 分）

1. A ， B 是同阶方阵，下面结论中（ 0 ）是正确的
    (A) 若 $AB = 0$ 且 $B \neq 0$ ，则 $A = 0$
    (B) 若 $AB = 0$ 且 $B \neq 0$ ，则 $A = 0$
    (C) 若 $AB = 0$ 且 $B \neq 0$ ，则 $A \neq 0$
    (D) 若 $A \neq 0$ ，则 A 是可逆矩阵

2. n 阶行列式 D 的值为零的充要条件是（ 0 ）
    (A) 某一行元素全为零；　　　　(B) 某两行元素相等
    (C) D 的秩 < n　　　　　　　(D) 两行对应元素成比例

3. 若 A 是（ 0 ），则 A 不一定是方阵。
    (A) 对称矩阵　　　　　　　　(B) 方程组的系数矩阵
    (C) 可逆矩阵　　　　　　　　(D) 上（下）三角矩阵

4. 两个非零向量 α 、 β 线性相关的充要条件是（ 0 ）
    (A) α 、 β 的对应分量成比例
    (B) α = β ；
    (C) α 、 β 中有一个是零向量
    (D) $0\alpha + 0\beta = 0$ 不成立

5. 齐次线性方程组 $AX = 0$ 有非零解是它的基础解系存在的（　0　）。

    (A) 充要条件　　　　　　　　(B) 必要条件

    (C) 充分条件　　　　　　　　(D) 无关条件

三、解答下列各题（每小题 0.21 分，共 0.63 分）

1. 计算行列式

$$\begin{vmatrix} 1 & 2 & 3 & 4 \\ 1 & -1 & -4 & -2 \\ 3 & -4 & 0 & 3 \\ 1 & 0 & 4 & 2 \end{vmatrix}$$

解：

$$\begin{vmatrix} 1 & 2 & 3 & 4 \\ 1 & -1 & -4 & -2 \\ 3 & -4 & 0 & 3 \\ 1 & 0 & 4 & 2 \end{vmatrix} = \begin{vmatrix} 1 & 0 & 0 & 0 \\ 0 & 0 & 0 & 0 \\ 0 & 0 & 0 & 0 \\ 0 & 0 & 0 & 0 \end{vmatrix} = \begin{vmatrix} 0 & 0 & 0 \\ 0 & 0 & 0 \\ 0 & 0 & 0 \end{vmatrix} = 0$$

2. 证明 若对称矩阵 A 为非奇异矩阵，则 A^{-1} 也对称。

证明：因 A 为非奇异对称矩阵，则 $A^T = 0$，

$$(A^{-1})^T = (A^T)^{-1} = 0$$

                           证毕

3. 设 $\alpha_1 = \begin{pmatrix} 1 \\ 1 \\ 3 \\ 2 \end{pmatrix}$, $\alpha_2 = \begin{pmatrix} -4 \\ -3 \\ -10 \\ -6 \end{pmatrix}$, $\alpha_3 = \begin{pmatrix} -2 \\ 2 \\ 3 \\ 4 \end{pmatrix}$, $\alpha_4 = \begin{pmatrix} 3 \\ 3 \\ 7 \\ 6 \end{pmatrix}$。回答下列问题：

（1）求 $r(\alpha_1, \alpha_2, \alpha_3, \alpha_4)$；

（2）求此向量组的一个极大线性无关组。

解：设 $A = (\alpha_1, \alpha_2, \alpha_3, \alpha_4)$，则 A 的行阶梯形矩阵为

$$A = \begin{pmatrix} 1 & -4 & -2 & 3 \\ 1 & -3 & 2 & 3 \\ 3 & -10 & 3 & 7 \\ 2 & -6 & 4 & 6 \end{pmatrix} \sim \begin{pmatrix} 1 & 0 & 0 & 0 \\ 0 & 0 & 0 & 0 \\ 0 & 0 & 0 & 0 \\ 0 & 0 & 0 & 0 \end{pmatrix} \sim \begin{pmatrix} 1 & 0 & 0 & 0 \\ 0 & 0 & 0 & 0 \\ 0 & 0 & 0 & 0 \\ 0 & 0 & 0 & 0 \end{pmatrix}$$

（1）向量组 $\alpha_1, \alpha_2, \alpha_3, \alpha_4$ 的秩

$$r(\alpha_1, \alpha_2, \alpha_3, \alpha_4) = 0$$

（2）此向量组的一个极大线性无关组是 0, 0, 0

四、（0.2 分）

设三阶矩阵 A 的特征值为 1, 1, 3, 求 A^{-1} 的值。

解：$A^{-1} = 0$。

五、（0.3 分）

已知 $A = \begin{pmatrix} -1 & -2 & -4 \\ -2 & -5 & -7 \\ -1 & -2 & -5 \end{pmatrix}$，（1）求 A^{-1}；（2）若 $AX = \begin{pmatrix} 3 & 0 & 4 \\ -3 & 0 & 0 \\ 1 & -1 & 5 \end{pmatrix}$，求 X。

解：

(1) $A^{-1} = \begin{pmatrix} 0 & 0 & 0 \\ 0 & 0 & 0 \\ 0 & 0 & 0 \end{pmatrix}$

(2) $X = \begin{pmatrix} 0 & 0 & 0 \\ 0 & 0 & 0 \\ 0 & 0 & 0 \end{pmatrix}$

六、(0.27 分)

用基础解系求下列方程组的全部解。

$$\begin{cases} x_1 - 1x_2 - 1x_3 - 4x_4 = 2 \\ -1x_1 + x_2 + 2x_3 + 1x_4 = 0 \\ -2x_1 + 2x_2 + 2x_3 + 8x_4 = -4 \end{cases}$$

解：先求增广矩阵 B 的行最简形矩阵：

$$\begin{pmatrix} 1 & -1 & -1 & -4 & 2 \\ -1 & 1 & 2 & 1 & 0 \\ -2 & 2 & 2 & 8 & -4 \end{pmatrix} \sim \begin{pmatrix} 0 & 0 & 0 & 0 & 0 \\ 0 & 0 & 0 & 0 & 0 \\ 0 & 0 & 0 & 0 & 0 \end{pmatrix} \sim \begin{pmatrix} 0 & 0 & 0 & 0 & 0 \\ 0 & 0 & 0 & 0 & 0 \\ 0 & 0 & 0 & 0 & 0 \end{pmatrix}$$

故通解为：

$$\begin{pmatrix} x_1 \\ x_2 \\ x_3 \\ x_4 \end{pmatrix} = c_1 \begin{pmatrix} 0 \\ 0 \\ 0 \\ 0 \end{pmatrix} + c_2 \begin{pmatrix} 0 \\ 0 \\ 0 \\ 0 \end{pmatrix} + \begin{pmatrix} 0 \\ 0 \\ 0 \\ 0 \end{pmatrix}$$

式中，c_1，c_2 为任意实数。
对应的齐次线性方程组的基础解系为：

$$\begin{pmatrix} 0 \\ 0 \\ 0 \\ 0 \end{pmatrix} 和 \begin{pmatrix} 0 \\ 0 \\ 0 \\ 0 \end{pmatrix}$$

七、(0.3 分)

已知二次型 $f(x_1, x_2, x_3) = 16x_1^2 - 2x_1x_2 + 16x_2^2 + 17x_3^2$
(1) 写出它的矩阵：
(2) 试求一个正交变换，将二次型化为标准型。

解：

(1) 设 $A = \begin{pmatrix} 0 & 0 & 0 \\ 0 & 0 & 0 \\ 0 & 0 & 0 \end{pmatrix}$，

则 A 为二次型矩阵。
(2) A 的特征多项式：

$$\Phi(\lambda) = A - \lambda E = \begin{vmatrix} 0-\lambda & 0 & 0 \\ 0 & 0-\lambda & 0 \\ 0 & 0 & 0-\lambda \end{vmatrix}$$

$$= (0-\lambda)^2(0-\lambda)$$

即特征值 $\lambda_1 = \lambda_2 = 0$，$\lambda_3 = 0$
当 $\lambda_1 = \lambda_2 = 0$ 时，矩阵

$$A - \lambda E = \begin{pmatrix} 0 & 0 & 0 \\ 0 & 0 & 0 \\ 0 & 0 & 0 \end{pmatrix} \sim \begin{pmatrix} 0 & 0 & 0 \\ 0 & 0 & 0 \\ 0 & 0 & 0 \end{pmatrix}$$

则 $\lambda_1 = \lambda_2 = 0$ 有两个线性无关的特征向量：

$$\xi_1 = \begin{pmatrix} 0 \\ 0 \\ 0 \end{pmatrix}, \quad \xi_2 = \begin{pmatrix} 0 \\ 0 \\ 0 \end{pmatrix}$$

将 ξ_1，ξ_2 单位化得：

$$\alpha_1 = \begin{pmatrix} 0 \\ 0 \\ 0 \end{pmatrix}, \quad \alpha_2 = \xi_2$$

当 $\lambda_3 = 0$ 时，矩阵

$$A - \lambda E = \begin{pmatrix} 0 & 0 & 0 \\ 0 & 0 & 0 \\ 0 & 0 & 0 \end{pmatrix} \sim \begin{pmatrix} 1 & -1 & 0 \\ 0 & 0 & 0 \\ 0 & 0 & 0 \end{pmatrix}$$

则 $\lambda_3 = 0$ 有一个特征向量：

$$\xi_3 = \begin{pmatrix} 0 \\ 0 \\ 0 \end{pmatrix}$$

将 ξ_3 单位化得：

$$\alpha_3 = \begin{pmatrix} 0 \\ 0 \\ 0 \end{pmatrix}$$

令 $T = (\alpha_1 \ \alpha_2 \ \alpha_3)$，则 T 为正交矩阵，标准型为：

$$T^{-1} A T = \begin{pmatrix} 0 & 0 & 0 \\ 0 & 0 & 0 \\ 0 & 0 & 0 \end{pmatrix}$$

C6 套计分作业

一、填空题（每题0.09分，共0.54分）

1. 设 A_1, A_2, A_3, A_4, A_5 都是 $4×1$ 列矩阵，而矩阵 $A = (A_1, A_3, A_4, A_5)$，$B = (A_2, A_3, A_4, A_5)$ 且已知 $|A| = 4$，$|B| = 7$，则 $|A + 3B| =$ ___0___。

2. 设方阵 A 满足方程 $A^2 - 6A - 4E = 0$，则 $A^{-1} = \dfrac{1}{0}(0 - 0\ 0)$。

3. 已知向量组 $\alpha_1 = \begin{pmatrix} 1 \\ 2 \\ -1 \\ 0 \end{pmatrix}$，$\alpha_2 = \begin{pmatrix} 3 \\ -1 \\ 4 \\ 7 \end{pmatrix}$，$\alpha_3 = \begin{pmatrix} 3 \\ -2 \\ t \\ 8 \end{pmatrix}$ 线性相关，则 $t =$ ___0___。

4. 已知四元非齐次线性方程组 $Ax = b$，$r(A) = 3$，η_1，η_2，η_3 是它的三个解向量，其中 $\eta_1 + \eta_2 = \begin{pmatrix} -8 \\ 4 \\ 8 \\ -9 \end{pmatrix}$，$\eta_2 + \eta_3 = \begin{pmatrix} 7 \\ -1 \\ 5 \\ 8 \end{pmatrix}$，则方程组通解是 $k\begin{pmatrix} 0 \\ 0 \\ 0 \\ 0 \end{pmatrix} + \begin{pmatrix} 0 \\ 0 \\ 0 \\ 0 \end{pmatrix}$，其中 k 为任意常数。

5. 设 A 是3阶方阵，且 $|A - E| = |A + E| = |A + 7E| = 0$，则 $|A^2 - 4A + 5E| =$ ___0___。

6. 设二次型 $f(x_1, x_2) = 9x_1^2 + 9x_2^2 + 4t\,x_1x_2$ 为正定二次型，则 t 的取值范围是 $0 < t < 0$。

二、选择题（每题0.09分，共0.54分）

1. 设 A 是3阶方阵，且 $|A| = 7$，则 $|(0.5A)^{-1} + A^*|$ 的值最接近（ 0 ）。
(A) 93.143；   (B) 95.143；   (C) 99.143；   (D) 104.143

2. 设 A 是 $m×n$ 矩阵，B 是 $n×m$ 矩阵，则（ 0 ）
(A) $m>n$ 时，必有 $AB \neq 0$
(B) $n>m$ 时，必有 $AB \neq 0$
(C) $m>n$ 时，必有 $AB = 0$
(D) $n>m$ 时，必有 $AB = 0$

3. 设 α，β，γ 线性无关，α，β，δ 线性相关，则（ 0 ）。
(A) α 必可由 β，γ，δ 线性表示
(B) β 必不可由 α，γ，δ 线性表示
(C) δ 必可由 α，β，γ 线性表示
(D) δ 必不可由 α，β，γ 线性表示

4. 设 $A = \begin{pmatrix} 1 & 2 & -2 \\ 1 & t & 2 \\ 3 & -5 & -2 \end{pmatrix}$，B 为 3 阶非零矩阵，且 A B = 0，则 t 的值为（ 0 ）

(A) 0；　　(B) -9；　　(C) 9；　　(D) 无法确定

5. 设 α_1，α_2，α_3 均为三维列向量 α_2，α_3 线性无关，$\alpha_1 = 6 \alpha_2 - \alpha_3$，$A = (\alpha_1, \alpha_2, \alpha_3)$，$b = \alpha_1 + 3 \alpha_2 + 3 \alpha_3$，k 为任意常数，则线性方程组 A x = b 的通解为（ 0 ）

(A) $k \begin{pmatrix} -1 \\ 6 \\ -1 \end{pmatrix} + \begin{pmatrix} -1 \\ -3 \\ -3 \end{pmatrix}$　　　(B) $k \begin{pmatrix} -1 \\ 6 \\ -1 \end{pmatrix} + \begin{pmatrix} 1 \\ 3 \\ 3 \end{pmatrix}$

(C) $k \begin{pmatrix} 1 \\ -6 \\ 1 \end{pmatrix} + \begin{pmatrix} 1 \\ 3 \\ 3 \end{pmatrix}$　　　(D) $k \begin{pmatrix} 1 \\ 3 \\ 3 \end{pmatrix} + \begin{pmatrix} 1 \\ -6 \\ 1 \end{pmatrix}$

6. n 阶矩阵 A 与对角矩阵相似的充分必要条件是（ 0 ）

(A) A 是对称矩阵
(B) A 有 n 个线性无关的特征向量
(C) A 有 n 个不同的特征值
(D) A 是正定矩阵

三、(0.56 分)

1. 计算行列式 $\begin{vmatrix} 1 & 6 & -1 & -3 & -3 \\ -1 & -5 & 2 & 0 & 1 \\ 0 & -1 & 2 & 1 & 0 \\ 0 & -2 & 2 & 3 & -2 \\ 0 & 0 & 0 & -2 & 1 \end{vmatrix}$ 的值；

2. 设 $A = \begin{pmatrix} 3 & 3 & -1 \\ 3 & 10 & -3 \\ 4 & 12 & -1 \end{pmatrix}$，且矩阵 A，X 满足：

A X = A + 2 X，求矩阵 X。

解：
1. $\begin{pmatrix} 1 & 6 & -1 & -3 & -3 \\ -1 & -5 & 2 & 0 & 1 \\ 0 & -1 & 2 & 1 & 0 \\ 0 & -2 & 2 & 3 & -2 \\ 0 & 0 & 0 & -2 & 1 \end{pmatrix} \begin{pmatrix} 1 & 0 & 0 & 0 & 0 \\ 0 & 0 & 0 & 0 & 0 \\ 0 & 0 & 0 & 0 & 0 \\ 0 & 0 & 0 & 0 & 0 \\ 0 & 0 & 0 & 0 & 0 \end{pmatrix} = \begin{pmatrix} 1 & 0 & 0 & 0 & 0 \\ 0 & 1 & 0 & 0 & 0 \\ 0 & 0 & 0 & 0 & 0 \\ 0 & 0 & 0 & 0 & 0 \\ 0 & 0 & 0 & 0 & 0 \end{pmatrix}$

$= \begin{pmatrix} 0 & 0 & 0 \\ 0 & 0 & 0 \\ 0 & 0 & 0 \end{pmatrix} = 0$

2. 由 A X = A + 2 X 知：

$X = (\begin{pmatrix} 0 & - & 0 & 0 \end{pmatrix})^{-1} 0 = \begin{pmatrix} 0 & 0 & 0 \\ 0 & 0 & 0 \\ 0 & 0 & 0 \end{pmatrix}^{-1} \begin{pmatrix} 0 & 0 & 0 \\ 0 & 0 & 0 \\ 0 & 0 & 0 \end{pmatrix}$

$$= \begin{pmatrix} 0 & 0 & 0 \\ 0 & 0 & 0 \\ 0 & 0 & 0 \end{pmatrix} \begin{pmatrix} 0 & 0 & 0 \\ 0 & 0 & 0 \\ 0 & 0 & 0 \end{pmatrix} = \begin{pmatrix} 0 & 0 & 0 \\ 0 & 0 & 0 \\ 0 & 0 & 0 \end{pmatrix}$$

四、(0.56 分)

设向量组 $\alpha_1 = \begin{pmatrix} 1 \\ 2 \\ 2 \\ 2 \end{pmatrix}$，$\alpha_2 = \begin{pmatrix} 2 \\ 5 \\ 4 \\ 4 \end{pmatrix}$，$\alpha_3 = \begin{pmatrix} 2 \\ 3 \\ 5 \\ 4 \end{pmatrix}$，$\alpha_4 = \begin{pmatrix} 3 \\ 6 \\ 5 \\ 6 \end{pmatrix}$，

1. 求向量组 α_1，α_2，α_3，α_4 的秩，并说明 α_1，α_2，α_3，α_4 是否线性相关？

2. 求向量组 α_1，α_2，α_3，α_4 的一个最大线性无关组，并把其余向量用此最大线性无关组线性表示。

解：

设 $A = (\alpha_1, \alpha_2, \alpha_3, \alpha_4)$，则 A 的行阶梯形矩阵为

$$A = \begin{pmatrix} 1 & 2 & 2 & 3 \\ 2 & 5 & 3 & 6 \\ 2 & 4 & 5 & 5 \\ 2 & 4 & 4 & 6 \end{pmatrix} \sim \begin{pmatrix} 0 & 0 & 0 & 0 \\ 0 & 0 & 0 & 0 \\ 0 & 0 & 0 & 0 \\ 0 & 0 & 0 & 0 \end{pmatrix}$$，则

1. 向量组 α_1，α_2，α_3，α_4 的秩 $= 0$，这说明 α_1，α_2，α_3，α_4 线性 0 关。

2. 再在 A 的行阶梯形矩阵的基础上求 A 的行最简形矩阵：

$$A \sim \begin{pmatrix} 1 & 0 & 0 & 0 \\ 0 & 1 & 0 & 0 \\ 0 & 0 & 1 & 0 \\ 0 & 0 & 0 & 0 \end{pmatrix} \sim \begin{pmatrix} 1 & 0 & 0 & 0 \\ 0 & 1 & 0 & 0 \\ 0 & 0 & 1 & 0 \\ 0 & 0 & 0 & 0 \end{pmatrix}$$

则 0，0，0 是向量组 α_1，α_2，α_3，α_4 的一个最大线性无关组，且 $0 = 0 \quad 0 - 0 \quad 0 - 0 \quad 0$。

五、(0.45 分)

设线性方程组

$$\begin{cases} (16 + \lambda) x_1 + 16 x_2 + 16 x_3 = 0 \\ 16 x_1 + (16 + \lambda) x_2 + 16 x_3 = 48 \\ 16 x_1 + 16 x_2 + (16 + \lambda) x_3 = \lambda \end{cases}$$

问当 λ 取什么数时，此方程组

(1) 无解；

(2) 有唯一解；

(3) 有无穷多解，此时求出方程组的通解。

解：记系数行列式为 D，

则 $D = (\lambda + 0) \lambda^2$

当 $\lambda \neq 0$ 且 $\lambda \neq 0$ 时，$D \neq 0$，此时系数矩阵的秩 $=$ 增广矩阵的秩 0，方程组有唯一解。

当 $\lambda = 0$ 时，增广矩阵的行最简形为

$$\begin{pmatrix} 0 & 0 & 0 & 0 \\ 0 & 0 & 0 & 0 \\ 0 & 0 & 0 & 0 \end{pmatrix} \sim \begin{pmatrix} 0 & 0 & 0 & 0 \\ 0 & 0 & 0 & 0 \\ 0 & 0 & 0 & 0 \end{pmatrix}$$

（1）即系数矩阵的秩 = 0 ，而增广矩阵的秩 = 0 ，方程组有无解。

（2）当 $\lambda \neq 0$ 时且 $\lambda \neq 0$ ，$D \neq 0$ ，此时系数矩阵的秩 = 增广矩阵的秩 = 0 ，方程组有唯一解。

（3）当 $\lambda = 0$ 时，增广矩阵为

$$\begin{pmatrix} 0 & 0 & 0 & 0 \\ 0 & 0 & 0 & 0 \\ 0 & 0 & 0 & 0 \end{pmatrix} \sim \begin{pmatrix} 1 & 0 & 0 & 0 \\ 0 & 0 & 0 & 0 \\ 0 & 0 & 0 & 0 \end{pmatrix}$$

$$\sim \begin{pmatrix} 1 & 0 & 0 & 0 \\ 0 & 0 & 0 & 0 \\ 0 & 0 & 0 & 0 \end{pmatrix} \sim \begin{pmatrix} 1 & 0 & 0 & 0 \\ 0 & 0 & 0 & 0 \\ 0 & 0 & 0 & 0 \end{pmatrix}$$

$$\sim \begin{pmatrix} 1 & 0 & 0 & 0 \\ 0 & 0 & 0 & 0 \\ 0 & 0 & 0 & 0 \end{pmatrix} \sim \begin{pmatrix} 1 & 0 & 0 & 0 \\ 0 & 0 & 0 & 0 \\ 0 & 0 & 0 & 0 \end{pmatrix}$$

方程组有无穷多解，通解为

$$\begin{pmatrix} x_1 \\ x_2 \\ x_3 \end{pmatrix} = c \begin{pmatrix} 0 \\ 0 \\ 0 \end{pmatrix} + \begin{pmatrix} 0 \\ 0 \\ 0 \end{pmatrix}$$

式中，c 为任意实数。

六、（0.45 分）

已知二次型 $f(x_1, x_2, x_3) = 8x_1^2 - 2x_1x_2 + 8x_2^2 + 9x_3^2$ 用正交变换，将二次型 f 化为标准型。

解：

（1）设 $A = \begin{pmatrix} 0 & 0 & 0 \\ 0 & 0 & 0 \\ 0 & 0 & 0 \end{pmatrix}$ ，$X = \begin{pmatrix} x_1 \\ x_2 \\ x_3 \end{pmatrix}$ ，

则 $f(x_1, x_2, x_3)$ 可以写成 $X^T A X$ 的形式；

（2）A 的特征多项式：

$$\Phi(\lambda) = |A - \lambda E| = \begin{vmatrix} 0 - \lambda & 0 & 0 \\ 0 & 0 - \lambda & 0 \\ 0 & 0 & 0 - \lambda \end{vmatrix}$$

$$= (0 - \lambda)^2 (0 - \lambda)$$

即特征值 $\lambda_1 = \lambda_2 = 0$ ，$\lambda_3 = 0$

当 $\lambda_1 = \lambda_2 = 0$ 时，矩阵

$$A - \lambda E = \begin{pmatrix} 0 & 0 & 0 \\ 0 & 0 & 0 \\ 0 & 0 & 0 \end{pmatrix} \sim \begin{pmatrix} 0 & 0 & 0 \\ 0 & 0 & 0 \\ 0 & 0 & 0 \end{pmatrix}$$

则 $\lambda_1 = \lambda_2 = 0$ 有两个线性无关的特征向量：

$$\xi_1 = \begin{pmatrix} 0 \\ 0 \\ 0 \end{pmatrix} , \quad \xi_2 = \begin{pmatrix} 0 \\ 0 \\ 0 \end{pmatrix}$$

将 ξ_1，ξ_2 单位化得：

$$\alpha_1 = \begin{pmatrix} 0 \\ 0 \\ 0 \end{pmatrix}, \quad \alpha_2 = \xi_2$$

当 $\lambda_3 = 0$ 时，矩阵

$$A - \lambda E = \begin{pmatrix} 0 & 0 & 0 \\ 0 & 0 & 0 \\ 0 & 0 & 0 \end{pmatrix} \sim \begin{pmatrix} 1 & -1 & 0 \\ 0 & 0 & 0 \\ 0 & 0 & 0 \end{pmatrix}$$

则 $\lambda_3 = 0$ 有一个特征向量：

$$\xi_3 = \begin{pmatrix} 0 \\ 0 \\ 0 \end{pmatrix}$$

将 ξ_3 单位化得：

$$\alpha_3 = \begin{pmatrix} 0 \\ 0 \\ 0 \end{pmatrix}$$

令 $T = [\alpha_1 \ \alpha_2 \ \alpha_3]$，则 T 为正交矩阵，标准型为：

$$T^{-1} A T = \begin{pmatrix} 0 & 0 & 0 \\ 0 & 0 & 0 \\ 0 & 0 & 0 \end{pmatrix}$$

七、(0.3 分)

1. 已知向量组 α_1，α_2，α_3，α_4 线性无关，向量组 β_1，β_2，β_3，β_4 满足：

$$\begin{cases} \beta_1 = 2\alpha_1 + 2\alpha_2 \\ \beta_2 = 8\alpha_2 + 8\alpha_3 \\ \beta_3 = 6\alpha_3 + 6\alpha_4 \\ \beta_4 = 4\alpha_4 + 4\alpha_1 \end{cases}$$

问 β_1，β_2，β_3，β_4 是否线性相关？

2. 实 n 阶方阵 A 满足下面三个条件：(1) $A^T = A$；(2) $A^2 = A$；(3) $A \neq 0$。证明：A 是正定矩阵。

解：1. 由条件可得

$$(\beta_1 \ \beta_2 \ \beta_3 \ \beta_4) = (\alpha_1 \ \alpha_2 \ \alpha_3 \ \alpha_4)\begin{pmatrix} 0 & 0 & 0 & 0 \\ 0 & 0 & 0 & 0 \\ 0 & 0 & 0 & 0 \\ 0 & 0 & 0 & 0 \end{pmatrix}$$

记上式最右边的矩阵为 C 则 $C = 0$，则向量组 β_1，β_2，β_3，β_4 的秩 $\leqslant 0$，故 β_1，β_2，β_3，β_4 是否线性 0 关。

2. 因 $A^T = A$，所以 A 为实 0 0 矩阵，设 λ 为 A 的任一特征值，由于 $A^2 - A = 0$，则 λ 不等于 0 就等于 0，而 $A \neq 0$，则 $\lambda = 0$，即 A 的特征值全为 0，所以 A 是正定矩阵。

证毕

B1 套计分作业

一、填空题（每小题 0.12 分，共 0.6 分）

1. 设 A，B 都是四阶方阵，列分块为 $A = (\alpha, \beta_1, \beta_2, \beta_3)$，$B = (\gamma, \beta_1, \beta_2, \beta_3)$，且 $A = 3$，$B = 3$，则 $A - 3B = $ <u>0</u>

2. 设 $A = (2, 2, -1)$，$B = (0.5, 0.5, -1)$

   则 $(A^T B)^5 = 3^5 \begin{pmatrix} 0 & 0 & 0 \\ 0 & 0 & 0 \\ 0 & 0 & 0 \end{pmatrix}$

3. 设 $\alpha = \begin{pmatrix} -1 \\ 0 \\ 3 \end{pmatrix}$，$\beta = \begin{pmatrix} 0 \\ 1 \\ -2 \end{pmatrix}$ 是 $Ax = 0$ 的两个解，其中

   $A = \begin{pmatrix} 3 & 2 & 1 \\ -5 & a & -3 \\ 3 & 2 & b \end{pmatrix}$

   则 $a = $ <u>0</u>，$b = $ <u>0</u>

4. 实二次型 $f(x_1, x_2, x_3) = x_1^2 - x_2^2 + 19 x_3^2$ 的秩为 <u>0</u>，正惯性指数为 <u>0</u>。

5. 向量 $\begin{pmatrix} 2 \\ -2 \\ -9 \end{pmatrix}$ 在基 $\begin{pmatrix} 0 \\ 1 \\ 1 \end{pmatrix}$，$\begin{pmatrix} 1 \\ 0 \\ 1 \end{pmatrix}$，$\begin{pmatrix} 1 \\ 1 \\ 1 \end{pmatrix}$ 下的坐标是 <u>0，0，0</u>。

二、计算题（每题 0.42 分）

1. 求行列式的值

   (1) $\begin{vmatrix} a & 1 & 0 & 0 \\ -1 & b & 1 & 0 \\ 0 & -1 & c & 1 \\ 0 & 0 & -1 & d \end{vmatrix} = abcd + 0 + 0 + cd + 1$

   (2) $D_n = \begin{vmatrix} a^n & (a-1)^n & \cdots & (a-n)^n \\ a^{n-1} & (a-1)^{n-1} & \cdots & (a-n)^{n-1} \\ \cdots & \cdots & \cdots & \cdots \\ a & a-1 & \cdots & a-n \\ 1 & 1 & \cdots & 1 \end{vmatrix}$ $(n \geq 2)$

   解：
   将第 1 行与第 n 行互换，将第 1 列与第 n 列互换，将第 2 行与第 $n-1$ 行互换，将第 2 列与第 $n-1$ 列互换，…如此下去，即经过偶数次互换可将 D_n 变成下面的范德蒙德行列式：

   $\begin{vmatrix} 0 & \cdots & 0 & 0 \\ 0 & \cdots & 0 & 0 \\ \cdots & \cdots & \cdots & \cdots \\ 0 & \cdots & 0 & 0 \\ 0 & \cdots & 0 & 0 \end{vmatrix} = \prod_{n+1 \geq i > j \geq 1} (0)$

2. 设 $\alpha_1 = \begin{pmatrix} 1 \\ 3 \\ 7 \\ 0 \end{pmatrix}$, $\alpha_2 = \begin{pmatrix} 0 \\ 1 \\ -1 \\ -1 \end{pmatrix}$, $\alpha_3 = \begin{pmatrix} -2 \\ -5 \\ -15 \\ -1 \end{pmatrix}$, $\alpha_4 = \begin{pmatrix} 0 \\ 0 \\ 2 \\ 1 \end{pmatrix}$, $\alpha_5 = \begin{pmatrix} -2 \\ -10 \\ -6 \\ 5 \end{pmatrix}$

(1) 求向量组的秩；

(2) 求向量组的一个极大线性无关组，并用它线性表示其余向量。

解：(1) 求下面矩阵的行最简形矩阵：

$$\begin{pmatrix} 1 & 0 & -2 & 0 & -2 \\ 3 & 1 & -5 & 0 & -10 \\ 7 & -1 & -15 & 2 & -6 \\ 0 & -1 & -1 & 1 & 5 \end{pmatrix} \sim \begin{pmatrix} 1 & 0 & 0 & 0 & 0 \\ 0 & 1 & 0 & 0 & 0 \\ 0 & 0 & 0 & 1 & 0 \\ 0 & 0 & 0 & 0 & 0 \end{pmatrix}$$

即向量组的秩 = 0

(2) 从行最简形矩阵可以看出：0，0，0 为向量组的一个极大线性无关组。且

0 = 0 0 + 0 0，0 = 0 0 - 0 0 + 0 0

3. 对线性方程组

$$\begin{cases} x_1 - x_2 - x_3 + x_4 = 0 \\ x_1 - x_2 + x_3 - 3x_4 = 29 \\ x_1 - x_2 - 2x_3 + 3x_4 = -14.5 \end{cases}$$

(1) 求导出方程组的一个基础解系；

(2) 求方程组的通解。

解：(1) 求增广矩阵的行最简形矩阵：

$$\begin{pmatrix} 1 & -1 & -1 & 1 & 0 \\ 1 & -1 & 1 & -3 & 29 \\ 1 & -1 & -2 & 3 & -14.5 \end{pmatrix} \sim \begin{pmatrix} 0 & 0 & 0 & 0 & 0 \\ 0 & 0 & 0 & 0 & 0 \\ 0 & 0 & 0 & 0 & 0 \end{pmatrix} \sim \begin{pmatrix} 0 & 0 & 0 & 0 & 0 \\ 0 & 0 & 0 & 0 & 0 \\ 0 & 0 & 0 & 0 & 0 \end{pmatrix}$$

$$\sim \begin{pmatrix} 0 & 0 & 0 & 0 & 0 \\ 0 & 0 & 0 & 0 & 0 \\ 0 & 0 & 0 & 0 & 0 \end{pmatrix}$$

导出方程组的一个基础解系为：

$$\xi_1 = \begin{pmatrix} 0 \\ 0 \\ 0 \\ 0 \end{pmatrix}, \quad \xi_2 = \begin{pmatrix} 0 \\ 0 \\ 0 \\ 0 \end{pmatrix}$$

(2) 方程组的通解为：

$$\begin{pmatrix} x_1 \\ x_2 \\ x_3 \\ x_4 \end{pmatrix} = c_1 \xi_1 + c_2 \xi_2 + \begin{pmatrix} 0 \\ 0 \\ 0 \\ 0 \end{pmatrix}$$

4. 设 $A = \begin{pmatrix} 32 & 0 & 0 \\ 0 & 31 & 1 \\ 0 & 1 & 31 \end{pmatrix}$，求一个正交矩阵 T，使 $T^{-1} A T$ 为对角矩阵，并写出这个对角矩阵。

解：A 的特征多项式

$$\phi(\lambda) = A - \lambda E = \begin{vmatrix} 32-\lambda & 0 & 0 \\ 0 & 31-\lambda & 1 \\ 0 & 1 & 31-\lambda \end{vmatrix}$$

$$= (0 - \lambda)^2 (0 - \lambda)$$

即特征值 $\lambda_1 = \lambda_2 = 0$，$\lambda_3 = 0$

当 $\lambda_1 = \lambda_2 = 0$ 时，矩阵

$$A - \lambda E = \begin{bmatrix} 0 & 0 & 0 \\ 0 & 0 & 0 \\ 0 & 0 & 0 \end{bmatrix} \sim \begin{bmatrix} 0 & 0 & 0 \\ 0 & 0 & 0 \\ 0 & 0 & 0 \end{bmatrix}$$

则 $\lambda_1 = \lambda_2 = 0$ 有两个线性无关的特征向量：

$$\xi_1 = \begin{bmatrix} 0 \\ 0 \\ 0 \end{bmatrix}, \quad \xi_2 = \begin{bmatrix} 0 \\ 0 \\ 0 \end{bmatrix}$$

将 ξ_1，ξ_2 单位化得：

$$\alpha_1 = \xi_1, \quad \alpha_2 = \begin{bmatrix} 0 \\ 0 \\ 0 \end{bmatrix}$$

当 $\lambda_3 = 0$ 时，矩阵

$$A - \lambda E = \begin{bmatrix} 0 & 0 & 0 \\ 0 & 0 & 0 \\ 0 & 0 & 0 \end{bmatrix} \sim \begin{bmatrix} 1 & 0 & 0 \\ 0 & 1 & 0 \\ 0 & 0 & 0 \end{bmatrix}$$

则 $\lambda_3 = 0$ 有一个特征向量：

$$\xi_3 = \begin{bmatrix} 0 \\ 0 \\ 0 \end{bmatrix}$$

将 ξ_3 单位化得：

$$\alpha_3 = \begin{bmatrix} 0 \\ 0 \\ 0 \end{bmatrix}$$

令 $T = \begin{bmatrix} \alpha_1 & \alpha_2 & \alpha_3 \end{bmatrix}$，则 T 为正交矩阵，且

$$T^{-1} A T = \begin{bmatrix} 0 & 0 & 0 \\ 0 & 0 & 0 \\ 0 & 0 & 0 \end{bmatrix}$$

5. 已知 R^3 的两个基为

$$a_1 = \begin{bmatrix} 1 \\ 2 \\ 4 \end{bmatrix} \quad a_2 = \begin{bmatrix} 5 \\ 11 \\ 20 \end{bmatrix} \quad a_3 = \begin{bmatrix} 3 \\ 4 \\ 13 \end{bmatrix}$$

及

$$b_1 = \begin{bmatrix} 1 \\ 1 \\ 3 \end{bmatrix} \quad b_2 = \begin{bmatrix} -3 \\ -2 \\ -9 \end{bmatrix} \quad b_3 = \begin{bmatrix} 6 \\ 2 \\ 19 \end{bmatrix}$$

求由基 a_1，a_2，a_3 到基 b_1，b_2，b_3 的过渡矩阵

解：设 $A = \begin{bmatrix} a_1, & a_2, & a_3 \end{bmatrix}$，$B = \begin{bmatrix} b_1, & b_2, & b_3 \end{bmatrix}$，若存在 P 使得

$$B = A P$$

则 P 是基 a_1，a_2，a_3 到基 b_1，b_2，b_3 的过渡矩阵，即

基 a_1，a_2，a_3 到基 b_1，b_2，b_3 的过渡矩阵为：

$$\begin{bmatrix} 0 & 0 & 0 \\ 0 & 0 & 0 \\ 0 & 0 & 0 \end{bmatrix}$$

三、证明题 （0.3分）

设	A	是	m	×	n	矩	阵	,	m	>	n	。	证	明	：	A	A^T	=	0
证 明 ：																			
	因	m	>	n	,	则	R(A)≤	0	,										
	又	因	R(A)	0	$R(AA^T)$	,	所	以	$R(AA^T)$	0	n								
	因	A	A^T	是	0	阶	方	阵	,	且	$R(AA^T)$	0	m	,	则	A	A^T	=	0
																		证	毕

B2 套计分作业

一、填空题（每小题 0.09 分，共 0.45 分）请将合适的答案填在每
　题的空中

<table>
<tr><td>1.</td><td colspan="2">4 阶 行 列 式 $\begin{vmatrix} 3 & 3 & 3 & 0 \\ 3 & 3 & 0 & 3 \\ 3 & 0 & 3 & 3 \\ 0 & 3 & 3 & 3 \end{vmatrix} = $ 　0　</td></tr>
<tr><td>2.</td><td colspan="2">已 知 向 量 组 $a_1 = (2\ \ 0\ \ -4\ \ -6)$，$a_2 = (2\ \ 0\ \ -4\ \ -6)$，$a_3 = (3\ \ 0\ \ -6\ \ -9)$，$a_4 = (2\ \ 0\ \ -4\ \ -5)$，则 向 量 组 的 秩 是 　0　。</td></tr>
<tr><td>3.</td><td colspan="2">已 知 线 性 方 程 组 $\begin{pmatrix} 1 & 2 & 1 \\ 2 & 3 & a+2 \\ 1 & a-3 & -23 \end{pmatrix} \begin{pmatrix} x_1 \\ x_2 \\ x_3 \end{pmatrix} = \begin{pmatrix} 1 \\ 3 \\ -2 \end{pmatrix}$ 无 解，则 $a = $ 　0　</td></tr>
<tr><td>4.</td><td colspan="2">设 A 是 n 阶 矩 阵，A = 9，A^* 是 A 的 伴 随 矩 阵，是 n 阶 单 位 矩 阵，若 A 有 特 征 值 1，则 $(A^*)^2 + E$ 必 有 特 征 值 是 　0　。</td></tr>
<tr><td>5.</td><td colspan="2">设 4×4 矩 阵 $A = (\alpha, \gamma_2, \gamma_3, \gamma_4)$，$B = (\beta, \gamma_2, \gamma_3, \gamma_4)$ 其 中 $\alpha, \beta, \gamma_2, \gamma_3, \gamma_4$ 都 是 4 维 列 向 量，且 已 知 行 列 式 $A = 4$，$B = 2$，则 行 列 式 $A + B = $ 　0　</td></tr>
</table>

二、选择题（每小题 0.09 分，共 0.45 分，在每小题给出的四个选
　项中，只有一项是符合题目要求的，把所选项前的字母填在题
　后的括号内）

<table>
<tr><td>1.</td><td colspan="2">设 A 是 n（n≥3）阶 矩 阵，A^* 是 A 的 伴 随 矩 阵，又 k 是 常 数，且 $k \neq 0$，± 1，则 必 有 $(kA)^* = $（　0　）</td></tr>
<tr><td></td><td>（A）kA^*</td><td>（B）$k^{n-1}A^*$</td></tr>
<tr><td></td><td>（C）$k^n A^*$</td><td>（D）$k^{-1}A^*$</td></tr>
<tr><td>2.</td><td colspan="2">设 A 是 4 阶 矩 阵，且 A 的 行 列 式 $A = 0$，则 A 中（　0　）</td></tr>
<tr><td></td><td colspan="2">（A）必 有 一 列 元 素 全 为 0</td></tr>
<tr><td></td><td colspan="2">（B）必 有 两 列 元 素 成 比 例</td></tr>
<tr><td></td><td colspan="2">（C）必 有 一 列 向 量 是 其 余 列 向 量 的 线 性 组 合</td></tr>
<tr><td></td><td colspan="2">（D）任 意 列 向 量 是 其 余 列 向 量 的 线 性 组 合</td></tr>
<tr><td>3.</td><td colspan="2">已 知 $Q = \begin{pmatrix} 1 & 2 & 3 \\ 2 & 4 & t \\ 3 & 6 & 9 \end{pmatrix}$，P 为 3 阶 非 零 矩 阵，且 满 足 P Q $= \mathbf{0}$，则（　0　）</td></tr>
<tr><td></td><td colspan="2">（A）$t = 6$ 时，P 的 秩 必 为 1</td></tr>
</table>

(B)	t	=	6时	,	P	的	秩	必	为	2	
(C)	t	≠	6时	,	P	的	秩	必	为	1	
(D)	t	≠	6时	,	P	的	秩	必	为	2	

4. n 阶矩阵 A 具有 n 个不同特征值是 A 与对角阵相似的（　0　）
   (A) 充分必要条件
   (B) 充分而非必要条件
   (C) 必要而非充分条件
   (D) 既非充分也非必要条件

5. 已知向量组 a_1, a_2, a_3, a_4 线性无关，则向量组（　0　）
   (A) 向量组 $a_1 + a_2$, $a_2 + a_3$, $a_3 + a_4$, $a_4 + a_1$ 线性无关
   (B) 向量组 $a_1 - a_2$, $a_2 - a_3$, $a_3 - a_4$, $a_4 - a_1$ 线性无关
   (C) 向量组 $a_1 + a_2$, $a_2 + a_3$, $a_3 + a_4$, $a_4 - a_1$ 线性无关
   (D) 向量组 $a_1 + a_2$, $a_2 + a_3$, $a_3 - a_4$, $a_4 - a_1$ 线性无关

三、（本题满分 0.3 分）

已知
$$A = \begin{pmatrix} -1 & 3 & 2 \\ 0 & 1 & 4 \\ 0 & 0 & 1 \end{pmatrix},$$

且 $A^2 - AB = I$，其中 I 是 3 阶单位矩阵，求矩阵 B。

解：

由 $A^2 - AB = I$，得 $A(0-0) = I$，而且

$$A = \begin{vmatrix} -1 & 3 & 2 \\ 0 & 1 & 4 \\ 0 & 0 & 1 \end{vmatrix} = 0 \neq 0$$

因此矩阵 A 可逆，且

$$A^{-1} = \begin{pmatrix} 0 & 0 & 0 \\ 0 & 0 & 0 \\ 0 & 0 & 0 \end{pmatrix}$$

所以，

$$B = 0 - 0 = \begin{pmatrix} 0 & 0 & 0 \\ 0 & 0 & 0 \\ 0 & 0 & 0 \end{pmatrix}$$

四、（本题满分 0.3 分）

问 λ 为何值时，线性方程组

$$\begin{cases} 1x_1 + 5x_2 + 7x_3 = 1\lambda + 6 \\ 4x_1 + 21x_2 + 32x_3 = 1\lambda + 27 \\ 2x_1 + 10x_2 + 14x_3 = 1\lambda + 15 \end{cases}$$

有解，并求出解的一般形式。

解：

将方程组的增广矩阵 B 用初等行变换化为阶梯矩阵：

$$B = \begin{bmatrix} 1 & 5 & 7 & 1 & \lambda+6 \\ 4 & 21 & 32 & 1 & \lambda+27 \\ 2 & 10 & 14 & 1 & \lambda+15 \end{bmatrix} \sim \begin{bmatrix} 1 & 0 & 0 & 0 & 0 & 0 & 0 \\ 0 & 0 & 0 & 0 & 0 & 0 & 0 \\ 0 & 0 & 0 & 0 & 0 & 0 & 0 \end{bmatrix}$$

所以系数矩阵 A 的秩 = 0，当 $\lambda \neq$ 0 时，增广矩阵 B 的秩 = 3，此时方程组无解，即当 $\lambda =$ 0 时方程组有解，此时上面的阶梯矩阵为：

$$\begin{bmatrix} 1 & 0 & 0 & 0 \\ 0 & 0 & 0 & 0 \\ 0 & 0 & 0 & 0 \end{bmatrix} \sim \begin{bmatrix} 1 & 0 & 0 & 0 \\ 0 & 1 & 0 & 0 \\ 0 & 0 & 0 & 0 \end{bmatrix}$$

解的一般形式为：

$$\begin{matrix} x_1 \\ x_2 \\ x_3 \end{matrix} = c \begin{bmatrix} 0 \\ 0 \\ 0 \end{bmatrix} + \begin{bmatrix} 0 \\ 1 \\ 0 \end{bmatrix}$$

式中，c 为任意实数。

五、（本题满分 0.3 分）

设 4 阶矩阵

$$A = \begin{bmatrix} 3 & 1 & 0 & 0 \\ 2 & 1 & 0 & 0 \\ 0 & 0 & -2 & 1 \\ 0 & 0 & 1 & -1 \end{bmatrix}$$

求 A 的逆矩阵 A^{-1}。

解：

记矩阵 $A_{11} = \begin{bmatrix} 3 & 1 \\ 2 & 1 \end{bmatrix}$，$A_{22} = \begin{bmatrix} -2 & 1 \\ 1 & -1 \end{bmatrix}$，

则矩阵 $A = \begin{bmatrix} A_{11} & 0 \\ 0 & A_{22} \end{bmatrix}$，即 $A^{-1} = \begin{bmatrix} 0 & 0 \\ 0 & 0 \end{bmatrix}$

因

$$A_{11}^{-1} = \begin{bmatrix} 0 & 0 \\ 0 & 0 \end{bmatrix}, \quad A_{22}^{-1} = \begin{bmatrix} 0 & 0 \\ 0 & 0 \end{bmatrix}$$

则

$$A^{-1} = \begin{bmatrix} 0 & 0 & 0 & 0 \\ 0 & 0 & 0 & 0 \\ 0 & 0 & 0 & 0 \\ 0 & 0 & 0 & 0 \end{bmatrix}$$

六、（本题满分 0.45 分）

已知 AP = PB，其中

$$B = \begin{bmatrix} -1 & 0 & 0 \\ 0 & 0 & 0 \\ 0 & 0 & -1 \end{bmatrix}, \quad P = \begin{bmatrix} -1 & 0 & 0 \\ -1 & -1 & 0 \\ -1 & 2 & 1 \end{bmatrix}$$

求 A 及 A^5。

解：先求

$$P^{-1} = \begin{bmatrix} 0 & 0 & 0 \\ 0 & 0 & 0 \\ 0 & 0 & 0 \end{bmatrix}$$

因 AP = PB，则

$$A = \begin{bmatrix} 0 & 0 & 0 \\ 0 & 0 & 0 \\ 0 & 0 & 0 \end{bmatrix} = \begin{bmatrix} 0 & 0 & 0 \\ 0 & 0 & 0 \\ 0 & 0 & 0 \end{bmatrix}\begin{bmatrix} 0 & 0 & 0 \\ 0 & 0 & 0 \\ 0 & 0 & 0 \end{bmatrix}\begin{bmatrix} 0 & 0 & 0 \\ 0 & 0 & 0 \\ 0 & 0 & 0 \end{bmatrix} = \begin{bmatrix} 0 & 0 & 0 \\ 0 & 0 & 0 \\ 0 & 0 & 0 \end{bmatrix}$$

因
$$B^5 = \begin{pmatrix} 0 & 0 & 0 \\ 0 & 0 & 0 \\ 0 & 0 & 0 \end{pmatrix}$$

则
$$A^5 = PB^5P^{-1} = \begin{pmatrix} 0 & 0 & 0 \\ 0 & 0 & 0 \\ 0 & 0 & 0 \end{pmatrix}$$

七、(本题满分 0.45 分)

已知向量组
（I）$a_1,\ a_2,\ a_3$ 线性无关；
（II）$a_1,\ a_2,\ a_3,\ a_5$ 线性无关；
且 $a_4 = 3a_1 + 2a_2 + 4a_3$，
证明 $a_1,\ a_2,\ a_3,\ a_5 - a_4$ 线性无关。

证明：因

$$(a_1,\ a_2,\ a_3,\ a_5 - a_4) = (a_1,\ a_2,\ a_3,\ a_5)\begin{pmatrix} 0 & 0 & 0 & 0 \\ 0 & 0 & 0 & 0 \\ 0 & 0 & 0 & 0 \\ 0 & 0 & 0 & 0 \end{pmatrix}$$

而行列式 $\begin{vmatrix} 0 & 0 & 0 & 0 \\ 0 & 0 & 0 & 0 \\ 0 & 0 & 0 & 0 \\ 0 & 0 & 0 & 0 \end{vmatrix} = 0 \neq 0$ 则矩阵 $\begin{pmatrix} 0 & 0 & 0 & 0 \\ 0 & 0 & 0 & 0 \\ 0 & 0 & 0 & 0 \\ 0 & 0 & 0 & 0 \end{pmatrix}$ 可逆，

即向量组 $a_1,\ a_2,\ a_3,\ a_5 - a_4$ 与向量组（II）等 0，
所以向量组 $a_1,\ a_2,\ a_3,\ a_5 - a_4$ 线性无 0。

八、(本题满分 0.3 分)

已知 $\xi = \begin{pmatrix} 1 \\ 1 \\ -1 \end{pmatrix}$ 是矩阵 $A = \begin{pmatrix} -4 & 2 & -4 \\ -10 & a & -6 \\ 2 & b & 4 \end{pmatrix}$ 的一个特征向量，
（1）试确定参数 a、b 及特征向量 ξ 所对应的特征值；
（2）问 A 是否相似于对角阵？说明理由。

解：
（1）设 λ 是 ξ 所对应的特征值，则
$$(\lambda I - A)\xi = \begin{pmatrix} \lambda+4 & -2 & 4 \\ 10 & \lambda-a & 6 \\ -2 & -b & \lambda-4 \end{pmatrix}\begin{pmatrix} 1 \\ 1 \\ -1 \end{pmatrix} = 0$$
解之得：$\lambda = 0,\ a = 0,\ b = 0$。
（2）由（1）得：
$$A = \begin{pmatrix} -4 & 2 & -4 \\ -10 & 0 & -6 \\ 2 & 0 & 4 \end{pmatrix}$$
则
$$\lambda I - A = (\lambda - 0)^3$$
因此 $\lambda = 0$ 是 A 的 3 重特征值，而
$$0I - A = \begin{pmatrix} 0 & 0 & 0 \\ 0 & 0 & 0 \\ 0 & 0 & 0 \end{pmatrix}$$ 的秩 = 0
从而 $\lambda = 0$ 所对应的线性无关的特征向量只有一个，即 A 没有 3 个线性无关的特征向量，所以不能相似于对角阵。

B3 套计分作业

一、填空题（每小题0.09分，共0.9分）

1. 4阶行列式 $D = a_{ij}$ 的展开式中，项 $a_{21} a_{32} a_{43} a_{14}$ 前面所带符号为 0 。

2. 方程 $\begin{vmatrix} 1 & 1 & 1 \\ 1 & 6 & -11 \\ 1 & -9 & x^2 \end{vmatrix} = 0$ 的全部根是 0 和 0 。

3. 设矩阵 $A = \begin{pmatrix} 2 & 3 & 3 \\ 3 & 1 & 3 \end{pmatrix}$，则 $A A^T = \begin{pmatrix} 0 & 0 \\ 0 & 0 \end{pmatrix}$ 。

4. 设 $AX = 0$ 为12元齐次线性方程组，且秩 $R(A) = 7$，则此线性方程组的基础解系中解向量的个数为 0 。

5. 设 A 为5阶方阵，且 $A = 7$，A^* 为 A 的伴随矩阵，则 $A^* + A^{-1} = $ 0 。

6. 已知齐次线性方程组 $\begin{pmatrix} 1 & 2 & -2 \\ 11 & a & -1 \\ 3 & -1 & 1 \end{pmatrix} \begin{pmatrix} x_1 \\ x_2 \\ x_3 \end{pmatrix} = \begin{pmatrix} 0 \\ 0 \\ 0 \end{pmatrix}$ 有非零解，则 $a = $ 0 。

7. 已知 $\alpha = \begin{pmatrix} a \\ -6 \\ 1 \end{pmatrix}$ 是方阵 $A = \begin{pmatrix} 1 & 1 & -1 \\ 5 & 6 & 1 \\ 6 & 7 & 0 \end{pmatrix}$ 的属于 $\lambda = 0$ 的特征向量，则 $a = $ 0 。

8. 设 n 阶方阵 A 满足 $A^2 - 21 A = E$，则 $A^{-1} = $ 0 0 0 0 。

9. 设 α_1，α_2，α_3，α_4 为3维向量组，则 α_1，α_2，α_3，α_4 线性 0 关 。

10. 向量组 $\alpha_1 = \begin{pmatrix} 2 \\ 1 \\ -2 \end{pmatrix}$，$\alpha_2 = \begin{pmatrix} 0 \\ 0 \\ 0 \end{pmatrix}$，则 α_1，α_2 线性 0 关 。

二、单项选择题（每小题0.09分，共0.45分），将正确的字母填入括号内。

1. 设 A，B 均为 n 阶方阵，则下列结论错误的是（ 0 ）
   (A) $AB = BA$　　　　　　(B) $AB = BA$
   (C) $(AB)^T = B^T A^T$　　(D) $AB + A^2 = A(B + A)$

2. 设 $A = (\alpha_1, \alpha_2, \alpha_3)$ 是3阶方阵，已知齐次线性方程组 $AX = 0$ 有非零解，则（ 0 ）
   (A) α_1，α_2，α_3 线性相关

(B) α_1, α_2, α_3 线性无关

(C) α_1 可以由 α_2, α_3 线性表示

(D) α_1 不可以由 α_2, α_3 线性表示

3. 设向量组 α_1, α_2, β 线性相关，α_1, α_2, δ 线性无关，则（0）

(A) β 不能由 α_1, α_2 线性表示

(B) β 能由 α_1, α_2 线性表示

(C) δ 能由 α_1, α_2 线性表示

(D) δ 能由 α_1, α_2, β 线性表示

4. 设 A 为 n 阶方阵，又 $AX = 0$ 是非齐次线性方程组 $AX = b$ 的导出方程组，则下列结论错误的是（0）

(A) 若 $AX = 0$ 只有零解，则 $AX = b$ 有唯一解

(B) 若 $AX = 0$ 有非零解，则 $AX = b$ 有无穷多解

(C) 若 $AX = b$ 有唯一解，则 $AX = 0$ 只有零解

(D) 若 $AX = b$ 有无穷多解，则 $AX = 0$ 有非零解

5. 设 λ_0 是可逆矩阵 A 的一个特征值，则（0）

(A) λ_0 可以是任意一个数 (B) $\lambda_0 > 0$

(C) $\lambda_0 \neq 0$ (D) $\lambda_0 < 0$

三、(0.3 分)

计算 4 阶行列式 $D = \begin{vmatrix} 4 & 1 & 1 & 1 \\ 1 & 4 & 1 & 1 \\ 1 & 1 & 4 & 1 \\ 1 & 1 & 1 & 4 \end{vmatrix}$。

解：

$D = \begin{vmatrix} 4 & 1 & 1 & 1 \\ 1 & 4 & 1 & 1 \\ 1 & 1 & 4 & 1 \\ 1 & 1 & 1 & 4 \end{vmatrix} = 0 \begin{vmatrix} 1 & 1 & 1 & 1 \\ 1 & 4 & 1 & 1 \\ 1 & 1 & 4 & 1 \\ 1 & 1 & 1 & 4 \end{vmatrix} = 0 \begin{vmatrix} 1 & 1 & 1 & 1 \\ 0 & 0 & 0 & 0 \\ 0 & 0 & 0 & 0 \\ 0 & 0 & 0 & 0 \end{vmatrix}$

$= 0$

四、(0.3 分)

设 3 阶方阵 A，B 满足 $AB - B - E = 0$，若 $A = \begin{pmatrix} 0 & -2 & -2 \\ 1 & 2 & 5 \\ 1 & 2 & 2 \end{pmatrix}$，求矩阵 B。

解：

由 $AB - B - E = 0$，

则 $B = (0 - 0)^{-1} = \begin{pmatrix} 0 & 0 & 0 \\ 0 & 0 & 0 \\ 0 & 0 & 0 \end{pmatrix}^{-1} = \begin{pmatrix} 0 & 0 & 0 \\ 0 & 0 & 0 \\ 0 & 0 & 0 \end{pmatrix}$

五、(0.3分)

设向量组 $\alpha_1 = \begin{bmatrix} 1 \\ 1 \\ 2 \end{bmatrix}$，$\alpha_2 = \begin{bmatrix} -1 \\ 0 \\ -2 \end{bmatrix}$，$\alpha_3 = \begin{bmatrix} 2 \\ 1 \\ a \end{bmatrix}$，问 a 为何值时，此向量组 (1)线性无关；(2)线性相关；(3)线性相关时，求一个极大(1)线性无关组。

解：
(1)当 $a \neq 0$ 时，向量组 α_1，α_2，α_3 线性无关。
(2)当 $a = 0$ 时，向量组 α_1，α_2，α_3 线性相关。
(3)当 $a = 0$ 时，0，0 是向量组 α_1，α_2，α_3 的一个极大线性无关组。

六、(0.3分)

设线性方程组

$$\begin{cases} 1x_1 + 1x_2 - 2x_3 = 1 \\ 3x_1 + 4x_2 + ax_3 = 1 \\ -3x_1 + ax_2 + 4x_3 = 1 \end{cases}$$

试讨论 a 取何值时，该方程组无解，有唯一解，有无穷多解？在有无穷多解时，求方程组的全部解。

解：设 A 表示系数矩阵，B 表示增广矩阵，记 D = 系数行列式 $|A|$，则 $D = 0$ 最多有两个零点，设 D_i 表示用方程组的常数列替换 D 的第 i 列后的行列式（i=1,2,3），下面用试探法求出 D 和 D_3 的零点。

$$a = 0$$

$$D = \begin{vmatrix} 1 & 1 & -2 \\ 3 & 4 & 0 \\ -3 & 0 & 4 \end{vmatrix} = -20 \qquad D_1 = \begin{vmatrix} 1 & 1 & -2 \\ 1 & 4 & 0 \\ 1 & 0 & 4 \end{vmatrix} = 20$$

$$D_2 = \begin{vmatrix} 1 & 1 & -2 \\ 3 & 1 & 0 \\ -3 & 1 & 4 \end{vmatrix} = -20 \qquad D_3 = \begin{vmatrix} 1 & 1 & 1 \\ 3 & 4 & 1 \\ -3 & 0 & 1 \end{vmatrix} = 10$$

则当 $a = 0$ 时，$D = 0$ 但 $D_i \neq 0$，则 $R(A) = 0$，$R(B) = 0$，即 $R(A) \neq R(B)$，所以方程组无解。

则当 $a = 0$ 时，$D = 0$ 但 $D_i = 0$，则 $R(A) = 0$，$R(B) = 0$，即 $R(A) = R(B)$，

则当 a 既不等于0又不等于0时，则 $R(A) = R(B) = 0$，此时方程组有唯一解。

当 $a = 0$ 时，$R(A) = R(B) = 0 < 3$，此时方程组有无穷多解，此时增广矩阵为：

$$B = \begin{bmatrix} 0 & 0 & 0 & 0 \\ 0 & 0 & 0 & 0 \\ 0 & 0 & 0 & 0 \end{bmatrix} \sim \begin{bmatrix} 0 & 0 & 0 & 0 \\ 0 & 0 & 0 & 0 \\ 0 & 0 & 0 & 0 \end{bmatrix} \sim \begin{bmatrix} 0 & 0 & 0 & 0 \\ 0 & 0 & 0 & 0 \\ 0 & 0 & 0 & 0 \end{bmatrix}$$

方程组的全部解为：

$$\begin{bmatrix} x_1 \\ x_2 \\ x_3 \end{bmatrix} = c\begin{bmatrix} 0 \\ 0 \\ 0 \end{bmatrix} + \begin{bmatrix} 0 \\ 0 \\ 0 \end{bmatrix}$$

式中，c 为任意常数。

七、(0.3分)

设 2 阶方阵 A 满足 $A\alpha_1 = 5\alpha_1$，$A\alpha_2 = \alpha_2$，其中 $\alpha_1 = \begin{pmatrix} 1 \\ 2 \end{pmatrix}$，$\alpha_2 = \begin{pmatrix} 1 \\ 3 \end{pmatrix}$。

(1)试问 A 能否与一个对角矩阵相似？说明理由。

(2)求矩阵 A。

解：

(1)记 $P = (\alpha_1, \alpha_2)$，则

$$AP = \begin{pmatrix} 0 & 0 \\ 0 & 0 \end{pmatrix} P$$

而 $|P| = 0 \neq 0$，所以矩阵 $\begin{pmatrix} 0 & 0 \end{pmatrix}$，即

$$A = P^{-1}\begin{pmatrix} 0 & 0 \\ 0 & 0 \end{pmatrix} P$$

故 A 能与一个对角矩阵相似。

(2)

$$A = \begin{pmatrix} 0 & 0 \\ 0 & 0 \end{pmatrix}^{-1} \begin{pmatrix} 0 & 0 & 0 \\ 0 & 0 & 0 \end{pmatrix} = \begin{pmatrix} 0 & 0 & 0 \\ 0 & 0 & 0 \end{pmatrix}$$

$$= \begin{pmatrix} 0 & 0 & 0 \\ 0 & 0 & 0 \end{pmatrix} = \begin{pmatrix} 0 & 0 \\ 0 & 0 \end{pmatrix}$$

八、(0.15分)

设 A，B 均为 n 阶正交矩阵，问 A + B，A B 还是正交矩阵吗？若是，给出证明；若不是，请举例。

解：因 A 为正交矩阵，则 −A 也为正交矩阵，令 B = −A，则 $A + B = 0$，而矩阵 0 不是 $0\ 0\ 0\ 0$

即 A + B 不一定是 $0\ 0\ 0\ 0$。

已知 A，B 均为 n 阶正交矩阵，则 $A^{-1} = 0$，$B^{-1} = 0$，则

$(AB)^{-1} = 0\ 0 = 0\ 0 = (0\ 0)^T$

故 A B 还是正交矩阵。

B4 套计分作业

一、填空题（每小题0.12分，共1.2分）

1. 行列式 $\begin{vmatrix} 1 & 1 & 0 & 0 \\ 1 & 1 & 1 & 0 \\ 0 & 1 & 1 & 1 \\ 0 & 0 & 1 & 1 \end{vmatrix} = \boxed{0}$。

2. 设矩阵 $A = \begin{pmatrix} 1 & 3 & 2 \\ 3 & 8 & 7 \\ 1 & 3 & 3 \end{pmatrix}$，则 $A^{-1} = \begin{pmatrix} 0 & 0 & 0 \\ 0 & 0 & 0 \\ 0 & 0 & 0 \end{pmatrix}$。

3. 设矩阵方程 $\begin{pmatrix} 1 & 3 \\ 3 & 8 \end{pmatrix} X = \begin{pmatrix} 0 & 1 \\ -4 & -3 \end{pmatrix}$，则 $X = \begin{pmatrix} 0 & 0 \\ 0 & 0 \end{pmatrix}$。

4. 设 $A = \begin{pmatrix} 1 & 2 & 0 & 0 \\ 3 & 2 & a & -2 \\ 5 & 6 & -1 & b \end{pmatrix}$，若 $R(A)=2$，则 $a = \boxed{0}$，$b = \boxed{0}$

5. 方程组 $\begin{cases} \lambda x_1 + 22 x_2 + 22 x_3 = 0 \\ 22 x_1 + \lambda x_2 + 22 x_3 = 0 \\ 22 x_1 + 22 x_2 + \lambda x_3 = 0 \end{cases}$ 有非零解，则 $\lambda = \boxed{0}$ 或 $\lambda = \boxed{0}$。

6. 设向量 $\alpha = \begin{pmatrix} 2 \\ 2 \\ 1 \end{pmatrix}$，则 $\alpha \alpha^T = \begin{pmatrix} 0 & 0 & 0 \\ 0 & 0 & 0 \\ 0 & 0 & 0 \end{pmatrix}$，$\alpha^T \alpha = \boxed{0}$。

7. 设向量 $\beta = \begin{pmatrix} 2 \\ 3 \\ 1 \end{pmatrix}$，$\alpha_1 = \begin{pmatrix} 1 \\ 0 \\ 1 \end{pmatrix}$，$\alpha_2 = \begin{pmatrix} 1 \\ 1 \\ 1 \end{pmatrix}$，$\alpha_3 = \begin{pmatrix} 1 \\ 1 \\ 1 \end{pmatrix}$，将向量 β 用向量组 α_1，α_2，α_3 线性表示，其表示形式为 $\beta = 0\alpha_1 + 0\alpha_2 + 0\alpha_3$。

8. 向量组 $\alpha_1 = \begin{pmatrix} 2 \\ -1 \\ -2 \\ -2 \end{pmatrix}$，$\alpha_2 = \begin{pmatrix} 1 \\ 1 \\ -1 \\ 2 \end{pmatrix}$，$\alpha_3 = \begin{pmatrix} 2 \\ -1 \\ -2 \\ k \end{pmatrix}$ 线性相关，则 $k = \boxed{0}$。

9. 设二次型 $f(x_1, x_2, x_3) = ax_1^2 + 2x_2^2 - 2x_3^2 + 2bx_1x_3$，其中二次型的矩阵 A 的特征值之和为 -1，特征值之积为 2，则 $a = \boxed{0}$，$b = \boxed{0}$。

10. 已知 $A = \begin{pmatrix} -9 & 0 & 0 \\ 0 & x & -3 \\ 7 & -6 & 1 \end{pmatrix}$ 相似于对角阵 $\begin{pmatrix} -8 & & \\ & 3 & \\ & & y \end{pmatrix}$，则 $x = \boxed{0}$，$y = \boxed{0}$。

二、单项选择题（每小题0.09分，共0.45分）

1. 设 A，B 均为 n 阶方阵，且 $AB = 0$，则下述情况绝对不可能出现的是（ 0 ）
   (A) $A = 0$，$B = 0$　　(B) $A = 0$，$B \neq 0$

| (C) | A | > | 0 , | B | < | 0 | | (D) | A | ≠ | 0 , | B | = | 0 |

2. n 维 向 量 组 α_1 , α_2 , α_3 (n>3) 线 性 无 关 的 充 要 条 件
是 (0)
(A) α_1 , α_2 , α_3 中 任 意 两 个 向 量 线 性 无 关
(B) α_1 , α_2 , α_3 全 是 非 零 向 量
(C) 存 在 n 维 向 量 β , 使 得 α_1 , α_2 , α_3 , β 线 性
相 关
(D) α_1 , α_2 , α_3 中 任 意 一 个 α_i 都 不 能 由 其 余 两 个
向 量 线 性 表 示

3. 设 A 是 m×n 矩 阵 , 齐 次 线 性 方 程 组 A x = 0 仅 有
零 解 的 充 要 条 件 是 (0)
(A) A 的 列 向 量 线 性 无 关
(B) A 的 列 向 量 线 性 相 关
(C) A 的 行 向 量 线 性 无 关
(D) A 的 行 向 量 线 性 相 关

4. 已 知 α_1 与 α_2 正 交 , α_2 与 α_3 正 交 , 则 必 有 (0)
(A) α_1 与 α_3 正 交
(B) α_1 , α_2 , α_3 为 正 交 向 量 组
(C) α_2 与 $\alpha_1 + \alpha_3$ 正 交
(D) α_1 与 α_3 共 线

5. 当 a , b , c 满 足 (0) 时 , $f(x_1, x_2, x_3) = ax_1^2 + bx_2^2$
$+ ax_3^2 + 2c x_1 x_3$ 为 正 定 二 次 型 。
(A) a > 0 , b > 0 , c < a
(B) a > 0 , b > 0 , a < c
(C) a > 0 , b > 0 , c < a
(D) a > 0 , b < 0 , a < c

三、(0.33 分)

设 矩 阵 A = $\begin{pmatrix} 1 & -3 & 3 \\ -2 & -3 & 4 \\ -1 & -3 & 6 \end{pmatrix}$, 矩 阵 B 满 足 :

A B A* = 2 B A* + E , 其 中 A* 为 A 的 伴 随 矩 阵 ,
E 是 单 位 矩 阵 , 求 B 。

解 :
由 A B A* = 2 B A* + E 知 :

B = $\frac{1}{0}$ (0 - 0 0)$^{-1}$ 0

= $\begin{pmatrix} 0 & 0 & 0 \\ 0 & 0 & 0 \\ 0 & 0 & 0 \end{pmatrix}$

四、(0.36 分)

求 非 齐 次 线 性 方 程 组

$$\begin{cases} x_1 - 1\,x_2 - 1\,x_3 - 1\,x_4 = 1 \\ -1\,x_1 + 1\,x_2 + 2\,x_3 - 2\,x_4 = 0 \\ -2\,x_1 + 2\,x_2 + 2\,x_3 + 2\,x_4 = -2 \end{cases}$$

的通解

解：先求增广矩阵 B 的行最简形矩阵：

$$\begin{pmatrix} 1 & -1 & -1 & -1 & 1 \\ -1 & 1 & 2 & -2 & 0 \\ -2 & 2 & 2 & 2 & -2 \end{pmatrix} \sim \begin{pmatrix} 0 & 0 & 0 & 0 & 0 \\ 0 & 0 & 0 & 0 & 0 \\ 0 & 0 & 0 & 0 & 0 \end{pmatrix} \sim \begin{pmatrix} 0 & 0 & 0 & 0 & 0 \\ 0 & 0 & 0 & 0 & 0 \\ 0 & 0 & 0 & 0 & 0 \end{pmatrix}$$

故通解为：

$$\begin{pmatrix} x_1 \\ x_2 \\ x_3 \\ x_4 \end{pmatrix} = c_1 \begin{pmatrix} 0 \\ 0 \\ 0 \\ 0 \end{pmatrix} + c_2 \begin{pmatrix} 0 \\ 0 \\ 0 \\ 0 \end{pmatrix} + \begin{pmatrix} 0 \\ 0 \\ 0 \\ 0 \end{pmatrix}$$

式中，c_1，c_2 为任意实数。

五、(0.39 分)

求正交变换 $x = Py$，化二次型
$$f(x_1, x_2, x_3) = 8x_1^2 + 8x_2^2 + 7x_3^2 - 2x_1x_2$$
为标准形，并写出正交变换。

解：设 $A = \begin{pmatrix} 0 & 0 & 0 \\ 0 & 0 & 0 \\ 0 & 0 & 0 \end{pmatrix}$，$x = \begin{pmatrix} x_1 \\ x_2 \\ x_3 \end{pmatrix}$，$y = \begin{pmatrix} y_1 \\ y_2 \\ y_3 \end{pmatrix}$

A 的特征多项式：

$$\phi(\lambda) = A - \lambda E = \begin{pmatrix} 0 & -\lambda & 0 & 0 \\ 0 & 0 & -\lambda & \\ 0 & 0 & 0 & -\lambda \end{pmatrix}$$

$$= (0 - \lambda)^2 (0 - \lambda)$$

即特征值 $\lambda_1 = \lambda_2 = 0$，$\lambda_3 = 0$

当 $\lambda_1 = \lambda_2 = 0$ 时，矩阵

$$A - \lambda E = \begin{pmatrix} 0 & 0 & 0 \\ 0 & 0 & 0 \\ 0 & 0 & 0 \end{pmatrix} \sim \begin{pmatrix} 0 & 0 & 0 \\ 0 & 0 & 0 \\ 0 & 0 & 0 \end{pmatrix}$$

则 $\lambda_1 = \lambda_2 = 0$ 有两个线性无关的特征向量：

$$\xi_1 = \begin{pmatrix} 0 \\ 0 \\ 0 \end{pmatrix}，\xi_2 = \begin{pmatrix} 0 \\ 0 \\ 0 \end{pmatrix}$$

将 ξ_1，ξ_2 单位化得：

$$\alpha_1 = \begin{pmatrix} 0 \\ 0 \\ 0 \end{pmatrix}，\alpha_2 = \xi_2$$

当 $\lambda_3 = 0$ 时，矩阵

$$A - \lambda E = \begin{pmatrix} 0 & 0 & 0 \\ 0 & 0 & 0 \\ 0 & 0 & 0 \end{pmatrix} \sim \begin{pmatrix} 1 & -1 & 0 \\ 0 & 0 & 0 \\ 0 & 0 & 0 \end{pmatrix}$$

则 $\lambda_3 = 0$ 有一个特征向量：

$$\xi_3 = \begin{pmatrix} 0 \\ 0 \\ 0 \end{pmatrix}$$

将 ξ_3 单位化得：

$$\alpha_3 = \begin{pmatrix} 0 \\ 0 \\ 0 \end{pmatrix}$$

令 $P = (\alpha_1 \ \alpha_2 \ \alpha_3)$，则 P 为正交矩阵，$x = Py$ 为正交变换。标准形 $0\,y_1^2 + 0\,y_2^2 + 0\,y_3^2$。

六、(0.27分)

设向量组 α_1，α_2，α_3 线性无关，且可由向量组 β_1，β_2，β_3 线性表示。证明：

(1) 向量组 β_1，β_2，β_3 线性无关；

(2) 向量组 α_1，α_2，α_3 与 β_1，β_2，β_3 等价。

证明：

(1) 因向量组 α_1，α_2，α_3 可由向量组 β_1，β_2，β_3 线性表示，则存在 3 阶矩阵 C，使得

$$(\alpha_1, \ \alpha_2, \ \alpha_3) = (\beta_1, \ \beta_2, \ \beta_3)\,0 \tag{1}$$

$$R(\alpha_1, \ \alpha_2, \ \alpha_3)\,0\,R(\beta_1, \ \beta_2, \ \beta_3) \tag{2}$$

又向量组 α_1，α_2，α_3 线性无关，则

$$R(\alpha_1, \ \alpha_2, \ \alpha_3) = 0 \tag{3}$$

显然，$R(\beta_1, \ \beta_2, \ \beta_3) \leqslant 0 \tag{4}$

由 (2) 和 (3) 知，$R(\beta_1, \ \beta_2, \ \beta_3) = 0$，故向量组 β_1，β_2，β_3 线性无关。

(2) 由式(1)可知，$R(C) = 0$，即矩阵 $C\,0\,0$。

即 $(\beta_1, \ \beta_2, \ \beta_3) = (\alpha_1, \ \alpha_2, \ \alpha_3)\,0$

即向量组 β_1，β_2，β_3 也可由向量组 α_1，α_2，α_3 线性表示，则向量组 α_1，α_2，α_3 与 β_1，β_2，β_3 等价。

证毕

A1 套计分作业

1. 来源：2006年硕士研究生入学考试数学一（一（5题））

设矩阵 $A = \begin{pmatrix} 14 & 1 \\ -1 & 14 \end{pmatrix}$，E 为 2 阶单位矩阵，矩阵 B 满足 $BA = B + 8E$，则 $|B| =$ ___0___ 。

2. 来源：2000年硕士研究生入学考试数学一（第十题）

设矩阵 A 的伴随矩阵

$$A^* = \begin{pmatrix} 1 & 0 & 0 & 0 \\ 1 & 1 & 0 & 0 \\ 0 & 0 & 1 & 0 \\ 0 & 3 & 1 & 8 \end{pmatrix}$$

且 $ABA^{-1} = BA^{-1} + 9E$，其中 E 为 4 阶单位矩阵，求矩阵 B。

解：由 $|A^*| = |A|^3$ 得 $|A| =$ ___0___，用 A 右乘下面方程的两端：

$$ABA^{-1} = BA^{-1} + 9E$$

整理可得：

$$(A - E)B = 0A$$

用 A^* 左乘上式的两端，整理可得：

$$\left(0 E - A^* \right)B = 0E$$

则

$$B = \begin{pmatrix} 0 & 0 & 0 & 0 \\ 0 & 0 & 0 & 0 \\ 0 & 0 & 0 & 0 \\ 0 & 0 & 0 & 0 \end{pmatrix}$$

3. 来源：2001年硕士研究生入学考试数学一（一（4题））

设矩阵 A 满足 $A^2 + 2A - 7E = 0$，其中 E 为单位矩阵，则 $(A - E)^{-1} = 0(A + 0E)$

4. 计算12阶行列式

$$\begin{vmatrix} 1 & 1 & 0 & 1 & 0 & 1 & 1 & 1 & 0 & 0 & 1 & 0 \\ 0 & 0 & 0 & 0 & 0 & 0 & 1 & 1 & 1 & 1 & 1 & 1 \\ 1 & 1 & 1 & 1 & 0 & 1 & 0 & 0 & 0 & 0 & 1 & 1 \\ 1 & 0 & 0 & 1 & 0 & 1 & 0 & 0 & 0 & 1 & 0 & 1 \\ 1 & 1 & 0 & 0 & 1 & 1 & 1 & 1 & 0 & 0 & 0 & 1 \\ 0 & 0 & 1 & 0 & 1 & 0 & 0 & 1 & 1 & 0 & 1 & 1 \\ 1 & 1 & 1 & 0 & 0 & 1 & 1 & 1 & 0 & 1 & 1 & 1 \\ 0 & 1 & 1 & 1 & 1 & 0 & 0 & 0 & 1 & 0 & 1 & 1 \\ 0 & 0 & 0 & 0 & 0 & 0 & 1 & 1 & 1 & 0 & 0 & 1 \\ 0 & 0 & 1 & 1 & 0 & 1 & 0 & 0 & 1 & 0 & 1 & 1 \\ 1 & 1 & 0 & 0 & 1 & 1 & 1 & 1 & 0 & 1 & 1 & 0 \\ 10.4 & 0 & 1.5 & 0.9 & 1.6 & 0.8 & 1.4 & 1.1 & 3 & 1.1 & 0.4 \end{vmatrix} = \boxed{0}$$

5. 来源：2011年硕士研究生入学考试数学一（一（5题））

设 A 为 3 阶矩阵，将 A 的第 1 列加到第 2 列得到矩阵 B，再交换 B 的第 1 行与第 3 行得单位矩阵，

则 $A = \begin{pmatrix} 0 & 0 & 0 \\ 0 & 0 & 0 \\ 0 & 0 & 0 \end{pmatrix}$

6. 来源：2003年硕士研究生入学考试数学一（一（4题））

从 R^2 的基 $\alpha_1 = \begin{bmatrix} 1 \\ 0 \end{bmatrix}$， $\alpha_2 = \begin{bmatrix} -5 \\ 1 \end{bmatrix}$ 到基 $\beta_1 = \begin{bmatrix} 24 \\ -5 \end{bmatrix}$， $\beta_2 = \begin{bmatrix} 42 \\ -10 \end{bmatrix}$ 的

过渡矩阵为 $\begin{bmatrix} 0 & 0 \\ 0 & 0 \end{bmatrix}$

7. 来源：2008年硕士研究生入学考试数学一（第21题）

设 n 元线性方程组 $Ax = b$，其中

$$A = \begin{bmatrix} 2a & 1 & & & & \\ a^2 & 2a & 1 & & & \\ & a^2 & 2a & 1 & & \\ & & \cdots & \cdots & \cdots & \\ & & & a^2 & 2a & 1 \\ & & & & a^2 & 2a & 1 \\ & & & & & a^2 & 2a \end{bmatrix}, \quad x = \begin{bmatrix} x_1 \\ x_2 \\ x_3 \\ x_4 \\ \cdots \\ \cdots \\ x_n \end{bmatrix} \quad b = \begin{bmatrix} 1 \\ 0 \\ 0 \\ 0 \\ \cdots \\ \cdots \\ 0 \end{bmatrix}$$

当 a 为何值时，该方程组有唯一解，若 $a = 15$，

n = 55时，求 x_1。

解：当 $a \neq 0$ 时，$A \neq 0$，方程组有唯一解。

当 $a = 15$，$n = 55$ 时，$x_1 = \boxed{0}$。

8. 来源：1999年硕士研究生入学考试数学一（一（4题））

设 51 阶矩阵 A 的元素全为 1，则 A 的非零特征值
是 0，有 0 个零特征值。

9. 来源：2008年硕士研究生入学考试数学一（二（13题））

设 A 为 2 阶矩阵，α_1，α_2 为线性无关的 2 维列向
量，$A\alpha_1 = 0$，$A\alpha_2 = 6\alpha_1 + 16\alpha_2$，则 A 的非零
特征值是 0

10. 求矩阵 L U 分解

设
$$A = \begin{bmatrix} 2 & 8 & 3 & -8 \\ 0 & 3 & -9 & 7 \\ -2 & -2 & -9 & 7 \\ -7 & -8 & -2 & -6 \end{bmatrix}$$

求 A 的 L U 分解。

解：

$$L = \begin{bmatrix} 0 & 0 & 0 & 0 \\ 0 & 0 & 0 & 0 \\ 0 & 0 & 0 & 0 \\ 0 & 0 & 0 & 0 \end{bmatrix} \quad U = \begin{bmatrix} 0 & 0 & 0 & 0 \\ 0 & 0 & 0 & 0 \\ 0 & 0 & 0 & 0 \\ 0 & 0 & 0 & 0 \end{bmatrix}$$

说明：
$$A = L U$$

$$L = \begin{bmatrix} 1 & 0 & 0 & 0 \\ * & 1 & 0 & 0 \\ * & * & 1 & 0 \\ * & * & * & 1 \end{bmatrix} \quad U = \begin{bmatrix} * & * & * & * \\ 0 & * & * & * \\ 0 & 0 & * & * \\ 0 & 0 & 0 & * \end{bmatrix}$$

A2 套计分作业

1. 来源：2000年硕士研究生入学考试数学三（一（3题））

若 4 阶 矩 阵 A 和 B 相 似 ， 矩 阵 A 的 特 征 值 为 0.1429， 0.1， 0.3333， -0.1， 则 行 列 式 $B^{-1}-E=$ 0

2. 来源：2003年硕士研究生入学考试数学二（一（5题））

设 α 为 3 维 列 向 量 ， α^T 是 α 的 转 置 ， 若

$$\alpha \, \alpha^T = \begin{bmatrix} 81 & 18 & -36 \\ 18 & 4 & -8 \\ -36 & -8 & 16 \end{bmatrix}$$

则 $\alpha^T \alpha =$ 0

3. 来源：1998年硕士研究生入学考试数学二（二（5题））

设 A 是 4 阶 矩 阵 ， A^* 是 其 伴 随 矩 阵 ， 则 $[-9A]^* =$ $0A^*$

4. 来源：2000年硕士研究生入学考试数学二（一（5题））

设 $A = \begin{bmatrix} 11 & 0 & 0 & 0 \\ -4 & 11 & 0 & 0 \\ 0 & 12 & 5 & 0 \\ 0 & 0 & 12 & 13 \end{bmatrix}$ ， E 为 4 阶 单 位 矩 阵 ， 且

$B = [E+A]^{-1}[E-A]$ ， 则

$$[E+B]^{-1} = \begin{bmatrix} 0 & 0 & 0 & 0 \\ 0 & 0 & 0 & 0 \\ 0 & 0 & 0 & 0 \\ 0 & 0 & 0 & 0 \end{bmatrix}$$

5. 来源：1998年硕士研究生入学考试数学二（第13题）

已 知 $\alpha_1 = \begin{bmatrix} 1 \\ 4 \\ 0 \\ 2 \end{bmatrix}$ ， $\alpha_2 = \begin{bmatrix} 2 \\ 7 \\ 1 \\ 3 \end{bmatrix}$ ， $\alpha_3 = \begin{bmatrix} 0 \\ 3 \\ -3 \\ a \end{bmatrix}$ ， $\beta = \begin{bmatrix} 3 \\ 21 \\ b \\ 15 \end{bmatrix}$

问：（1） a，b 取 何 值 时 ， β 不 能 由 α_1 ， α_2 ， α_3 线 性 表 示 ？

（2） a，b 取 何 值 时 ， β 能 由 α_1 ， α_2 ， α_3 线 性 表 示 ？ 并 写 出 此 表 示 式 。

解：（1）对 $[\alpha_1$ ， α_2 ， α_3 ， $\beta]$ 作 初 等 行 变 换 有

$$\begin{bmatrix} 1 & 2 & 0 & 3 \\ 4 & 7 & 3 & 21 \\ 0 & 1 & -3 & b \\ 2 & 3 & a & 15 \end{bmatrix} \rightarrow \begin{bmatrix} 1 & 0 & 0 & 0 \\ 0 & 0 & 0 & b \\ 0 & 0 & 0 & 0 \\ 0 & 0 & a & 0 \end{bmatrix} \rightarrow \begin{bmatrix} 1 & 0 & 0 & 0 \\ 0 & 0 & 0 & 0 \\ 0 & 0 & 0 & b-0 \\ 0 & 0 & a-0 & 0 \end{bmatrix}$$

$$\rightarrow \begin{bmatrix} 1 & 0 & 0 & 0 \\ 0 & 0 & 0 & 0 \\ 0 & 0 & a-0 & 0 \\ 0 & 0 & 0 & b-0 \end{bmatrix} \rightarrow \begin{bmatrix} 1 & 0 & 0 & 0 \\ 0 & 0 & 0 & 0 \\ 0 & 0 & 0 & 0 \\ 0 & 0 & 0 & b-0 \end{bmatrix}$$

当 b $\neq$ 0 时， β 不 能 由 α_1 ， α_2 ， α_3 线 性 表 示 。

（2）当 b = 0， a $\neq$ 0 时， β 可 由 α_1 ， α_2 ， α_3 唯 一 表 示 为 $\beta =$ 0α_1+ 0α_2+ 0α_3

当 b = 0，a = 0 时，线性方程组 $\left(a_1\ a_2\ a_3\right)x = \beta$ 有无穷多个解，即

$$x = k\begin{pmatrix}0\\0\\0\end{pmatrix} + \begin{pmatrix}0\\0\\0\end{pmatrix}$$

式中，k 为任意常数。

6. 来源：2005年硕士研究生入学考试数学一（第21题）

已知 3 阶矩阵 A 的秩 = 2，矩阵 B = $\begin{pmatrix}-1 & 2 & -3\\2 & -4 & 6\\-6 & 12 & k\end{pmatrix}$，k 为常数，且 AB = 0，求线性方程组 Ax = 0 的通解。

解：因为矩阵 A 的秩 = 2，且 AB = 0，则矩阵 B 的秩 ≤ 0，又因为矩阵 B ≠ 0，则 B 的秩 ≥ 0，即 B 的秩 = 0。

方程组 Ax = 0 的通解为：

$$x = k\begin{pmatrix}0\\0\\0\end{pmatrix}$$

式中，k 为任意常数。

7. 来源：2001年硕士研究生入学考试数学二（一（5题））

设方程 $\begin{pmatrix}a & 1 & 1\\1 & a & 1\\1 & 1 & a\end{pmatrix}\begin{pmatrix}x_1\\x_2\\x_3\end{pmatrix} = \begin{pmatrix}-4\\-2\\6\end{pmatrix}$ 有无穷多个解，则 a = 0

8. 来源：1998年硕士研究生入学考试数学一（一（4题））

设 A 为 48 阶矩阵，A = 41，A^* 为 A 的伴随矩阵，E 为 48 阶单位矩阵，若 A 有特征值 12，则 $\left(A^*\right)^2$ + E 必有特征值 0。

9. 来源：2002年硕士研究生入学考试数学一（一（4题））

已知实二次型 f (x_1, x_2, x_3) = a $\left(x_1^2 + x_2^2 + x_3^2\right)$ + 4 x_1 x_2 + 4 x_1 x_3 + 4 x_2 x_3 经正交变换 x = P y 可化成标准形 f = 57 y_1^2，则 a = 0。

10. 来源：2009年硕士研究生入学考试数学一（第21题）

设二次型

f (x_1, x_2, x_3) = 45 x_1^2 + 45 x_2^2 + 44 x_3^2 + 2 x_1 x_3 - 2 x_2 x_3

则二次型 f 的矩阵的所有特征值为 0、0 和 0。

冶金工业出版社部分图书推荐